수 이야기

— 셈부터 암호까지

수 이야기 – 셈부터 암호까지

지은이 피터 히긴스
옮긴이 권오남 · 김성옥 · 정문자 · 최은미
펴낸이 조경희
펴낸곳 경문사
펴낸날 2019년 11월 1일 1판 1쇄
등 록 1979년 11월 9일 제1979-000023호
주 소 04057, 서울특별시 마포구 와우산로 174
전 화 (02)332-2004 팩스 (02)336-5193
이메일 kyungmoon@kyungmoon.com
facebook facebook.com/kyungmoonsa

값 22,000원

ISBN 979-11-6073-209-2
ISBN 89-7282-390-2 (세트)

경문
수학
산책

Number Story:
From Counting to
Cryptography

수 이야기

셈부터 암호까지

KM 경문사

옮긴이 서문

저자 피터 히긴스 교수는 이 책에서 수에 대한 이야기를 표기 방법부터 시작하여 현대의 응용 이론까지, 오랜 세월에 걸친 역사적 발전 과정을 설명하고 있습니다. 책의 전반부에는 수와 그 성질에 대해 전체적으로 소개하고 있습니다. 또한 학교 교과서에 나오는 다양한 진법과 배수판정법 등의 개념을 비롯하여, 카탈란 수, 피보나치 수, 소수 등을 퍼즐이나 흥미로운 일화를 통해 제시하였습니다. 후반부에는 무리수와 복소수를 확장한 새로운 수의 유형을 다루고, 무한의 성질도 설명합니다. 마지막 장은 고전 암호에서 공개키 암호까지 전반적으로 소개하고 있습니다.

이 책이 명료하게 쓰여 있으나 방정식이 많이 나타날 때는 천천히 읽을 필요가 있습니다. 역자들은 독자의 이해를 돕기 위해 최근에 발견된 수학적 사실을 역자주로 추가하였습니다.

이 책이 수와 수학을 이해하려는 독자에게 매력적인 이야기가 되길 바랍니다. 번역본을 출판하기로 한 경문사의 수학에 대한 관심과 지원에 감사드립니다. 또한 인내심을 가지고 편집 작업을 마다하지 않은 경문사 편집진에게 특별히 감사드립니다.

옮긴이 일동

지은이 서문

수는 독특하다. 수와 같은 것은 아무것도 없다. 이 책은 수의 신비한 본성을 보여준다. 수는 우리 모두에게 친숙하며 혼돈 속에서 질서가 필요할 때 중요한 역할을 한다. 또한 수는 우리 마음속에 측정된 비율을 축약적으로 나타내며 이를 표현하기 위한 핵심 도구의 역할을 한다. 그러나 수는 실제로 존재할까? 고양이와 축구팀이 존재하는 방식이나 색상과 감정이 존재하는 방식으로는 존재하지 않지만 수는 단어가 존재하는 방식과 흡사하게 존재한다. 단어가 의미를 지니듯이 수의 의미는 수가 '무엇'인지에 따라 기름값, 택시 승차요금과 택시 운전사의 임금 등 공통점이 거의 없는 것들을 측정하고 비교할 수 있는 전반적인 기준에 관한 것이다.

그리고 수는 무한한 세상에 존재하는 그 어떤 사물도 표현할 수 있다. 그러므로 우리가 할 수 있는 만큼 수를 이해하려고 시도하는 것은 당연하다.

이 책의 처음 몇 개의 장에서 독자는 개별적으로 또는 전체적으로 수를 만나게 될 것이다. 처음 네 개의 장을 통해 일반적으로 수를 세는 방법에 몰두한다. 다섯 번째 장에서는 다양한 연산을 도입하여 이산적인 상황에서 벗어난 실질적인 문제들을 살펴본다.

6장에서는 숫자에 대한 표준 연산을 수행함으로써 무리수를 포함하여 새로운 수의 유형을 발견하는 방법을 설명한다. 그 다음 장에서 무한집합과 두 무한집합을 서로 비교할 수 있는 방법을 다룬다. 또 실수 집합이 수직선을 형성하는 방법을 살펴본다. 이 책 후반부에 수직선을 돋보기로 삼아 수를 관찰한다.

수학사에서 수의 발전은 모든 역사가 그러하듯이 복잡하다. 하지만 수 체계는 수학자들 사이에서 합의된 지위를 갖게 되었으며 세상을 이해하는 데 중심축이 되었다. 본문 전반에 걸쳐 수의 특정 주제의 발전과 관련된 다양한 역사적 사실과 수를 연구한 연구자에 관한 정보를 독자들에게 제공한다. 이 내용은 9장과 10장에서 다루며 16세기부터 19세기 말기까지 유럽에서 일어났던 발전을 요약한다.

또한 수에 대한 직접적인 활용도 살펴본다. 특히 8장은 확률에 관한 것이며, 12장에서는 코드와 암호의 비밀스런 세계에 대해 다루고 있다. 이 부분은 수에 대한 순수한 아이디어를 활용할 수 있는 새로운 큰 분야이다.

이 책을 읽을 때 일부분을 읽는 것과 전체를 대강 훑어 읽는 것이 똑같이 가치 있기는 하지만 관심 있는 독자가 처음부터 끝까지 읽는다는 가정하에 집필하였다. 그러나 전문가를 위해 마지막 장에 주석을 추가했다. 이 장에서는 본문의 특정 주장 및 예제의 완전한 설명을 이해할 수 있는 독자의 편의를 위해 수학적 언어로 서술하였다. 본문의 별표는 마지막 장에서 이 주제에 대해 자세히 설명되었음을 나타낸다. 마지막 장에서만 수학 표기법과 아이디어를 자유롭게 사용한다. 이 책의 난이도는 자료의 성격에 따라 다르지만 모든 독자는 책 마지막 부분의 주석을 검토하여 관련 정보를 수집할 수 있을 것이다. 마지막으로 더 많은 사실을 알기 원하는 독자를 위해 관련 문헌과 웹사이트 정보를 제공한다.

독자들이 이 작은 책을 통해 수에 대한 매우 큰 이야기를 일부나마 이해할 수 있기를 바란다.

영국 콜체스터에서
피터 히긴스

차례

1장

수의 탄생

2500년 전에 피타고라스(Pythagoras)는 "세상의 모든 것은 수이다."라고 말했다. 이 말은 곧 "실재하는 것은 본질적으로 수학적이며 수와 수 사이의 비율로 표현될 수 있다"는 의미이다. 그의 말은 옳았을까? 이 질문에 대한 답은 그가 스스로 발견했듯이 "아니오"이다.

피타고라스의 제자들은 세상의 현상이 수에 의해 어떻게 지배되는지를 밝혀냈다. 피타고라스는 직각삼각형의 변의 길이가 서로 어떻게 관련되는지를 설명하는 유명한 정리로 가장 잘 알려져 있다. 피타고라스 정리에 대한 현대적인 해석은 두 점 사이의 정확한 거리가 좌표를 통해 발견될 수 있다는 것이다. 이 발견은 공간 분리를 정확하게 계산할 수 있는 측정 도구를 제공하여 진정한 돌파구가 되었다. 더 놀라운 건 피타고라스는 순수한 음악적 조화가 간단한 비율에 의해 결정된다는 것을 발견했다는 점이다. 이러한 성공에 비추어 볼 때 피타고라스 학파에게 세계의 어떤 현상도 수를 통해 분석할 수 있다는 사실은 놀라운 발견이었다. 피타고라스 법칙에 나타나는 명료성과 단순성은 이전에는 결코 만날 수 없었던 것이기 때문이다.

따라서 피타고라스가 그의 규칙에 반하는 수를 발견한 것은 가히 충격적이었다. 왜냐하면 피타고라스는 기하에서 단순한 분수로 표현하기 불가능한 어떤 길이를 발견했기 때문이다. 특히 그는 정사각형의 대각선이 각 변을 측정할 때와 같은 단위로 측정할 수 없다는 것을 발견했다. 즉 아무리 눈금의 크기를 세밀하게 만들더라도 대각선의 끝은 언제나 두 개의 눈금 사이에 놓이게 된다는 것이었다. 또한 그것은 수의 근본적인 특성에 기인하며, 자의 정확성이나 시력의 선명도와는 관계없는 것이었다. 이것은 피할 수 없는 수학적 사실이다. 그러나 우리에게는 성가신 호기심으로 그저 지나쳐버릴 사실이 피타고라스 학파에게 큰 충격으로 여겨졌던 이유는 간단한 수의 비를 통해 자연을 설명하고자 하는 대전제를 훼손했기 때문이다. 이미 초기 고전 시대부터 모든 것이 수로 환원될 수 있다는 주장에 문제가 있다는 것을 알고 있었다.

그러나 이러한 한계에도 불구하고 수는 주춤하지 않고 오히려 우리 삶에 가차 없이 몰려들었다. 17세기 초반 갈릴레오(Galileo)는 우리가 측정할 수 있는 모든 것을 측정하고, 측정할 수 없는 것을 측정하는 방법을 배워야 함을 주장했다. 이 원리를 적극 수용함으로써 우리는 측정 대상을 수치화할 수 있었다.

그러나 이것이 너무 지나치게 받아들여질 때 자연스럽게 분노가 유발된다. 그래서 수가 음악과 시를 이해하는 도구라고 주장할 때, 종종 비웃음을 받기도 하며, 이 생각이 음악과 시의 마술을 망치고 실패하리라고 비웃는 것은 당연하다. 이 점에서 수가 예술 영역에서 권위를 잃어버리기 시작한 것 같다. 하지만 피타고라스가 발견한 것처럼 확실히 음악도 수학적인 면을 가지고 있다. 그러나 예술에 대한 분석적인 접근은 꽤 빈약한 결과를 가져온다. 좋은 음악은 계산만으로 만들어지지 않으며, 이렇게 탐구할수록 결과가 더 열악해지는 것이다.

이 방향에서의 실수는 결코 새로운 것은 아니었다. 역사와 문화 전반에 걸쳐 우리는 수에 대한 사고가 잘못된 길로 인도되어 결국에 관심 받지 못하는 사례를 발견할 수 있다. 예를 들어 짝수가 여성이고 홀수가 남성이거나 또는 그 반대의 경우를 단순히 주장하는 것은 도움이 되지 않는다. 자연의 법칙을 세우려는 인위적인 시도는 결코 효과적이지 못했고, 실제 세계보다 인간의 마음에 관련된 것이었다. 우리의 공상을 자극하는 단순한 아이디어는 위안과 재미를 줄 순 있어도 사실인 경우는 극히 드물다.

오늘날 예술에서 수와 백분율에 대한 끊임없는 요구에 대한 반발로, 체계적 또는 과학적 사고와 관련된 것은 어느 것이라도 거부하는 경향이 있다. 아마 위대한 예술가 중 한 명인 레오나르도 다빈치(Leonardo da Vinci)도 혼란을 느꼈을 것이다. 창의력 결핍으로 인한 좌절감 속에서 논리적 사고의 구속으로부터 풀려나고자 하는 열망이 발생되었을 수도 있다. 이는 수가 우리 삶을 지향하는 방식에 기인한다. 무엇인가를 수치화하는 것은 항상 자발성의 반대로 여겨져 왔다. 그래서 성가시고 억압하는 것으로 보이는 수를 싫어하게 되었다. 우리의 사고방식이 수의 법칙에 지배되자, 이것은 생각과 정신의 자유를 침해하는 것으로 여기게 되었다.

수는 악한 것이 아니라 흥미로운 것임을 확신시키고자 한다. 수와 관련된 문제와 수를 부정적으로 사용하는 것은 우리에게 달려 있다. 수의 사용에 제한이 있을 것이라고 인식하는 것이 최선이겠지만, 그러한 제한이 있을 것임을 미리 아는 것이 항상 쉬운 것은 아님을 인정한다. 수의 놀라운 면은 수학과 과학의 어떤 분야에 예상치 못한 방식으로 침투한다는 것이다. 예를 들어 약 30년 전까지는 인터넷 보안 코드가 기반이 된 소위 트랩도어 함수(trapdoor function)가 수에 대한 아이디어를 통해 나올 거라고는 아무도 생각하지 못했다.

갈릴레오(Galileo, 1564-1642)의 측정 가치에 대한 믿음은 옳았다.* 그러나 현대에 우리는 측정하지 않았던 어떤 것을 측정했다고 가정하는 유혹을 이겨낼 경각심이 필요하다. 예를 들어 전문가가 어떤 결과에 대해 92퍼센트 또는 88퍼센트가 아니라 90퍼센트의 확신을 갖고 있다고 말하는 경우를 자주 듣는다. 계산 방법이 없다면 수치는 진정한 의미를 지니지 못한다. 그러나 우리는 종종 우리가 더 권위 있게 보이기 위해 수를 만들어내는 함정에 빠질 수 있기 때문에, 우리가 수를 갖고 있지 않은 경우에도 수를 만들어야 하는 의무감이 들지도 모른다. 실제 정보가 없다면 모호한 진술은 정확할 수 있으며, 수가 있는 정확한 정보는 불확실성에 직면하여 더 많은 정보와 설득력을 얻기 위해 만들어진 사고의 한 형태일 수 있다.

대부분은 돈, 사람 혹은 가스 압력과 같은 특정 상황을 해석할 때 수를 접한다. 그러나 이 책의 주제는 수 자체와 수에 대한 우리의 이해가 어떻게 발달하고 있는지에 관한 것이다. 그래서 수라고 불리는 이 신비한 것들을 발견할 때는 우리의 생각에서부터 검증해 보는 것이 맞다.

* 쿠자누스(Nicholas of Cusa, 1401-1464)는 지식이 측정을 기반으로 해야 한다는 것을 2세기 앞서 주장했다.

수를 생각하는 방법

특정한 수, 예를 들면 16을 말할 때 우리는 수 16의 관념화된 표상을 가지고 있다. 이것은 우리가 16을 10+6으로 즉각적으로 고정 관념화하는 것처럼 수를 다소 불공평하게 대하는 점이다. 우리는 16을 9+7 또는 더 대칭적으로 8+8로 표현할 수 있지만 왜 10+6으로 생각하는 걸까? 물론 이 습관은 수 체계의 진법으로 십진법을 절대적으로 사용하기 때문에 발생한다. 즉 수는 암묵적으로 10의 거듭제곱의 합으로 표현한다. 예를 들어 2008이라고 쓸 때는 $2\times10^3+0\times10^2+0\times10^1+8\times10^0$을 의미한다. 수 체계에서 십이진법처럼 다른 진법을 사용할 수도 있다. 실제로 과거의 다른 문명권에서는 여러 진법을 사용했다. 과거 마야인들은 이십진법을 사용했으며 바빌로니아인들은 육십진법을 사용했다. 반면에 현대 컴퓨팅 시스템은 이진법, 사진법, 팔진법과 같이 2의 거듭제곱 진법이나 Hexa-decimal로 알려진 십육진법을 사용한다. $16\times16=256$이므로 십육진법에 두 개의 기호를 부여함으로써 다양한 가능성을 적용할 수 있다(일반적으로 10, 11, 12, 13, 14 및 15로 표시된 여섯 개의 수에 대해 새로운 개별 기호를 입력해야 함). 2자리의 십육진법은 0에서 255까지의 수를 나타내는 데 필요한 수이다. 예를 들면 이 수는 색상을 지정하는 데 사용된다.

우리는 이에 대해 더 많은 것을 말할 것이며 그전에 더 근본적인 질문을 해야 한다. 왜 우리가 수에 대해 이야기할 때 진법을 소개할까? 진법을 언급하지 않고는 수 문제를 해결할 방법이 없다고 생각할 수도 있다. 그러나 우리는 이 사실을 일상생활에서 생각보다 자주 깨달을 수 있다. 예를 들어 모든 어린이들에게 장난감을 제공하는 파티가 있다고 가정해 보자. 중요한 것은 적어도 어린이 수만큼 많은 장난감이 있다는 것이다. 우리는 계산하지 않아도 이것을 확인할 수 있다. 단순히 각 어린이의 이름을 장난감에 다 써도 장난감이 남아 있다면 아무도 실망하지 않을 것이다. 이것으로 우리는 장난감의 수가 어린이의 수보다 많다는 것을 세지 않고도 확증하게 된다. 우리는 장난감의 수가 충분하다는 것을 보여주기 위해 어린이나 장난감이 얼마나 많은지 확인할 필요가 없다. 따라서 우리는 계산을 하기 위해 십진법 또는 다른 진법을 도입하지 않고 수에 관한 이 문제를 해결했다. 이 예는 수가 한 집합의 원소를 다른 원소와 짝짓는 매우 중요한 아이디어라는 것을 보여준다.

특정 진법을 사용하면 하나의 수를 다른 수와 쉽게 비교하고, 계산을 통해 발생하는 수를 효과적이고 균일한 방식으로 표현할 수 있다. 수 체계의 진법은 지도에 격자 눈금을 배치하는 것과 비슷하다. 그것은 본질적이지는 않지만 오히려 통제의 도구로서 그 위에 부과된 좌표 체계와 같다. 진법의 선택은 임의적이며 십진법을 전적으로 사용함에 따라 수를 1, 2, 3, …으로 볼 수 있게 되었다. 수를 이렇게 나타냄으로써 수가 존재감을 가지게 되었다.

다양한 지역의 수 체계가 많은 문화권에서 사용되었지만, 물건들을 같은 크기의 단위로 묶어 세었고 주로 크기가 열 개인 단위로 세었다. 이 수의 값이 수 배열의 위치에 따라 달라진다는 자릿수 원리(positional principle)을 도입할 때 연산에서 진법의 효율성이 나타나게 된다. 어떤 고대 사회도, 심지어 정교한 그리스인조차도 수의 위치에 따라 수의 값이 달라지는 완전한 자릿수 체계를 개발하지 못했는데, 어떤 진법의 거듭제곱이 없음을 나타내기 위해 기호 0을 사용함으로써 완전해졌다(2008의 사례를 상기하라). 3세기 초반에 인도에서 그런 완벽한 수 체계가 생겼다. 수냐(sunya)라고 불리는 기호 0은 빈자리를 뜻하는 힌디어이다. 그리고 이 수 체계가 '힌두아랍어'로 알려져 아랍을 통해 유럽으로 전달되었다.

산술에 적절한 자릿수 접근법을 사용하지 않는 것은 실용적인 면에서는 장애 요소가 된다. 그러나 십진법 세계에 정신적으로 갇혀 있지 않으면 수 자체를 연구하는 것이 더 쉽고 자연스럽게 된다. 고대인들이 누린 자유는 기본적으로 십진법이라는 고정틀을 한순간에 흘려 보거나, 단순히 본질적 특성에 따라 생각해보는 것이었다.

이런 방식으로 우리 자신을 자유롭게 한 결과 매력적인 기하학적 표현과 일치하는 수의 특별한 인수 특성에 초점을 맞추는 것이 자연스러워졌다. 예를 들어 수 16은 자연스럽게 4×4 사각형의 점으로 표시되는 완전제곱수이다. 4가 그 자체로 제곱수이기 때문에 16은 $2^4 = 2\times2\times2\times2$이다. 16은 1보다 큰 완전네제곱수 중 첫 번째 수이며 실제로 이 성질이 16을 매우 특별하게 만든다. 이것은 우리가 열 개의 손가락을 가지고 있어서 우발적으로 십진법을 사용하는 것과 달리 컴퓨팅 시스템에서 종종 십육진법이 사용되는 이유이다.

우리가 수를 측정의 도구로서 생각하는 것을 유보하고 참조물 없이 수를 연구한다면 많은 사실이 발견될 것이다. 개별 수의 본성은 해바라기 꽃봉오리에서 발견되는 수(이른바 피보나치 수를 나타냄)와 같이 자연의 규칙적인 패턴으로 스스로를 나타낼 수 있으므로 있는 그대로 연구될 가치가 있다. 수에 대한 간단한 질문(예를 들면 사각형의 합으로 표현될 수 있는 수)이 아름답고 미묘한 수학적 구조를 발견하게 한다. 수학자들은 매우 뜻밖의 결과로 이끌 수 있는 이런 종류의 질문을 본능적으로 연구한다.

편의를 위해 여기서 다루는 개별 수를 십진법으로 표현하겠다. 그러나 우리는 그 표현을 강조하지 않을 것이다. 오히려 현재 우리가 생각하고 있는 수로 더 많이 나타낼 것이다.

수의 구조

수의 아름다움 중 하나는 매우 자명한 나머지 수들이 모두 다르다는 것이 간과될 수 있다는 것이다. 각 수는 고유한 구조를 가지고 있고, 자체 특징을 가지고 있으므로 개별 수의 특성이 중요하다. 6을 보자. 6은 두 개의 작은 수, 즉 2와 3을 곱하여 점의 직사각형 배열로 나타낼 수 있어 사각수(rectangular number)라 한다. $n=a\times b$라고 하는 두 개의 작은 수의 곱으로 쓸 수 있는 수 n은 $a\times b$ 사각형의 점으로 그릴 수 있다(일반적으로 불특정한 두 수 a, b의 곱을 나타내는 $a\times b$를 ab라고 표현함으로써 시간과 공간을 절약한다). 사각수는 더 작은 인수로 구성되어 있기 때문에 합성수라고 불린다. 이런 식으로 사각수가 아닌 수는 소수이다. 2, 7 및 101과 같은 소수는 적절한 직사각형으로 표시될 수 없으며 한 줄의 점으로만 표시된다. 두 개의 작은 인수의 곱으로 표현될 수 없는 수는 소수이다.(1은 소수의 목록에서 배제된다. 첫 번째 소수는 2이다.) 모든 자연수는 소수의 곱으로 이루어지기 때문에 소수는 구조적으로 중요하다. 예를 들어 60은 소수의 곱, 즉 $60=2\times 2\times 3\times 5$로 표현되기 때문에 합성수이다. 모든 합성수는 소수가 아닌 경우 소인수분해(prime factorization)가 될 때까지 약수의 곱으로 나타낼 수 있다. 어떤 수를 소수의 곱으로 표현하는 방법이 하나밖에 없기 때문에 이 인수분해는 유일하다. 즉 어떤 수를 인수분해할 때, 그 인수들을 계속 소인수분해한다면 언제나 같은 소인수들의 집합이 될 것이다. 이것은 코딩부터 논리학까지 다양하게 응용되는 수의 중요한 속성이다. 실제로 모든 수학에서 가장 큰 미해결 문제는 리만(Riemann) 가설이다. 리만 가설은 자연수의 소인수분해의 유일성을 의미하는 이른바 산술의 기본정리와 밀접하게 관련되어 있다.(＊1)

소인수분해의 유일성은 정말 강조할 수밖에 없다. 이것을 읽는 독자는 이 점이 궁금할 것이다. 만일 소인수분해가 유일하지 않다면, 누구나 그 사실을 들어봤을 것이다. 다음은 당연한 것으로 여겨질 수 있는 예가 아닌 경우를 보여준다. 수열 $1, 5, 9, 13, 17, 21, \cdots$의 수를 고려해 보자. 이 수들은 n이 연속적인 값 $0, 1, 2, 3, 4, 5 \cdots$를 취하는 $1+4n$ 형식의 수이다. 이 수 집합은 그 자체로 곱셈 수 체계를 이룬다. 이 수열의 어떤 두 수를 곱하면 여전히 이 수열에 속한다. 예를 들어 $9 \times 17 = 153 = 1 + (4 \times 38)$이다. 153과 같은 일부 수는 이 수열의 수의 곱으로 인수분해될 수 있다. 그러나 어떤 수는 그렇지 않으며, 이 경우 그 수를 원시수(primal number)라고 부른다. 이 수열의 5와 13 같은 보통의 소수는 원시수이고, 9는 이 집합 내에서 인수분해될 수 없기 때문에 9도 원시수이다($9 = 3 \times 3$이지만 3은 이 집합에 속하지 않음).

이 수열의 임의의 수는 원시수의 곱으로 표현될 수 있음은 분명하다. 주어진 수가 이미 원시수이거나 그렇지 않은 경우 더 작은 수로 분해될 수 있다. 더 이상 인수분해할 수 없게 되면 원시수의 곱으로 표현된다. 그러나 원시수분해(primal factorization)는 유일하지 않다. 예를 들면 $693 = 21 \times 33 = 9 \times 77$은 $693 = 1 + (4 \times 173)$의 다른 두 가지 형태의 원시수분해이다.

위 사례는 소인수분해의 유일성이 친숙하더라도 특별한 수 체계에서만 성립한다는 교훈을 준다.

특별한 수 6으로 돌아가 보면, 6에서 직사각형 속성이 주목할 만한 것이 아니다. 그런데 6은 삼각수이기도 하다. $6 = 1 + 2 + 3$이므로 자연스럽게 첫 번째 행에 하나, 두 번째 행에 두 개, 세 번째 행에 세 개가 있는 여섯 개의 점으로 구성된 삼각형 배열로 간주할 수 있다. 이전의 삼각수는 $3 = 1 + 2$이고, 그 다음 삼각수는 $10 = 1 + 2 + 3 + 4$이다. 일반적으로 1을 삼각수로 허용하면 삼각수 목록 중에서 첫 다섯 수는 $1, 3, 6, 10, 15$이다. 10은 볼링핀의 배열에서 15는 당구 경기의 일종인 스누커(snooker)의 빨간 공 선반에서 각각 볼 수 있다. 삼각수는 매우 일반적인 직사각형 수보다 더 독점적인 집합을 형성한다.

수 6은 선택수(choice number)라고도 할 수 있다. 4명의 어린이에서 한 쌍을 선택하는 방법의 수는 6이다. 이 어린이가 Alex, Bart, Caroline, Daniel인 경우 AB, AC, AD, BC, BD 및 CD로 선택될 수 있는 쌍은 여섯 쌍이다. 여기서 나열하는 순서는 상관없다. 예를 들어 AB와 BA를 같은 쌍을 나타내는 것으로 간주한다. n번째 삼각수 또한 $(n+1)$개 원소의 집합에서 쌍을 선택하는 방법의 수가 되어 임의의 삼각수도 역시 선택수가 된다. 이 사실은 4장에서 더 자세히 설명한다.

수 체계는 무한하지만 $6=1+2+3$과 같은 사실은 매우 드물게 나타나는 경우이다. 그것은 6이 6보다 작은 약수들의 합이라는 것이다. 피타고라스 학파는 그러한 수를 완전수(perfect number)라고 불렀다. 우리는 매력적인 이름 붙이는 작업을 항상 경계해야 하지만, 이 경우는 그렇지 않다. 어떤 수가 그 수의 모든 약수의 합이 된다는 것은 특별한 내부 균형이 있다는 것을 보여주지만 실제로는 매우 드물다. 그 다음으로 나타나는 네 개의 완전수는 28, 496, 8128, 33550336이다. 짝수인 완전수에 대해서는 많은 것이 알려져 있지만, 오늘날까지도 아무도 이 특별한 수가 무한히 많은지에 대한 고대인의 근본적인 질문에는 답할 수 없다. 완전수와 소수가 일부 관계가 있다는 것은 알려져 있다. 그러나 이제까지 홀수인 완전수를 찾지도 못했고 홀수인 완전수가 없다는 것도 증명하지 못했다. 우리가 알아낼 수 있을까?

마지막으로 6은 $6=1\times2\times3=1+2+3$의 모든 작은 약수의 합과 곱이라는 점에서 고유한 성질을 가지고 있으며 연속되는 수의 합과 곱이기도 하다. 이와 같은 성질을 가지고 있는 다른 수는 확실히 없다. 실제로 수의 고유한 성질을 가진 작은 수를 찾는 것은 쉽다. 예를 들면 3은 이전 모든 수의 합이 되는 반면 2는 짝수이면서 소수인 유일한 수이다(2는 모든 소수 중 가장 이상한 수이다).

n 번째 삼각수는 1부터 n까지의 모든 수를 합한 수이다. 이 아이디어에서 덧셈을 곱셈으로 대체하면 계승수(factorial number)라고 알려진 수를 얻게 된다. 첫 번째 계승은 1이고, 두 번째 계승은 $2\times1=2$이며, 세 번째는 이미 보았듯이 $3\times2\times1=6$이다. 계승은 포커와 같은 카드 게임에서 특정 유형의 손(損)을 처리할 가능성과 같은 셈 문제와 나열 문제에 끊임없이 부각된다. 바로 이 이유로 인해 계승은 별도의 표기법을 가지고 있다. n번째 계승은 $n!=n\times(n-1)\times\cdots\times2\times1$로 표시된다. 삼각수는 완전제곱수 비율의 약 절반으로 상당히 빨리 증가하지만 계승수는 훨씬 빠르게 증가하고 곧 수백만으로 증가한다. 예를 들어 $10!=3628800$이다. 느낌표 표기는 1808년 크렘프(Christian Krempe)에 의해 소개되었으며, 이 표기는 놀랄 만한 증가율을 보여준다.

작은 수는 큰 수보다 더 특별한 성질을 가지는 경향이 있다. 수가 수직선의 시작 부분에 가까울수록 아주 독특한 특성을 나타낼 가능성이 커진다. 그러나 이것은 경험적 법칙일 뿐이며 매우 큰 수도 본질적으로는 특별하다. 수 12는 12의 모든 진약수의 합 $1+2+3+4+6=16$이 12보다 커지는데 이런 수를 과잉수(abundant number)라고 한다. 홀수가 과잉수가 되는 것은 매우 드물며 과잉수 중에서 작은 수는 없다. 홀수인 첫 번째 과잉수는 945로 밝혀졌다. 독자는 945의 모든 진약수를 합하면 975가 되어 945보다 더 크다는 사실을 스스로 확인할 수 있을 것이다. 이러한 사실은 조금만 살펴보면 그 이유를 알 수 있다. 945를 소인수분해한 결과인 $3^3\times5\times7$은 945를 포함한 모든 약수의 합을 구하는 공식 $(1+3+9+27)(1+5)(1+7)$이 되어 945를 빼면 975를 얻게 된다.(＊2)

수론을 연구하는 수학자들은 각각의 수를 잘 알고 있어서 수가 그들에게 친구가 되기도 한다. 택시 번호 1729와 관련하여 하디(Hardy)와 라마누잔(Ramanujan) 사이의 유명한 일화가 있다. 하디가 이 수를 특색이 없는 수라고 무심하게 제안했을 때, 인도 출신의 어린 천재 수학자 라마누잔은 1729가 $1729 = 1^3 + 12^3 = 9^3 + 10^3$과 같이 두 가지 다른 세 제곱수의 합으로 표현할 수 있는 가장 작은 자연수인 매우 흥미로운 수라고 즉각 대답했다고 한다.

561과 같이 성가신 수도 있다. 이것은 소수가 아니면서 소수와 같은 성질을 보인다. 코딩이론에서 특히 중요한 소수 p의 기본 성질은 임의의 수 a에 대해 a^p을 p로 나눌 때의 나머지는 a를 p로 나눌 때의 나머지와 같다는 페르마 보조정리(Fermat Lemma)를 만족한다는 것이다. 예를 들어 소수 $p = 5$를 택하여 $a = 8$이면 8과 $8^5 = 32768$을 5로 나눌 때 동일하게 나머지가 3이라는 것을 확인할 수 있다. 그러나 이것은 일반적으로 합성수 p에 대해서는 성립하지 않는다. 예를 들어 소수 5를 합성수 $p = 4$로 바꾸고 $a = 7$이면 7과 $7^4 = 2401$을 4로 나눈 나머지가 각각 3과 1이므로 나머지는 같지 않다. 이 속성이 p가 소수인지 아닌지 판별하는 소수판정법을 제공한다면 편리하다. 이 판정법을 항상 통과하는 합성수 p를 카마이클 수(Carmichael Numbers)라고 하며, $561 = 3 \times 11 \times 17$이 가장 작은 수이다. 이 수는 드물지만 2821과 함께, 라마누잔의 수 1729도 카마이클 수임이 밝혀졌다. 1992년 알포드(Alford), 그랜빌(Granville), 포머란스(Pomerance)에 의해 소수처럼 카마이클 수도 끝이 없이 계속된다는 것, 즉 무한히 많다는 것이 증명되었다.

소수는 다른 유형의 수와는 달리 규정하기가 애매하다. 예를 들어 매우 큰 제곱수를 찾는다고 하자. 그러면 아주 큰 수를 쓰고 같은 수를 곱하면 매우 큰 제곱수를 얻을 수 있다. 그러나 유클리드(Euclid, 300 B.C.) 시대 이전에도 무한히 많은 소수가 있음을 알았지만(*3), 찾기가 쉽지 않았고 큰 소수를 찾아야 할 필요가 있었던 것처럼 보인다. 소수를 판정하는 여러 방법이 있기는 하지만 홀수를 일일이 테스트하거나 제곱수를 만드는 것처럼 소수를 만들어낼 수는 없다. 한편 소수를 쉽게 생성할 수 있는 방법을 찾지 못한다는 것을 아무도 증명하지 못했다. 그러나 다른 한편으로 아무도 그렇게 할 수 없다고 주장할 수도 없다.

소수는 처음 몇천 개의 수 사이에서는 충분히 많다. 그러나 수가 매우 커질수록 소수는 점점 더 희귀해진다. 왜냐하면 큰 수는 작은 수보다 잠재적으로 더 많은 약수를 가질 수 있기 때문이다. 수학사에서는 언제나 그 당시까지 알려진 가장 큰 소수가 있다. 현재까지 알려진 가장 큰 소수는 4백만 자릿수를 넘으며, 일반적인 십진법으로 기록하기 위해 한 달이 걸린다. 그러나 이것은 2의 거듭제곱보다 하나 작은 수로 쓸 수 있다. 즉 $2^{13466917}-1$이다. 그러나 항상 더 큰 소수가 발견되기 때문에 이 소수의 우월한 지위는 사라지게 된다.*

결코 잃어버릴 수 없는 특별한 지위를 가진 엄청나게 큰 수의 예는 다음과 같다.

8080 17424 79451 28758 86459 90496 17107 57005
75436 80000 00000

이것은 소위 괴물 산재군(Monster sporadic group)의 크기이다. 약간의 설명을 하면 다음과 같다. 군은 어떤 대상의 모든 대칭을 모아 놓은 것으로 생각할 수 있다. 대칭은 반사와 회전으로 정사각형 또는 벽지 디자인과 같은 패턴을 남기는 움직임으로 생각할 수 있다. 수학적 군

* 역자주: 실제로 이 책을 번역하는 시점에서 가장 큰 소수는 51번째 메르센느 수이다. 2018년에 발견되었으며 이 수는 $2^{82589933}-1$이다. 현재 국제 GIMPS 프로젝트에서 병렬의 컴퓨터로 작업하고 있는 수만 명의 열정적인 사람들에 의해 이 기록은 갱신되고 있다. http://primes.utm.edu/largest.html 참조.

은 19세기 초반에 등장한 주제로서 이차 이상의 특정 방정식의 해를 연구한 것으로부터 시작하여 수학과 물리학의 거의 모든 부분에 걸쳐 폭넓게 연구되어 왔다. 특히 결정구조를 연구하는 학문인 결정학과 코딩이론이 새로 등장한 두 분야이다. 이에 대해 간단히 설명하면 대칭이라는 기하적 아이디어에 대수적 표현을 부여함으로써 기하적 아이디어에 기반한 계산을 가능하게 한다는 것이다.

수학은 항상 복잡한 대상을 더 작고 단순한 부분으로 구성하는 방법을 찾는다. 단순군이 더 작은 부분군으로 구성될 수 없다는 점에서 소수의 성질과 비슷하다. 단순군에는 네 가지 주요 출처가 있지만, 이 유형 외에도 주류가 아닌 소위 산재 단순군(sporadic simple group) 스물여섯 개가 있으며 현재 이 스물여섯 개의 예외적 군 이외에는 더 이상 없는 것으로 알려져 있다. 그것들은 기술적인 의미에서만 단순하며 일반적으로 크기와 복잡성이 엄청나다. 괴물군(monster group)은 그중 가장 크며 1982년 그리스(Greiss)에 의해 196883차원 공간의 회전군으로 만들어졌다. 괴물군의 크기는 위에서 주어진 것과 같이 54자리 수이다. 그러므로 그 수는 수학적 경관의 영구적인 특징으로 특별하게 남아 있게 될 것이다. 그 중요성은 세월이 지남에 따라 밝혀질 것이고 수 이야기는 계속될 것이다.

2장

수의 발견

수가 지닌 친숙함에도 불구하고 수는 물리적인 존재가 아니라 오히려 실제 세계에서 이끌어 낸 추상적 존재이다. 뮤지컬 영화 〈7인의 신부(Seven Brides for Seven Brothers)〉*와 같이 한 집합의 원소를 다른 집합의 원소와 짝지을 수 있다면 두 집합은 같은 크기를 가진다고 한다. 파티에서 아이들에게 장난감을 주었던 예시처럼 첫 번째 집합이 두 번째 집합의 일부와 짝지을 수 있다면, 한 유한집합의 크기는 다른 집합의 크기보다 작다. 이렇게 하면 수가 자연스럽게 오름차순으로 정렬된다. 우리 모두는 어린 시절부터 세는 법을 배웠기 때문에 셈이 나타내는 어려운 아이디어를 제대로 인식하기가 쉽지 않다. 토끼 한 쌍과 이틀이 똑같은 셈의 예가 된다는 것을 깨닫기는 어려웠을 것이다. 실제 결론은 토끼를 가지고 있는 남자는 이틀

* 역자주: 일곱 형제가 일곱 명의 신부를 맞이하는 뮤지컬 영화. 1954년 제작, 도넌(Stanley Donen) 감독.

동안 하루 한 끼의 식사로 토끼 한 마리씩을 먹는다는 것이다.

수의 개념을 파악한 후에는 수들 중 처음 몇 개의 이름을 정하는 것이 자연스럽다. 일, 이, 삼, 사 등이 우리가 사용하는 처음 몇 개의 이름이다. 우리가 수의 이름을 붙이는데 이 단계를 거치지 않는다면 특정한 순서로 알파벳의 문자를 암송하는 것과 별로 다를 것이 없다. 그러나 알파벳과 수의 이름을 붙이는 것은 완전히 같은 것은 아니다. 처음 26까지의 수의 이름은 위에 언급한 것처럼 자연스런 순서가 있다. 반면에 알파벳 문자의 순서는 꽤 임의적이다. 수의 이름은 우리가 원하는 어떤 것도 될 수 있기는 하지만 수의 자연스런 순서는 본질적인 것이며 인위적인 것이 아니다. 알파벳에 부과된 순서의 무작위성은 어린이들이 사전에 나타난 문자의 순서를 기억해야하는 노력으로 설명할 수 있다.

알파벳에 적절한 것이 수에서도 적절한 것은 아니다. 알파벳은 스물여섯 개의 이름을 붙이면 되는 유한한 집합이지만 수집합은 한없이 무한히 뻗어 나가기 때문이다. 게다가 실제로 많은 수를 사용해야 할 필요가 있다. 어떠한 문명이든 때로는 수백 수천까지 셀 필요가 있을 것이고, 수가 달라질 때마다 다른 문자를 만들어내는 원시적인 접근법을 넘어 수를 식별하는 방법을 고안할 필요가 있었다.

우리는 특정 수가 하나의 기호로 표기될 수 있다고 인정함으로써 이 어려움을 약간 완화할 수 있다. 예를 들면 로마 숫자 X와 V는 각각 10과 5를 나타낸다. 그러나 근본적인 문제는 여전히 남아 있다. 즉 모든 수가 각각의 고유한 기호를 갖는 것은 비실용적이며 실제로 불가능하다는 것이다. 또한 우리는 두 개의 작은 수들의 합으로 표현하는 더하기 원칙(addition principle)을 필요로 한다. 예를 들어 로마 숫자에는 15를 나타내는 특별한 기호가 없다. 10을 나타내는 기호와 5를 나타내는 기호를 묶음으로써 15를 XV로 나타낸다.

더하기 원칙의 발견은 중동, 유럽 및 아시아의 모든 고대 문명에서 사용되는 것을 볼 때 매우 자연스러운 것으로 보인다. 십(10)을 기반으로 한 덧셈도 또한 보급되었다. 앞서 언급했듯이, 고대 바빌로니아인들이 십이진법과 육십진법을 모두 사용하여 하루를 24시간으로 나누고, 원을 360도로 나누는 것이 세계적으로 통용되었다. 육십진법의 유산을 프랑스어에서 발견할 수 있는데, 프랑스어에는 60 이상 100 사이의 수에 대해서 새로운 이름이 없었다. 70은 soixante-dix (60과 10)이고 80은 quartre-vingt (네 개의 20)이며 90은 quatre-vingt-dix (네 개의 20과 10) 등이다. 그러나 벨기에의 프랑스어 사용자들은 이것에 지쳐서 septante, octante, nonante 등과 같은 새 이름을 만들었다. 그러나 대부분의 수 체계는 수십 개의 그룹으로 묶는 방법을 사용했기 때문에 짧은 기호 열을 사용하여 상당히 큰 수를 기록할 수 있었다. 불행히도 충분히 좋은 원리(Just Good Enough Principle)가 있으면 그것이 일반적으로 채택되었다. 매일의 업무에 적합한 수를 표기하는 방법이 발견되면 그 방법이 완전히 자리 잡았고 개선의 노력은 없었던 것으로 보이며 더 좋은 방법으로 확실하게 교체되지는 않았다.

심지어 수학적으로 수준 높은 그리스인들조차도 아주 원시적인 표기법을 벗어날 정도로 진지하게 산술 계산을 다루지 않았다. 이유는 이 당시 회계의 문제가 단순한 노예의 영역으로 간주되어 고등 학문의 가치로서 인정되지 않았기 때문이다. 그 이유가 무엇이든 간에, 그리스인들의 계산법은 다른 고대 문명들보다 조금 더 진보했다(나중에 설명하겠지만 사실 바빌로니아 체계가 근본적으로 더 우월했다). 고대 회계사들이 합을 구하기 위해 실질적인 요령을 가졌을 수도 있었을 것이다. 확실히 그들은 주판과 같은 단순한 장치를 잘 사용했다. 구전과 예를 통해 다음 세대에 전달되는 고유한 방법이 있었다는 것은 의심의 여지가 없다. 그러나 수학사에서 그 부분은 현대 학자에게 허용된 부수적인 산물만이 남아있고 대부분은 사라졌다.

그리스 사람은 그리스 알파벳의 첫 번째 아홉 글자로 1 ~ 9의 수를 표현했고, 10 ~ 90의 10의 배수에 대해 유사한 기호를 사용했다. 100부터 900까지 수에 대해서는 다른 기호를 사용했다. 예를 들어 λ와 β는 각각 30과 2로 표기되어 32라는 수가 $\lambda\beta$로 쓰였다. 이것은 언뜻 보기에 지금 우리가 사용하는 표기법만큼이나 효율적으로 보일지 모르지만 그렇지 않다. 더하기 원칙이 적용되긴 했으나 자릿수에 대해서는 사용되지 않았다. 32의 자릿수를 교환하면 23이라는 수를 얻게 된다. 그러나 $\beta\lambda$에 적용할 수 없으며 $\beta\lambda$는 여전히 $2+30=32$가 된다. 23의 그리스어 버전은 $\kappa\gamma$이다. κ는 20을 의미하고 γ은 그리스 알파벳의 세 번째 글자였으므로 3을 의미한다. 이 방법으로 최대 1000까지의 수를 문자열의 길이가 3보다 길지 않은 문자열로 기록할 수 있다. 이 표기법의 사용 초기에는 상당히 적절한 것으로 입증되었을 수도 있으나, 그 후로 얼마 지나지 않아 수천 개의 수를 다루는 것이 필요하게 되었다. 새로 만들기보다는 기존 표기법을 임시방편으로 수정했다. 기호 앞에 쉼표를 붙이면 기호가 의미하는 값에 1000이 곱해진다. 예를 들어 $,\alpha$가 1000을 나타내는 것으로 이해되었다. 이것은 실제적으로 수를 표기하는 목적으로는 충분했음이 틀림없다.

보다 나은 시도도 산발적으로 일어났다. 기원후 3세기에 그리스 수학자인 디오판토스(Diophantus)는 점을 사용하여 앞의 수에 만(10000)을 곱한 것을 나타내었다. 예를 들면 $,\alpha\tau\lambda\alpha.\ ,\epsilon\sigma\iota\delta$ 에서 처음 네 개 기호는 $1000+300+30+1$이고 점이 있어서 10000을 곱하고 나머지 네 개 기호는 $5000+200+10+4$가 되어 13315214로 해석할 수 있다. 이 방법으로 우리는 수백만까지의 수를 나타내는 표기법에 적응하는 게 그리 어렵지 않다는 것을 알 수 있다. 실제로 기원전 3세기의 아르키메데스(Archimedes)는 자신의 저서 《모래알을 세는 사람(Sand Reckoner)》에서 우주(적어도 그리스 세계의 우주)를 채우는 데 필요한 모래알의 수보다 많은 수를 나타낼 수 있다고 자랑하였다.

앞에서 설명한 수 표기법은 지필 계산의 어려움이 있다. 그리고 고대에는 저렴한 종이가 없었기 때문에 어려움이 있었다. 어려운 합산 문제가 계산 프레임에 사용되었으므로 수를 쓰는 방법은 답과 답의 구성 요소를 기록하기에 충분해야 했다. 수 표기법은 수를 글로 쓸 때 속기를 훨씬 뛰어넘을 필요가 없었으며 결코 그렇게 하지 않았다.

로마 숫자 체계의 기원은 매우 애매하지만 아마도 에트루리아(Etruscan) 때부터였을 것이다. 에트루리아 문명은 현재 이탈리아에 있었던 로마 이전의 문명이다. 로마 문자는 로마인들에 의해 실제로 사용되었고 중세 시대를 거치며 현대 유럽 문화에서 주로 장식 목적으로 쓰이고 있다. 위에서 언급한 1, 5, 10에 해당하는 기호들 이외에 오십, 백, 오백, 천에 해당하는 기호는 L, C, D, M이다. 2003년에 제작된 한 영화는 엔딩크레딧에 로마 숫자 MMIII를 나타냈다. 1673년은 MDCLXXIII로 표기된다. 그리스 숫자 표기법과 마찬가지로, 로마인들은 10의 거듭제곱에 의한 곱셈을 나타내기 위해 수 기호를 장식했다. 예를 들어 이십만이나 백만은 기호 II와 X 위에 상자 표기를 추가하여 나타내었다.

그리스 표기법에서 기호의 의미는 고정되어 있으며 그 기호가 문자열 어디에 위치하는지는 상관이 없었다. 그러나 로마 표기법은 빼기 원칙(subtraction principle)이 때때로 채택되기 때문에 문자 위치를 제한적으로 사용했다. 좀 더 설명을 부가하면 다음과 같다. 앞선 예에서 로마의 문자열은 그리스 표기법에서와 같이 크기가 내림차순으로 작성되었다. 그러나 로마 숫자에서는 IV와 같은 큰 수를 나타내는 기호 앞에 작은 수를 나타내는 기호를 쓸 수 있다. 이러한 상황의 의미는 큰 수를 나타내는 기호에서 작은 수를 나타내는 기호의 값을 뺀다는 것이다. 이것은 단순히 IIII를 4로 쓰는 대안을 제시해준다. 마찬가지로 9와 40은 각각 IX와 XL로 표기된다. 로마인들은 빼기 원칙을 거의 사용하지 않았으며 인쇄기 발명 이후에 유럽에서 일괄적으로 사용되었다.

로마 표기법이 개선될 수 있었지만 뒤이은 변화의 방향이 소멸되었다. 실용적인 현대 산술법은 이 고대 표기법을 완전히 폐지하고 수에 대한 위치를 고려한 표기법으로 대체할 것을 요구했다. 바빌로니아의 육십진법은 위치를 사용했다는 점에서 주목할 만하다. 1에 대한 바빌로니아 설형 문자는 기호 표기 위치에 따라 1 또는 60 또는 60×60을 의미할 수도 있다. 불행히도 이 위대한 아이디어는 자릿값을 표시하는 역할을 하는 0 기호가 없기 때문에 최대한의 잠재력을 발휘하지 못했지만 때로는 빈 공간을 이용해 표시한 것처럼 보인다. 빈 공간은 중간 위치에 대해서만 사용되었고 예를 들어 70과 같은 수를 쓸 때처럼 끝에는 사용하지 않았다. 전반적으로 그 표기법은 여전히 모호해서 혼란스러웠다.

양의 정수 1, 2 등과 같은 방식으로 0을 수로 처리하는 것은 심리적으로 엄청난 일이다. 산술과 대수의 모든 잠재력을 실현하기 위해서는 자연수 이외의 다른 수가 포함되어야 한다. 왜냐하면 산술 연산은 자연수의 영역에서 벗어나 다른 수 유형의 영역으로 확장되기 때문이다. 우리가 수학을 특정한 해석과 결부시키게 되면 부적절한 상황이 되고 만다. 오늘날에도 많은 사람들이 음수의 개념에 만족하지 못하며 음의 제곱근에서 발생하는 허수는 상식을 넘어서기 때문에 이것을 이해하기 위한 특별한 마음이 필요할 정도다. 이러한 사실을 인정하면 다른 수와 같은 방식으로 0을 사용하는 것에 대한 편견에 공감할 수 있게 해준다. 0 기호를 완전히 사용하는 것은 불

필요하고 불쾌한 일로 간주될 수도 있다. 이러한 태도는 오늘날 컴퓨터 읽기 양식의 사용에서도 확인할 수 있다. 1964년 2월 8일에 태어난 경우 두 자리 수를 사용하여 생년월일을 02/08/64(영국에서는 08/02/64)로 기록해야 한다. 컴퓨터 시스템에서 균일성을 요구하기에 0 기호 표기를 쓰지 않고 2/8/64로 작성하기도 한다. 사소한 일이긴 하지만, 어떤 사람들은 이 표기법이 매우 당황스러울 수 있다.

셈과 그 결과

셈(counting)은 인간이 자연스레 발명한 것이며, 셀 수 있는 방법이 없었던 극지방의 종족도 계산이 필요한 환경에 직면해 서양 문명을 접함으로써 셈 체계를 개발한 최근의 사례가 있다.* 상당히 큰 수까지 계산하려면 작업을 두 단계 이상으로 나누는 것이 자연스러우며, 이 지점부터는 덧셈 아이디어를 이용하여 계산 과정을 단축한다. 계산 과정에서 잠시 멈추는 행위는 셈이 항상 1에서 시작하는 것은 아니라는 아이디어와 부합하게 된다. 다른 두 종류의 물건 더미의 개수를 셀 때 각각 따로 센 다음 더해서 합산한다. 수를 세는 것은 그 자체를 각 단계에서 1씩 더하는 특별한 종류의 덧셈으로 볼 수 있다.

그래서 셈에서 발생된 덧셈이 뺄셈, 곱셈, 나눗셈의 다른 세 가지 산술 연산으로 이어진다는 것을 알 수 있다. 역사적으로 뺄셈이나 곱셈 중 어느 것이 덧셈 다음에 개발되었는지는 분명하지 않다. 직관적으로 뺄셈은 덧셈의 역이기 때문에 뺄셈은 가장 자연스러운

* 핑커(Stephen Pinker)의 《빈 서판(The Blank Slate)》 참조.

것처럼 보일 수도 있다. 실제로 학교에서 덧셈 다음에 소개되는 연산이 뺄셈이다. 뺄셈은 시작했던 수보다 적은 수로 남기는 덧셈의 취소이거나 제거이다.* 뺄셈은 단순해 보이지만 수학적 관점에서는 매우 어색하다. 뺄셈은 덧셈에서 성립한 성질을 만족하지 않는다. 일례로 연속적으로 두 번 뺄셈을 할 때 괄호의 위치가 중요하다.** 더할 때는 걱정할 필요가 없다. 또 다른 예는 두 개의 수를 더할 때는 더하는 순서가 상관없는 반면 뺄셈에서는 더 작은 수에서 더 큰 수를 뺄 수 없는 것처럼 보이기 때문에 어떤 뺄셈은 수행할 수 없다. 이것은 다소 당황스럽다. 심지어 어린이들도 어떤 속임수가 있다는 느낌을 받는다. 어린이들이 이의를 제기할 때, 우리가 하는 설명은 연못에 세 마리의 오리를 가지고 있다면 충분한 오리가 없기 때문에 네 마리의 오리를 없앨 수 없다는 것과 같은 것이다. 덧셈-뺄셈 연산의 자연스러운 대칭성이 무너졌기 때문에 이를 정당화하기 위해 오리에 대한 예를 들었지만 상황은 여전히 만족스럽지 못하다. 어린이들이 이런 식으로 의심을 표명하지는 않을지라도 뭔가 이상하고 더 설명해야 할 것 같다는 생각이 여전히 마음 한편에 머물러 있을 수 있다.

다른 한편으로 곱셈은 특별한 형태의 반복된 덧셈이기 때문에 뺄셈과 같은 어려움에 처하지 않는다. 4×3은 $4+4+4$를 의미한다. 여기서 발생하는 의문은 왜 주목할 만한 가치가 있는가이다. 곱셈이 익숙하기 때문에 이러한 의문을 가지고 있지 않을 수 있지만 이것은 대단한 것이다. 이 특별한 종류의 덧셈은 실제 문제에서 끊

* 친숙한 +와 − 기호가 인쇄된 가장 오래된 책은 1489년 라이프치히(Leipzig)의 위드만(John Widman)에 의해 발간된 《모든 구매에 대한 회계(Rechenung auff allen Kauffmanschafft)》 산법이다. 등호 기호는 그 이후에 등장하고 1557년 영국인 레코드(Robert Recorde)가 개발하였다.

** $(8-4)-2=4-2=2$ 그러나 $8-(4-2)=8-2=6$: 뺄셈은 결합법칙이 성립하지 않는다.

임없이 발생한다. 예를 들면 직사각형 모양의 땅 넓이를 구할 때도 필요하다.

생산적인 아이디어로 한 걸음 나아가기 위해 노력함으로써 많은 부문의 수학이 생겨났다. 같은 수를 반복해서 더하는 것이 곱셈을 나타내듯, 같은 수를 반복해서 곱한 곱셈의 형태도 중요한 개념이다.

$4+4+4$에서 더하기 기호를 곱셈 기호로 바꾸면 일반적으로 4^3이라고 쓰고, 실제로 이런 유형의 반복된 곱셈이 중요하다. 이 값은 변의 길이가 4인 정육면체의 부피를 나타낸다. 이와 같은 지수를 올리는 연산을 거듭제곱이라고 한다.* 이 패턴의 모든 측면이 유지되지는 않는다. 거듭제곱은 교환이 가능하지 않다. 예를 들면 $3^4 = 81 \neq 64 = 4^3$이다. 그래서 곱셈과 덧셈과 달리, 거듭제곱 문제에는 연산의 순서를 도입한다.

반복되는 지수에 기초한 수학 연산이 있다. 4^3에 대한 다른 표기법, 특히 컴퓨터 키보드에서 사용되는 표기법은 다음과 같다. $4 \uparrow 3$. $\uparrow\uparrow$는 다음과 같이 작동한다. $4 \uparrow\uparrow 3$은 $4 \uparrow 4 \uparrow 4$로 4의 4^4제곱인 4^{4^4}을 의미한다. 이전 작업을 반복하여 작업을 대체하려는 이 아이디어를 계속 수행한다면 20세기까지 결코 표현할 수 없었던 엄청나게 큰 수를 생성할 것이다.

수 $1 \uparrow 1$, $2 \uparrow\uparrow 2$, $3 \uparrow\uparrow\uparrow 3 = 3 \uparrow\uparrow 3 \uparrow\uparrow 3$ 등은 애커만 수(Ackermann numbers)라고 부른다. 첫 번째 애커만 수는 $1 \uparrow 1 = 1$이고 두 번째는 $2 \uparrow\uparrow 2 = 2^2 = 4$이다. 세 번째 애커만 수는 $3^{3^3} = 7625597484987$이다. 네 번째 애커만 수 $4 \uparrow\uparrow\uparrow\uparrow 4$는 인간이 이해할 수 있는 범위를 벗어난다. 심지어 '작은' 애커만

* 지수 표기법은 1500년경 쉬케(Nicolas Chuquet)에 의해 처음으로 《수 과학의 삼자(Triparty en la science des nombres)》에 나타난다. 그는 미지의 양을 나타내기 위해 양수, 음수, 0의 지수를 사용했다. 14세기 초, 파리의 오렘(Nicole Oresme)은 분수 지수를 근으로 해석하기 시작했다.

수를 십진법으로 나타내기 위해 우주에 존재하는 입자 수보다 많은 자릿수가 필요하고, 그렇게 작지 않은 애커만 수를 보통의 방법으로 기록하기 위해서는 세상에 있는 모든 수를 다 써야 할 것이다. 애커만 수 초기에 대한 아이디어를 위해 네 번째 애커만 수를 예로 들자. 네 번째 애커만 수 $4^{4^{4^{4}}}$의 4의 지수 $4^{4^{4}}$는 자릿수만 해도 155개이다.

애커만 수가 단지 엄청나게 큰 특별한 수에 이름을 붙이는 방법을 의미하는 것은 아니다. 이론 컴퓨터 과학에서는 애커만 수보다 작은 단계로 계산할 수는 없으나 원리적으로는 가능한 연산의 예를 구성하는 데에 애커만 수가 사용된다. 콘웨이(Richard Conway)와 가이(Richard Guy)가 집필한 책 《수의 책(Book of Numbers)》에서 알려지지 않았던 애커만 수를 정의하는 데 사용할 수 있는 연쇄 화살표 표기법을 소개했다. 이 표기법을 사용하면 이름을 붙일 수 없었던 수에 이름을 부여할 수 있다. 이 과정에서 우리는 디오판토스(Diophantus)와 같은 선구자 또는 이제껏 사용하지 못했던 크기의 수를 적는 방법을 고안한 사람인 바빌론의 서기관의 방식을 따른다.

네 번째 그리고 지금까지 가장 문제가 되는 산술 연산은 나눗셈이다. 비단 현대인만이 이것을 어려워하는 것은 아니었다. 엘리엇(T. S. Eliot)의 '고양이'*(MaCavity, Old Possum의 Book of Practical Cats에 있는 Mystery Cat 참조)는 '복잡한 긴 나눗셈'을 할 수 있는 것이 지혜로움을 나타내는 능력이라 했다. 나눗셈은 곱셈의 역연산이며, 뺄셈과 같은 동일한 유형의 어려움이 있다. 즉 일련의 나눗셈을 적는 경우 괄호를 어디에 두는지가 (곱셈과 달리) 중요하므로 주의해야 한다. 대부분의 나눗셈은 나누어떨어지지 않아 나머지가 있다. 이 점을 넘어서려면 새로운 종류의 수, 즉 분수를 도입해야 한

* 역자주: 뮤지컬 캐츠의 원작으로 엘리엇의 시집 《지혜로운 고양이가 되기 위한 지침서》에 나오는 '고양이'를 말한다.

다. 그러나 분수로 나누어도 의미가 있는 사물에 대해서는 분수 사용에 대한 저항이 그리 많지는 않았다. 이는 뺄셈을 통해 나타난 음수 때문에 사람들이 조마조마했던 모습과는 대조적이다. 그럼에도 불구하고 분수의 산술 자체는 상당히 복잡하다. 분수를 십진법의 소수로 표현하면 영원히 끝나지 않는 무한소수가 되는 분수가 많다.

하나의 수에서 다른 수를 빼는 연산을 수행하는 것은 대응되는 덧셈보다 더 어렵지 않다. 대조적으로, 긴 나눗셈은 이에 대응하는 긴 곱셈보다 더 어려운 과제이다. 곱셈을 하기 위해서는 사용하려는 진법에 따른 수의 10×10 곱셈표를 먼저 알아야 한다. 그러면 1부터 9까지의 수와 임의의 수로 쉽게 곱할 수 있다. 수 10을 곱하면 끝 부분에 0을 넣는 것과 관련이 있기 때문에 곱셈은 곱셈표의 결과를 더하는 문제가 된다. 이것이 긴 곱셈 방법이 작동하는 익숙한 원리이다.

나눗셈 3000÷18은 몫이 166이고 나머지는 12이다. 18이라는 수를 제수(divisor)라고 하며 나누는 대상인 3000이라는 수를 피제수(dividend)라고 한다. 답은 몫은 166, 나머지는 12이다. 나머지는 0보다 크고 제수보다 작다. 곱셈은 특별한 유형의 덧셈이므로 역 절차인 나눗셈은 뺄셈을 포함한다. 보다 정확하게 설명하면 피제수에서 제수의 가장 큰 배수를 빼게 되면 그 수가 바로 나머지이다. 이 몫을 찾는 것은 반복된 곱셈과 뺄셈을 포함한다. 이 방법으로 계산했을 때 왼쪽에 있는 수에서 오른쪽에 있는 수까지 읽으면 바로 그 수가 몫이다.

마지막으로 어려운 계산은 제수가 피제수를 초과하고 계산 결과가 1보다 작을 때이다. 긴 나눗셈을 십진법으로 계산한다면 계산 결과는 십진수의 소수로 표현된다. 다른 진법의 긴 나눗셈 계산 규칙도 동일하다. 소수점 자리를 정확히 두면 된다. 따라서 원칙적으로 긴 나눗셈 방법은 간단하다. 그것은 피제수로부터 제수의 배수를 가능한 만큼 빼고 이것을 몇 번이나 할 수 있는지 세어 보면 된다.

	몫	나머지
2)	87	
	43	1
	21	1
	10	1
	5	0
	2	1
	1	0
	0	1

▶ **그림 2.1** 87을 이진법 1010111로 표현하는 계산

반복적인 나눗셈은 어떤 진법에서 표현된 수를 다른 진법으로 바꾸는 데 사용된다. 각 단계의 나머지는 다른 진법의 자릿수가 올라가면서 그 자릿수의 값이 된다. 예를 들어 임의의 수는 2의 거듭제곱의 합으로 기록될 수 있으며 이 표현은 유일하다. 이 명제는 모든 수를 이진법으로 쓸 수 있으며, 이진법으로 나타낸 수가 다르다면 항상 다른 수라는 뜻이다(물론 이것은 이진법과 십진법뿐만 아니라 어떠한 진법에서도 적용된다). 예를 들어 87을 이진법으로 표현하는 계산 과정은 그림 2.1에 나타나 있다.

그러므로 87을 이진법으로 나타냈을 때 1010111_2임을 알 수 있다(아래 첨자 2는 그 수가 어떤 진법으로 표현되었는지 알려주는 것이다). 다른 방법으로 돌아가려면 1의 표시된 자리에 2의 거듭제곱을 더하면 되기 때문에 쉽다. 오른쪽에서 첫 번째 세 개의 1은 각각 1, 2^1, 2^2를 나타낸다. 반면에 오른쪽에서 첫 번째 0은 2^3이 아무런 영향이 없다는 것을 나타낸다. 완전히 계산해 보면 $1010111_2 = 1 + 2 + 4 + 16 + 64 = 87$이다. 이 모든 것이 새롭다면 예제를 풀어보는 것이 좋다. 108을 이진법으로 1101100_2로 바꿔보고, 이진법으로 나타낸 수를 십진법으로 다시 변환하여 확인하길 바란다.

3장

수에 감춰진 묘수

공상 과학 소설가인 아시모프(Isaac Asimov)는 최근 로봇의 3원칙*을 기반으로 한 영화 〈아이 로봇(I Robot)〉을 통해 유명해졌다. 로봇의 3원칙은 인간에게 해를 끼치지 않도록 기계의 행동을 통제하는 기본적인 불가침 명령이다. 그러나 그의 알려지지 않은 단편 소설 중 하나에서, 그는 기계에 전적으로 의존하여 산술에 대한 모든 것이 잊혀진, 이른바 '진보된 사회'를 생각해냈다. 이 소설에서 어느 날 대담한 영혼이 계산하는 방법을 알아내어 생각했던 것 이상의 능력으로 모든 사람을 놀라게 했다. 계산은 갑자기 유행이 되어 많은 사람

* 역자주: 아시모프는 로봇 3원칙으로 유명한 SF계의 거장이다. 로봇의 안전장치를 구체화한 로봇 3원칙은 다음과 같다.
제1조, 로봇은 인간에게 해를 끼칠 수 없다. 또한 사람들에게 해를 끼치는 위험을 그냥 지켜봐서도 안 된다.
제2조, 로봇은 사람의 명령에 따라야 한다. 단, 그 명령이 제1조에 어긋나서는 안 된다.
제3조, 제1조 및 제2조에 어긋나지 않는 한 로봇은 스스로를 지켜야 한다.

들이 새롭게 발견된 계산 기술을 활용하는 데에 여념이 없었다.

우리는 그런 사회가 오지 않기를 희망한다. 그러나 우리는 이 이야기가 40년 전에 쓰였을 때보다 그럴 듯하게 들린다는 점을 인정해야 한다. 모든 계산기는 매우 훌륭하지만 계산기가 인간의 지적인 존엄성을 빼앗게 해서는 안 된다. 이 기계는 편의품이지 필수품이 되어서는 안 된다. 게다가 이것은 자존심의 문제가 아니며 계산기는 수의 계산 원리에 대한 실제적인 감각이 없는 사람에게만 제한적으로 사용되어야 한다. 계산기를 유용한 도구로 활용하기 위해서는 계산기가 어떤 답을 할 것인지 어느 정도 예측할 수 있어야 한다.

이러한 이상을 유지하려면 여러분의 산술 능력이 쇠퇴하지 않아야 한다. 수에 대한 감각을 유지하기 위해 이 장의 뒷부분에 설명할 배수판정법과 다른 산술 진단법을 숙지할 시간을 갖기를 제안해본다. 어떤 수를 16으로 나눌 수 있는지 여부를 결정하는 것은 어려운 일이 아니며 이 판정법이 왜 작동하는지 파악하는 것도 어렵지 않다. 이 배수판정법은 계산기로부터 벗어나 측정의 자유를 주고, 나중에 알게 되겠지만 이 배수판정법을 통해 손쉬운 휴대용 기계의 성능을 완전히 뛰어넘을 수 있는 계산을 수행할 수 있다.

흔한 수학적 묘수 중 하나는 대수적 항등식(algebraic identity)이다. 항등식이란 하나 또는 두 개의 해만을 갖기보다 모든 n의 값에 대해 참인 방정식이다. 이 아이디어를 통한 묘수는 자신만이 알고 있는 수 n을 사용하여 상당히 긴 산술 연산을 수행하도록 하지만, 답은 n의 값과 무관하다는 것이다.

최근 텔레비전에 소개된 한 마술사의 마술은 이와 같은 원리를 사용했다. 마술사는 피실험자가 일련의 4쌍의 카드 중 하나를 선택하여 5장의 카드 포커 게임을 완성했고 마술사의 패는 뒤에 남겨진 카드로 구성되었다. 마술사는 항상 피실험자가 지는 패를 선택하도록 미묘한 심리적 묘수를 사용했기 때문에 항상 승리했다. 실제로 이것은 연막작전이었으며, 마술사가 초기에 카드를 다룰 때 모든 조합에서 자신이 승리하도록 카드의 쌍을 설정하였기 때문이다. 그 결과는 피실험자의 선택과는 독립적이었고 피실험자의 주의를 다른 데로 돌렸다. 마술사는 심리를 이용했으나 피실험자가 믿는 방식은 아니었다!

이 '마음 읽기' 묘수 중 또 다른 예로서, 독자는 다음을 직접 해보자. 한 자리 수를 선택하고 9를 곱한다. 곱이 두 자릿수이면 이 두 자리를 더한다. 이 수에서 5를 뺀다. $A=1$, $B=2$ 등으로 수를 문자로 바꾼다. 이 문자로 시작하는 국가를 생각해 보라. 그리고 그 국가의 마지막 문자를 가지고 그 문자로 시작하는 동물을 생각해보자. 아마 대답은 덴마크의 캥거루(Kangaroos in Denmark)라고 할 공산이 크다. 덴마크 코알라(Koalas in Denmark)와 도미니카 공화국의 고양이(Cats in the Dominican Republic)와 같은 다른 대답도 가능하다. 이 이유는 문자 $D=4$로 시작하는 국가가 거의 없다는 것이다. 계산이 항상 4로 끝나는 이유는 구구단의 9단 규칙 때문이다. 이를 염두에 두고 지시 사항을 다시 읽으면 의미를 파악할 수 있을 것이다.

좀 더 미묘한 묘수는 듣는 사람이 비밀리에 수를 선택하고 몇 가지 모호한 연산을 수행하게 하는 것이다(잠시 후에 예제를 살펴볼 것이다). 그런 다음 결과를 보여달라고 하면 계산 과정은 사라지더라도 처음의 선택은 즉시 식별할 수 있다.

도미노 패 게임

친구에게 0(공백에 해당하는 값)에서 6까지의 수 중에 도미노 패인 두 개의 수 a, b를 선택하도록 한다. 두 수 중 하나를 선택하라고 말한다. 선택은 그 친구에게 달려 있다. 그 선택한 수에 5를 곱하고, 3을 더하고, 두 배를 하고, 도미노의 두 번째 수를 더하고 그 결과를 말하도록 한다. 게임을 이끌어가는 주선자는 그 수에서 암산으로 6을 빼서 ab라는 것을 보장하는 두 자리 수를 산출한다. 그러면 선택한 도미노가 수 a, b라는 것을 알릴 수 있다.

예를 들어 친구가 4와 5 도미노를 선택하고 4를 첫 번째 수로 사용하기로 결정한 경우 지시 사항에 따라 4 → 20 → 23 → 46 → 51이다. 여러분은 51에서 6을 빼면 45가 되어 선택된 수가 '4와 5'임을 말할 수 있다. 반면에 친구가 4 대신에 5를 선택했다면 5 → 25 → 28 → 56 → 60을 계산할 것이다. 여러분은 60에서 6을 빼서 친구가 선택한 수는 '5와 4'임을 말할 수 있을 것이다. 다른 수로 시도해 보자. 0(공백)과 1로 선택하면 0 → 0 → 3 → 6 → 7을 계산한다. 그러면 6을 빼면 1이 되고, 0 1로 해석하고 '0(공백)과 1'임을 정확하게 말할 수 있다.

이 게임은 여러분을 두 가지 이유로 매우 영리해 보이게 한다. 첫째, 계산은 예측할 수 없는 방식으로 도미노의 수를 혼합하는 느낌을 만들어 내기 때문에 원래의 쌍을 복구할 수 있다는 것은 예상하기 힘들다. 둘째, 친구가 여러분에게 주는 수는 원래 도미노의 수처럼 보이지 않음에도 불구하고 친구의 도미노를 즉시 말할 수 있기 때문이다(결과에서 6을 빼서 선택한 도미노를 알아낼 수 있다는 점을 아는 사람은 아무도 없다).

그 이유가 무엇일까? 문자를 이용한 대수 계산을 해보면 수를 예를 들어 확인하는 것보다 훨씬 더 마술처럼 보이는 이유가 분명해진다. 여러분의 친구는 0과 6 사이의 두 수를 모두 가지고 있다(0과 6 포함하며, 동일할 수도 있다). 친구가 선택한 수를 a라고 하고 다른 하나는 b라고 하자. 그러면 친구는 $(5a+3)\times2+b=10a+b+6$을 계산하게 한다. 이것은 무슨 일이 일어나고 있는지 보여준다. 6을 빼면 $10a+b$가 남는다. a와 b는 한 자리 수이므로 두 자리 수 ab와 같으므로 결과를 알 수 있다.

이 대수식은 비본질적인 것은 제거하고 계산 결과에 숨겨진 과정의 원리를 보여주고 있다. 이는 수의 값들을 개별적으로 이용했을 때, 원리를 알기 힘들다는 사실과 대조적이다.

구거법(九去法, 9 제거하기)

구거법은 산술 오류를 찾아내는 진단 기술로서 학교에서도 배운다. 덧셈에서 이 방법은 간단하다. 다음과 같이 합산을 하고 오른쪽에 있는 답을 생각해 냈다고 하자.

$$4398 + 1008 + 2129 = 7525$$

답이 맞는지 확인하려면 왼쪽에 있는 모든 자릿수를 합산한다.

$$4 + 3 + 9 + 8 + 1 + 0 + 0 + 8 + 2 + 1 + 2 + 9 = 47$$

만약 답이 9보다 큰 경우는 $4 + 7 = 11$, $1 + 1 = 2$와 같이 한 자릿수가 될 때까지 계속한다. 구거법의 마법수는 2이다. 합산을 올바르게 했다면 우변의 수도 다음과 같이 구거법의 과정으로 계산하면 마법수가 될 것이다.

$$7 + 5 + 2 + 5 = 19;\ 1 + 9 = 10;\ 1 + 0 = 1$$

결과는 2가 아니기 때문에 원래의 합산에 오류가 있다. 실제로 정답은 7535이며 올바른 마법수는 2이다.

이 방법은 항상 참일까? 합산이 정확하다면 마법수가 확실히 일치할 것이므로 마법수가 같지 않으면 합산이 잘못되었음을 알 수 있다. 그러나 구거법이 오류를 진단하지 못할 수도 있다. 예를 들어

$$123 + 456 = 759$$

이라고 계산했다고 가정하자. 이 경우 양변 모두가 3의 마법수를 산출하므로 오류가 나타나지 않을 것이다. 정답은 579이며 이 유형의 예제는 구거법의 단점을 드러낸다. 결과는 자릿수의 순서에 관계없이 동일하므로 자릿수가 잘못된 순서로 기록된 전위 오류(transposition error)를 결코 감지하지 못한다. 이것은 계산기를 사용하거나 전화번호를 누를 때 발생할 수 있는 종류의 오류이다. 합을 직접 계산할 때, 합산 시 받아올림을 제대로 하지 못해 나타나는 일반적인 오류가 '1 빠뜨리기'이다. 구거법을 하면 매번 이 오류 유형이 나온다. 즉 첫 번째 예는 일의 자리 열에서 십의 자리 열로 2를 가져왔으나, 결국 마법수 1을 남기게 되므로 오류가 감지됨을 보여준다.

구거법은 곱셈을 할 때 정말 유용하다. 피승수(곱해지는 수)를 한 자릿수로 줄이고 곱한 다음 다시 줄이면 마법수를 얻을 수 있다. 그런 다음 마법수를 확인하여 답을 확인하자. 예를 들어

$$462 \times 28 \times 49 = 638864;$$
$$4 + 6 + 2 = 12,\ 1 + 2 = 3;\ 2 + 8 = 10,\ 1 + 0 = 1;$$
$$4 + 9 = 13,\ 1 + 3 = 4;\ 3 \times 1 \times 4 = 12;\ 1 + 2 = 3$$

을

$$6 + 3 + 8 + 8 + 6 + 4 = 35,\ 3 + 5 = 8$$

과 비교하자. 마법수 3과 8이 일치하지 않으므로 주어진 답이 잘못되었다. 합을 다시 계산하면 정답은 633864이고 올바른 마법수는 3이다.

우리는 구거법의 유용성을 인정해야 한다. 다음 예에서 자릿수의 합에 구거법을 사용하면

$$7 + 7 + 9 + 6 + 5 = 34,\ 3 + 4 = 7$$

가 되어 암산으로 구거법을 사용하여 같은 답을 얻는다. 암산 과정에서 수가 항상 20 이하를 유지해야 한다. 이 경우 수의 암산 과정은 다음과 같다.

$$7+7=14,\ 1+4=5;\ 5+9=14,\ 1+4=5;$$
$$5+6=11,\ 1+1=2;\ 2+5=7$$

일반적으로 이 아이디어는 합하는 대신에 각각의 수는 구거법 계산에 의해 한 자릿수로 대체된다. 다음은 두 가지 연산과 관련된 예이다.

$$113\times(899-196)=79439$$

구거법을 사용하면 합산은 $5\times(8-7)=5\times1=5$이고 우변의 수는 마법수 5이다.

구거법의 원리는 무엇일까? 실마리는 바로 구거법이라는 이름에 있다.

$$211-196=15$$

이 계산은 분명히 맞다. 우변의 답은 6이라는 마법수를 가지고 있다. 반면에 좌변에 구거법을 사용하면 $4-7=-3$이 된다. 구거법에서는 6과 -3이 같다는 결론에 이르게 된다. 이것은 환영받지 못하는 전제인 것처럼 보이나 어떤 사실에 대한 힌트를 제공한다. 6과 -3의 차이는 9이다.

구거법은 실제로 양변을 9로 나눌 때 나머지가 같은지를 검사하는 것이다. 나머지가 같지 않다면 양변은 같을 수 없다. 이러한 상황에서 우리는 양변이 법 9에 대해 같다고 한다. 어떤 상수를 나눌 때, 나머지가 같은 다른 수로 바꾸어 계산해도 나머지는 변하지 않는다. 이 모든 것은 법 9, 법 13 혹은 어떤 수의 법이든 나머지에 대해서는 참이다. 십진법으로 표현된 수 9가 중요한 이유는 임의의 수와 그 수의 자릿수의 합은 법 9에 대해 같기 때문이다. 모든 자연수 n에 대하여 10^n-1이 9로 이루어진 수이기 때문에 9의 배수라는 단순한 관찰로부터 알 수 있다.(＊4)

곱셈 구구단의 특별한 성질이 앞에서 나온 덴마크 캥거루 퀴즈를 푸는 열쇠이다. 또한 마술사가 덜컥거리는 소리를 듣고 상자에 얼마나 많은 성냥이 있는지 알 수 있다고 주장하는 다음 묘수의 비밀이기도 하다.* 마술사는 청중의 일원에게 성냥 상자를 나누어준다(29는 나중에 알게 되겠지만 좋은 수이다). 참가자는 성냥개비를 원하는 만큼 꺼내고 교체해도 된다. 그런 다음 성냥개비의 수를 세고 각 자릿수의 수를 더하고, 상자에서 그만큼의 성냥개비를 꺼낸 후 마술사에게 다시 돌려준다. 그 다음 마술사는 상자를 흔들어 얼마나 많은 성냥개비가 남아 있는지 정확히 말할 수 있다.

남아 있는 성냥개비 수를 알아내는 것은 어렵지 않다. 임의의 수는 법 9에 대해 자릿수 합과 같기 때문에 남은 수는 9의 배수가 된다. 예를 들어 상자에 처음 넣은 성냥개비 수가 20에서 29 사이인 경우 상자에는 열여덟 개의 성냥개비가 남게 된다. 그러나 처음 10에서 19 사이의 성냥개비가 있다면 성냥 상자를 흔들 때 상자에서 단지 아홉 개의 성냥개비만 남게 된다. 덜컹거리는 소리에서 상자에 아홉 개 또는 열여덟 개의 성냥개비가 있는지를 알기는 어렵지 않으므로 약간의 연습을 통해 올바르게 추측할 수 있다. 능숙해지면 더 많은 성냥개비가 있는 상자를 사용해보자. 상자에 서른아홉 개까지 넣으면 스물일곱 개의 성냥개비 상자와 열여덟 개 성냥개비 상자 또는 아홉 개 성냥개비 상자에서 들리는 소리의 차이를 알 수 있어야 한다. 그러나 이것은 그다지 어렵지 않다.

* 이 부분에 대해서는 동료 살히(Abdel Salhi) 박사에게 감사드린다.

배수판정법

어떤 양의 정수 n에 대한 배수판정법(divisibility test)이란 주어진 정수 m이 n을 약수로 가졌는지 여부를 결정하는 방법을 의미한다. 즉 m을 n으로 나누었을 때 나머지가 0인지 아닌지를 결정하는 방법을 의미한다. 대답이 '예'인 경우 m은 n으로 나누어 떨어지거나 또는 n은 m의 약수이거나 또는 m은 n의 배수라고 설명된다. 예를 들어 $m=36$은 $n=6$으로 나눌 수 있지만 $m=56$은 그렇지 않다. 후자는 6으로 나눌 때 나머지가 2가 된다. 배수판정은 두 수를 직접 나누어 할 수 있지만, 이것보다 더 쉬운 판정법을 찾는 것은 가치가 있다.

1과 10, 2와 5

여기서 십진법을 사용해보자. 어느 진법을 사용하느냐에 따라 그 진법 수의 약수에 대한 매우 간단한 배수판정법이 제공된다. 10의 약수는 쌍으로 (1, 10) 및 (2, 5)이다. 십이진법은 12의 약수인 1, 2, 3, 4, 6, 12의 배수판정법을 갖는 진법이다. 고대 바빌로니아인은 때로는 육십진법을 사용했다. 60은 12보다 더 많은 약수를 가지고 있다. 그러나 이 진법은 일반적으로 산수에서 관심을 두지 않았던 60×60 곱셈표가 필요하다.

b진법에서 n이 b의 약수이면, $b=kn$이다. n의 배수 마지막 자릿수는 규칙 $n, 2n, 3n, \cdots, (k-1)n$, 0을 따른다. $kn=b$이기 때문에 b진법에서 10으로 표기된다. 마지막 자릿수의 패턴은 b진법에서 n의 모든 배수일 때마다 반복된다. 따라서 b진법을 사용한다면 어떤 수가 n으로 나누어떨어지기 위한 필요충분조건은 그 수의 마지막 자릿수가 n, $2n$, $\cdots$, 0 중 하나일 때이다. n의 배수를 점검하기 위해

서는 마지막 수만 확인하면 된다. 나머지 수를 무시해도 된다.

이것을 십진법에 적용하면 어떤 수가 2의 배수이기 위한 필요충분조건은 마지막 수가 2, 4, 6, 8, 0 중 하나인 경우이다. 즉 어떤 수가 짝수이기 위한 필요충분조건은 일의 자릿수가 짝수일 때이다. 마찬가지로 어떤 수가 5의 배수이기 위한 필요충분조건은 그 수의 마지막 자릿수가 5이거나 0일 때이다. 똑같은 아이디어를 약수 쌍 (1, 10)에 적용하면 어떤 수가 10의 배수이기 위한 필요충분조건은 끝자릿수가 0일 때이다. 모든 수가 1의 배수이기 때문에 1의 배수판정법을 언급하기가 망설여지지만 이 경우가 일반적인 논증에도 적용된다는 것을 지적하기 위해 1의 배수판정법이 다음과 같음을 주시할 필요가 있다. 어떤 수가 1의 배수이기 위한 필요충분조건은 그 수의 마지막 자릿수가 1, 2, ⋯, 9, 0 중에 하나인 것이다. 물론 모든 수는 이 배수판정법을 통과한다.

십이진법의 장점은 여기서 분명히 드러난다. 십이진법에서 마지막 자릿수를 검사함으로써 잠재적인 약수 1, 2, 3, 4, 6, 12에 의해 주어진 수의 나눗셈 가능성을 결정할 수 있다. 예를 들어 십진법의 수 198은 십이진법으로 $146_{12} = 1 \times 12^2 + 4 \times 12 + 6$이며, 이는 마지막 자릿수가 3의 배수이므로 분명히 3으로 나눌 수 있다. 십진법에서는 그리 명확하지 않다(3의 배수판정법을 아래에서 확인할 수 있다). 그러나 어떤 수가 십이진법으로 표현되었을 때는 그것이 5의 배수인지 또는 10의 배수인지 눈으로 확인하기 어렵다. 예를 들어 십이진법에서 15는 $13_{12}(= 1 \times 12 + 3)$이며 5의 배수이지만 시각적으로 눈으로 확인하기 어렵다.

4, 8 및 16

여기서부터의 판정법은 조금은 명백하지 않다. 어떤 수가 4의 배수이기 위한 필요충분조건은 마지막 두 자릿수가 4의 배수일 때이다. 예를 들어 80776216은 16이 4의 배수이기 때문에 4의 배수이지만 121366은 66을 4로 나눈 나머지가 2이기 때문에 4의 배수가 아니다. 마지막 두 자릿수로 표현되는 수를 원래 수에서 빼면 100의 배수를 가지며, 이것은 분명히 4의 배수이기 때문에 중요하다. 우리가 결정할 필요가 있는 부분은 마지막 두 자릿수가 4의 배수로 표현되는지 여부이다.

이 과정에서 유의할 것은 임의의 자릿수를 가진 어떤 수가 배수인지를 판정하기 위해서 고정된 마지막 두 자릿수의 배수판정법으로 계산 과정을 줄였다는 것이다.

8의 배수를 판정하기 위해서는 주어진 어떤 수의 마지막 세 자릿수만 확인하면 된다는 것을 제외하고는 4의 배수를 판정하는 것과 거의 동일하다. 어떤 수가 8의 배수이기 위해서는 마지막 세 자릿수가 8의 배수일 때이다. 예를 들어 $a=1894207376$이 8의 배수이지만 $b=3968844588$은 8의 배수가 아니라는 것을 확인할 수 있다. 이것에 대한 이론적 근거는 4의 배수판정법의 근거와 동일하다. 주어진 수의 마지막 세 자릿수를 원래 수에서 빼면 1000의 배수가 되며, 이것은 분명히 8의 배수이다. 즉 8의 배수판정법에서는 단지 마지막 두 자리수를 판정하는 것만으로 원하는 결과를 얻을 수 없다. 이와 같이 잘못된 판정법을 적용하게 되면 수 a와 b에 대해 모두 틀린 결과를 제공하게 된다. 8은 76의 약수가 아니지만, 8은 a의 약수이다. 반면 8은 b의 마지막 두 자릿수 88의 약수이지만 b의 약수는 아니다.

2, 4 및 8에 대한 배수판정법이 유사함에 주목하자. $2=2^1$에 대해 마지막 자릿수를 확인한다. $4=2^2$에 대해 마지막 두 자리를 확인하고 $2^3=8$에 대해 마지막 세 자릿수를 확인한다. 이 규칙은 계속되고 논증을 확장하여 정당화될 수 있다. 즉 어떤 수가 $2^4=16$의 배수일 때는 그 수의 마지막 네 자릿수로 이루어진 수가 16의 배수

인지를 확인하면 된다. 더 일반적으로 어떤 수가 2^n의 배수인지를 판정하기 위해서는 그 수 대신에 마지막 n 자릿수를 잘라서 2^n의 배수인지를 판정하면 된다. 5의 배수에서도 같은 관찰이 적용된다. 즉 어떤 수가 5^n의 배수인지를 판정하기 위해서는 그 수의 마지막 n 자릿수가 5^n의 배수인지를 판정하면 된다. 예를 들어 $5^2 = 25$의 배수는 정확하게 끝의 자릿수가 25, 50, 75 또는 00이다.

16의 배수 판정을 위한 예제는 $a = 5210224$이다. 이것은 마지막 네 자리 숫자가 0224이므로 특히 쉬운 문제이다. $224/4 = 56$이고 56은 또한 4로 나눌 수 있기 때문에 224도 16의 배수이다. 따라서 우리의 원래 수인 a가 $4 \times 4 = 16$의 배수라고 결론을 내린다.

3, 6, 9, 12 및 15

3의 배수판정법은 소소하지만 아주 재미나다. 주어진 어떤 수가 3의 배수이기 위한 필요충분조건은 주어진 수의 자릿수 합이 3의 배수일 때라는 것을 여러분이 짐작할 수는 없을 것이다. 예를 들어 792는 자릿수 합이 18이므로 3의 배수이다. 반면 721은 자릿수 합이 10이 되어 3의 배수가 아니다.

이 판정법은 아주 큰 수에 대해서도 적용하기 쉽다. 자릿수 합 s도 꽤 큰 수가 되겠지만 s에 대해 이 판정법을 적용하면 된다. 다시 말해서 구거법 응용에서와 마찬가지로 답을 나타내는 한 자리 양수로 끝날 때까지 과정을 계속 적용할 수 있다. 해당 수가 3, 6, 9인 경우 3의 배수를 얻게 되며, 그렇지 않으면 3의 배수가 아니다. 예를 들어 $a = 3406499617758$을 시험해보자. 이 경우 수의 합은 69이고 $6+9=15$, $1+5=6$이므로 a는 3으로 나눌 수 있다. 구거법과 같이 우리 머릿속에 있는 수가 9를 초과할 때마다 암산으로 그 과정을 계산할 수 있다. 이러한 방법으로 암산하는 수는 결코 18을 넘지 않는다. 우리는 수를 왼쪽에서 오른쪽으로 읽기 때문에, 위에서 제시된 a에 대해 암산을 하면 아래의 암산 과정을 통해 계산하는 우리의 모습을 볼 수 있을 것이다. 아래의 명시적인 계산에서 수식을 정돈하고 한 자리 수로 바꾸기 위해 중간 계산 과정을 괄호 안에 표시하였다.

일단 계산이 끝나면 주어진 수의 숫자를 왼쪽에서 오른쪽으로 계속 읽는다.

$$3+4=7;\ 7+0=7;\ 7+6=13,\ (1+3=4);\ 4+4=8;$$
$$8+9=17,\ (1+7=8);\ 8+9=17,\ (1+7=8);$$
$$8+6=14,\ (1+4=5);\ 5+1=6,\ 6+7=13,\ (1+3=4);$$
$$4+7=11,\ (1+1=2);\ 2+5=7;\ 7+8=15,\ (1+5=6)$$

따라서 a는 3의 배수이다.

$6=2\times3$이기 때문에 어떤 수가 6의 배수이기 위한 필요충분조건은 그 수가 동시에 2의 배수이고 3의 배수일 때이다. 즉 어떤 수가 정확히 6의 배수일 때는 일의 자릿수가 짝수이고 수의 합이 3의 배수일 때뿐이다. 예를 들어 위의 수 a는 짝수이고 3으로 나눌 수 있을 뿐만 아니라 6의 배수이다. 마찬가지로 $12=4\times3$이기 때문에 어떤 수가 12의 배수이기 위한 필요충분조건은 그 수의 마지막 두 자릿수가 4의 배수이고 그 수의 자릿수 합이 3의 배수일 때이다. 수 477168 및 861774에 대해 12의 배수인지를 판정하는 것은 연습문제로 남긴다. 15의 배수판정법은 $15=5\times3$이기 때문에 쉽게 찾을 수 있다. 어떤 수가 15의 배수이기 위한 필요충분조건은 끝의 자릿수가 5 또는 0이거나 3의 배수판정법을 통과하면 된다.

조금만 관찰을 해보면 많은 산술 연산이 인수분해를 통해 쉬운 단계를 거쳐 분리될 수 있음을 알 수 있다. 특히, '긴' 곱셈의 과정을 싫어한다면 약수, 배수를 통해 이를 피해갈 수 있다. 곱셈 구구단

을 외우고 있다면, 긴 곱셈 방법을 계산할 필요가 없다. 예를 들어 주어진 수에 84를 곱하면, 긴 곱셈은

$$a \times 84 = a \times (80+4) = a \times 80 + a \times 4 = 10a \times 8 + a \times 4$$

이다. 따라서 곱셈 구구단의 8단 및 4단을 알고 있으면 계산할 수 있다.

또 다른 방법은 합을 $a \times 12 \times 7$로 하는 것이다. 단, 12×12곱셈표(7×7 곱셈표)를 알고 있어야 한다. 12×12곱셈표를 기억하고 있지 않으면 대신에 세 개의 작은 곱셈 $a \times 3 \times 4 \times 7$을 할 수 있다. 어떤 경우이든지 간에 곱하는 수가 곱셈구구단을 모르는 소수를 갖는 단계까지는 긴 곱셈의 과정을 피할 수 있다. 많은 이들에게 이런 종류의 첫 번째 소수는 13이 될 것이다.

마지막으로 3의 배수 중에는 9가 있으며 어떤 수가 9의 배수이기 위한 필요충분조건은 그 수의 자릿수 합이 9의 배수일 때이다. 이 판정법에 대한 정당성은 구거법 진단과 밀접하게 관련되어 있으며 곧 설명할 것이다. $a = 59252085$는 9의 배수(따라서 a는 $5 \times 9 = 45$의 배수가 됨)가 되고, 107664와 같이 3의 배수이지만 9의 배수가 되지 않는다는 예를 통해 이 배수판정법의 정당성을 확인할 수 있다. 이제 18과 36으로 나눌 수 있는 판정법에 대한 설명은 독자에게 남긴다.

3과 9의 배수판정법을 만드는 것은 어떤 수가 법 3과 법 9에 대해 그 수의 자릿수 합과 같다는 것이다.* 이것은 10의 거듭제곱을 3이나 9로 나눌 때 나머지가 1이 된다는 사실의 결과이다. 9의 수열로 이루어진 어떤 수는 3과 9의 배수이기 때문이다.(＊4)

다음은 수학올림피아드에 출전하는 십대들에게 워밍업으로 사용되는 기본적인 문제이다. a라는 수에서, a의 자릿수를 바꾼 수를 b

* 역자주: 두 정수 a, b에 대해 $a-b$가 3의 배수일 때 $a \equiv b \pmod 3$으로 나타낸다.

라 하자. 이때 $d=a-b$는 결코 소수가 아님을 보여라.

이 문제는 어렵게 보인다. 그 차이 d가 무엇이든 간에 그 수의 소수 약수에 대해 어떻게 말할 수 있을까? 물론 우리 중 많은 이들이 어디서부터 시작해야 하는지도 모르고 아무런 희망 없이 문제만 바라볼 것이다. 그러나 성공적인 수학자는 도전에 직면했을 때에도 놀랄 만한 정신력을 유지해야 하며, 원하는 경로에 도착할 가능성이 없어 보여도 문제를 해결할 수 있어야 한다. 두 수 a와 b에 대해 말할 수 있는 것은 자릿수의 합이 동일할 것이기 때문에 a와 b를 9로 나누면 나머지가 같게 된다는 것이다. 다른 하나에서 하나를 빼면 그 나머지는 사라지게 되고, 9의 배수인 수 d를 남긴다. 그러면 해결할 길이 보인다. d는 9의 배수이기 때문에 분명히 소수가 아니다.

결국 우리는 소수에 관한 설명이 우리를 혼란스럽게 한다는 것을 알 수 있다. 만약 우리에게 9가 d의 약수인 이유를 설명하라고 했다면 이 문제는 쉽게 해결될 수 있었으며, 문제에서 요구한 것보다 더 강력한 결론을 이끌어낼 수 있었을 것이다. 이 문제는 어떤 면에서 문제를 해결하려는 사람에게 이상한 결론을 잠시 미루어 두고 문제에서의 수학적 의미를 따라야 한다는 것이다. 이 교훈은 학생들이 자신의 능력과 연습량을 신뢰해야 하고 소심하지 않아야 한다는 것인데 말하기보다 실천하기가 어렵다.

7, 11 및 13

세 개의 수 7, 11, 13이 남아 있다. 이들은 10으로 나눌 수 없는 소수이므로 십진법으로는 배수가 쉽게 인식되지 않는다. 10에 가깝기 때문에 11을 다루는 것이 가장 쉽다. 11의 배수판정법은 지금까지의 방법보다 가장 복잡하지만 사용하기는 쉽다. 어떤 수 n의 각 자릿수에서 숫자의 부호를 교대로 바꾸어 더한 합을 11로 나눌 수 있는 경우 n은 11로 나눌 수 있고 그렇지 않은 경우 n은 11로 나눌 수 없다. 예를 들어 이 규칙을 사용하여 $a=56518$을 테스트해 보자.

$$8-1+5-6+5=11$$

이는 11의 배수이므로 11은 a의 약수이다. 여기서 각 자릿수에서 수의 값을 오름차순으로 자릿수를 계산했다. 반대 순서는 동일한 결과를 나타내지만 부호가 바뀐다. 수의 부호는 그 나눗셈에 영향을 주지 않으며 이 맥락에서는 중요하지 않다.

이 판정법의 다른 공식은 다음과 같다. s를 a의 짝수 번째 자리에 있는 수의 합이라 하고, 나머지 자릿수의 합을 t라 하자. 그러면 11이 a의 약수가 되기 위한 필요충분조건은 11이 $s-t$의 약수가 될 때이다. 문제의 수 a가 짝수 혹은 홀수 길이인지에 따라 테스트 수 $s-t$는 처음 형태에서 나왔던 값과 같거나 부호가 반대가 된다. 두 경우 모두 동일한 결론에 도달한다. 물론 두 형태의 판정법에서 테스트 수는 음수일 수 있다. 예를 들어 $a=814396$을 취하면 두 형태 모두에서 테스트 수는 $(1+3+6)-(8+4+9)=10-21=-11$이고, 다시 11의 배수이다(항상 마이너스 부호를 무시할 수 있다). (*5)

다른 자릿수 합계 테스트와 마찬가지로 검사하기에 충분히 작을 때까지 자릿수 합계에 11의 배수 판정 과정을 계속 적용할 수 있다. 계속 적용하면 두 가지 중 하나가 일어날 것이다. 11의 배수가 아닌 경우 0이 아닌 한 자리 정수가 되거나 11의 배수이면 0이 된다. 예를 들어 교대합이 154인 경우 154에 이 배수판정법을 적용하면 $4-5+1=0$이 된다.

다음은 아주 쉽게 할 수 있는 예로서 계산기로 직접 나눗셈을 할 수 없는 경우이다. $a=16193818284590452$의 경우이며,

$$
\begin{aligned}
s &= (6+9+8+8+8+5+0+5) \\
&\quad -(1+1+3+1+2+4+9+4+2) \\
&= 49-27=22
\end{aligned}
$$

이고 $2-2=0$이므로 11은 a를 나눈다.

회문수(palindrome)는 121, 181, 2002와 같이 거꾸로 읽어도 같은 수를 의미한다. 181이 11의 배수가 아니지만 121과 2002이 11의 배수인지를 쉽게 확인할 수 있다. 실제로 짝수 자리를 가진 모든 회문수는 11을 약수로 가지고 있다. 회문수에서 짝수 및 홀수 자리의 합 s와 t는 같게 되므로 그 차이는 0이 되어 11의 배수라는 것을 보여준다.

마지막으로 7과 13에서만 적용되는 자릿수를 이용한 배수판정법이 있다. 실제로 11에서도 적용 가능하지만 위에서 언급한 판정법보다 더 복잡하다.

주어진 수를 a라 하자. 오른쪽에서부터 시작해서 각 세 자릿수의 블록을 취하여 11의 배수판정법과 같은 방식으로 교대합 s를 만든다. s가 7이나 13의 배수일 때 또 그때 주어진 수 a는 7이나 13의 배수이다. 예를 들어 $a=24889375$는 7의 배수이나 13의 배수는 아니다. 이 과정을 보려면 다음과 같이 테스트 합 s를 계산한다.

$$s=375-889+024=-490=-70\times 7$$

이므로 490은 13의 배수가 아니다.

물론 우리가 7과 13에 대한 배수판정법을 했으므로 이 수의 배수, 즉 14, 21, 28, ⋯ , 26, 39, 52, ⋯에 대한 배수판정법을 고안하는 것은 간단하다. 각각 다른 배수판정법과 결합하면 된다.

큰 예로 마무리해보자. $a=98858760$은 8008로 나눌 수 있을까? 먼저 제수를 인수분해하자. 8008은 길이가 짝수인 회문수이므로 11을 약수로 가지며, 명백히 8도 약수로 갖는다. $8008=11\times 8$

$\times 91 = 11 \times 8 \times 7 \times 13$가 되어 이 네 수의 배수판정법이 필요하다. $760/2 = 380$이고 380은 4의 배수이다(80은 4의 배수이므로). 따라서 a는 8의 배수이다. 7, 11 및 13의 배수판정법을 동시에 사용할 수 있다.

$$s = 760 - 858 + 098 = 0$$

이고, 0은 분명히 세 수의 배수이기 때문에, 실제로 8008이 a의 약수라는 결론을 내릴 수 있다.

마법의 배열

수 마술에 관한 장에서는 마방진과 다른 마법수 배열에 관한 것을 언급하지 않을 수 없다. 첫 번째 마방진인 구궁도(九宮圖, lo-shu)는 기원전 2200년경 황하 유역의 신성한 거북이 등에 있었던 문양을 보고 유 황제가 만든 것이라고 전해진다. 매듭의 정사각형 배열은 짝수이면 검은색, 홀수이면 흰색이다(그림 3.1 참조).

마방진은 가로든, 세로든, 대각선 방향이든 그 방향의 수를 더하

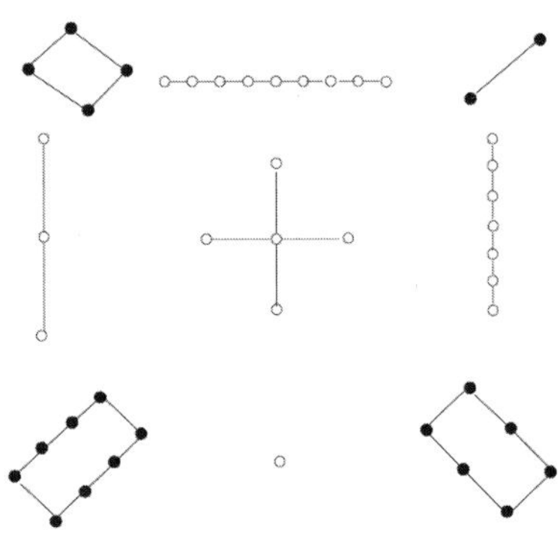

▶ **그림 3.1** 첫 번째 마방진(구궁도)

면 모두 같은 값(이 경우에는 15)이 나오도록 배열된 것이다. 일반적으로 크기가 n인 마방진은 1부터 n^2까지의 수가 한 개씩 들어간 정사각형 배열이다. 각 행의 합과 각 열의 합 그리고 대각선의 합이 같다.(＊6) 2×2 마방진은 없다는 점을 쉽게 알 수 있다(모든 수가 동일한 마방진은 제외한다). 실제로 구궁도는 3×3 일반 마방진으로 유일하며, 각 칸에는 1부터 $3^2=9$까지의 수가 한 개씩 들어간다.

$n\times n$의 일반 마방진에서 원래의 것과는 아주 다른 무한개의 마방진을 쉽게 만들 수 있다. 두 개의 수, a와 b(정수가 아니어도 됨)를 선택하고 그림 3.1의 각 수 k를 $ak+b$로 바꾼다. 각각의 수에 a를 곱하는 것은 각 행의 합계에 a를 곱하는 것과 결과가 같으며, 각각의 수에 b를 더하는 것은 각 행의 합계에 nb를 더하는 것과 결과가 같다. 만약 c가 원래의 마법수였다면 새로운 사각형의 마법수는 $ac+nb$가 된다. 예를 들어 $a=4$와 $b=-1$을 선택하면 그림 3.2의 정사각형이 된다. 이 경우 $c=15$ 및 $n=3$이므로 새로운 합은 $4\times 15-3=57$이 된다.

15	35	7
11	19	27
31	3	23

▶ **그림 3.2** 변형된 마방진 ◀

이전 마방진에서 새로운 마방진을 생성하는 또 다른 방법은 보완 마방진을 사용하는 것이다. 보완 마방진은 n^2+1의 값에서 각 칸의 수를 빼서 만든 마방진이다. 이렇게 하면 1에서 n^2까지의 모

6	1	8
7	5	3
2	9	4

▶ **그림 3.3** 보완 마방진 ◀

든 수가 정확히 한 번 나타나는 정사각형이 된다.(＊7) 또한 이 아이디어를 구궁도에 적용하여 10에서 각 수를 뺀 마방진은 그림 3.3에 나타나 있다. 이것은 진정한 의미에서 새로운 마방진은 아니다. 원래의 마방진의 중심에서 정사각형을 반 바퀴 회전하는 것만으로 원본에서 얻을 수 있다. 이런 의미에서 마방진은 자기보완적이라고 할 수 있다. 비슷한 방법으로 어떤 마방진을 중심에 대해 90°의 배수만큼 회전시키거나 대각선 또는 수직 또는 수평 축에 대해 회전시킴으로써 똑같은 마방진을 찾을 수 있다. 관찰자가 원래 정사각형을 움직이거나 뒤에서 볼 때 여덟 개의 모든 형태를 관찰할 수 있으므로, 결과로 나타나는 모든 정사각형은 원본의 사본으로 간주할 수 있다.

4×4 마방진 중 가장 유명한 예는 뒤러(Albrecht Dürer)의 마방진이다(그림 3.4). 이 마방진은 뒤러의 동판화 '멜랑꼴리아 Ⅰ' 오른쪽 상단에 있다. 각 행의 합은 34라는 마법수이다. 그러나 뒤러의 마방진에는 수학적이면서 예술적 성질이 있다. 네 개의 사분면의 모든 수의 합뿐만 아니라 배열 중앙에 있는 네 개의 수의 합도 마법수가 되어 마방진에 특별한 균형을 부여하는 추가 대칭 기능도 있다. 또한 뒤러는 가장 아래 열 중앙에 있는 두 수가 그림이 제작된 연도를 나타낼 수 있도록 교묘하게 조정했다.

제곱수와 이 마법수 34 사이의 관계는 다음과 같다. 1부터 n^2까

16	3	2	13
5	10	11	8
9	6	7	12
4	15	14	1

▶ **그림 3.4** 뒤러의 마방진 ◀

지 모든 수를 그림 3.5와 같이 $n \times n$ 사각형으로 표시해보자. 다음 절차는 동일한 크기의 마방진에 대한 마법수로 항상 끝난다는 것이다. 사각형에서 임의의 수에 동그라미를 치고 행과 열의 다른 모든 수를 지워보자. 그런 다음 사각형에서 남아 있는 수 중 하나의 수에 동그라미를 표시하고 행과 열에 남아 있는 모든 수를 지워보자. n개의 수를 모두 선택할 때까지 이 과정을 계속해보자.(*8) 예를 들어

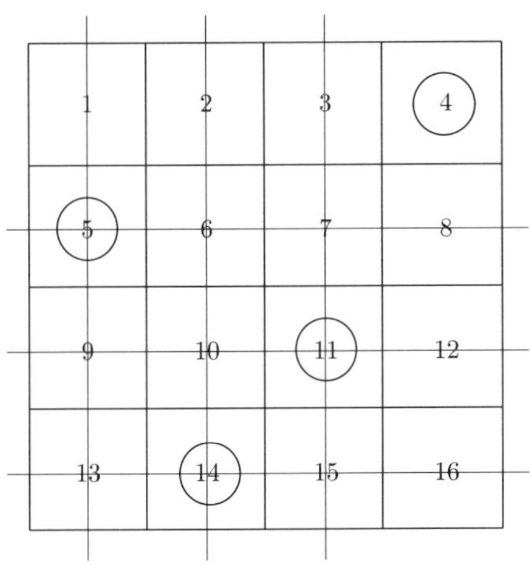

▶ **그림 3.5** 각 행과 열에서 선택 ◀

	18	25	2	9	
17	24	1	8	15	17
23	5	7	14	16	23
4	6	13	20	22	4
10	12	19	21	3	10
11	18	25	2	9	

▶ **그림 3.6** 시암의 마방진 ◀

그림 3.5에서 $n=4$일 때 다이어그램은 이 규칙을 따라 선택하면 $11+14+5+4=34$, 즉 뒤러의 마법수 34가 됨을 보여준다.

홀수 크기의 마방진을 간단하게 만들 수 있는 시암 방법(Siam Method)*이 있다. 이 아이디어는 먼저 원기둥을 만들기 위해 정사각형의 수직 모서리를 함께 붙인 다음 원환면(torus)으로 알려진 도넛 모양을 만들기 위해 함께 수평 모서리를 붙인다.** 평면에서 종이를 싸는 방법으로 설명할 수 있다. 그림 3.5에서 5×5정사각형을 예로 설명한다. 그림 3.6처럼 정사각형에 가장자리 선을 위쪽과 옆쪽에 추가하고 맨 오른쪽 위에 음영 처리된 칸을 추가한다.

추가된 각 칸은 바로 아래 줄 왼쪽 칸의 수에 1을 더한 수로 쓴다(음영 처리된 칸은 이미 수가 채워진 것으로 간주한다). 이 방법을 적용하면 그림 3.6의 정사각형이 되고 이때 마법수는 65이다. 3×3 시암 방법을 적용하면 수평축을 기준으로 반사된 마방진이 된다.

* 루이 14세가 시암으로 보낸 루베레(De la Loubere)가 1688년경에 유럽으로 가져 왔기 때문에 이렇게 불린다.

** 뒤러 마방진(Dürer's Square)은 원환면에서도 마술처럼 보인다. 인접하는 네 개의 블록으로 접으면 합이 34인 마법수가 된다.
예: $3+2+15+14=34=5+9+12+8=16+13+4+1$

기타 마법수 배열

정사각형을 고집하지 않아도 된다.* 꼭짓점과 모서리를 모든 네트워크로 연결하고 꼭짓점에 수를 표시하자. 모든 면의 합이 같은 수가 되는 이 네트워크는 꼭 마법 같다. 예를 들어 그림 3.7의 오각형 네트워크는 마법수 24를 가지고 있다. 이와 함께 새로운 형태의 마방진을 가지며 네트워크로 표현된다. 각 점에는 하나의 정사각형이 대응되고, 정사각형이 행, 열, 대각선에 서로 인접해 있으면 두 점이 변에 의해 연결될 것이다.

1부터 10까지 연속하는 자연수로 이루어진 별 모양의 마법 오각형은 없다.

반면 마법 원 집합은 교차점에 수를 할당하는데, 각각의 원둘레에 있는 수의 합이 마법수이다. 그림 3.8은 마법수가 39인 것으로 나타났다.

마지막 예는 그림 3.9와 같은 마법 육각형이다. 1에서 19까지의 수는 벌집 모양의 모든 열의 합이 그 길이에 관계없이 38이다. 그림 3.9에 나타난 것처럼 1957년에 발견된 아담스의 육각형이 유일하다.

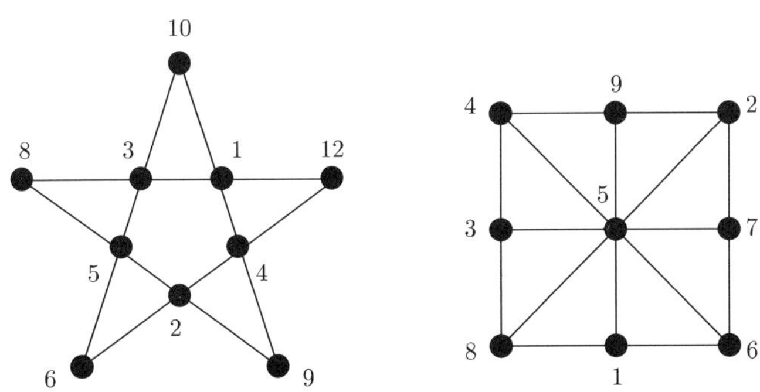

▶ 그림 3.7 마법 오각형과 마방진 네트워크 ◀

* 이와 관련된 좋은 자료는 http://mathworld.wolfram.com/에 많이 있다. 이 특정 배열은 마다쉬(Joseph S. Madachy)가 1979년 출간한 《수학오락(Mathematical Recreations)》에 소개되었으며 도버(Dover) 출판사의 허가로 여기에 소개한다. 이 책은 절판되었다.

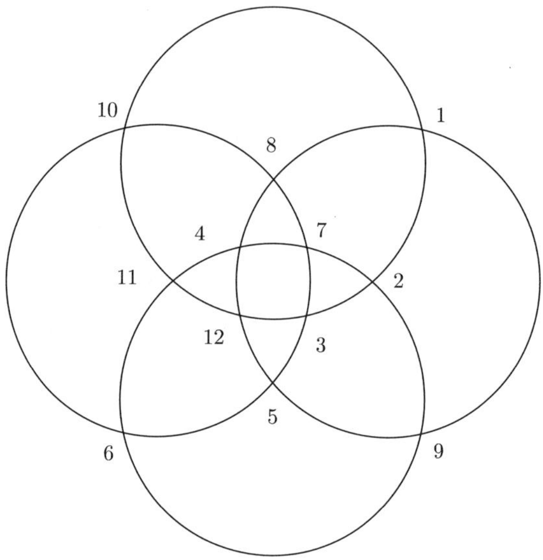

▶ **그림 3.8** 네 개의 마법원 집합 ◀

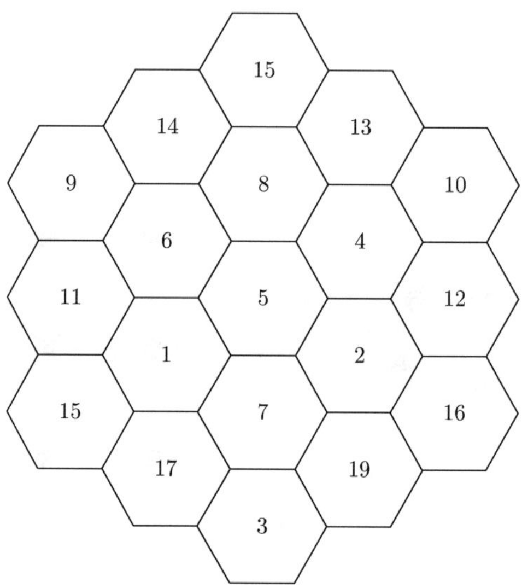

▶ **그림 3.9** 마법 육각형 ◀

어떤 크기의 육각형에 대해서도 연속적인 수의 다른 배열에는 마법 수가 없다. 이것이 아마 1907년 아담스가 탐색을 시작한 이후 그의 생애 대부분을 보낸 이유일지도 모른다.*

* 마법 육각형은 1887년 하셀버그(Ernst von Haselberg)가 발견한 것을 포함하여 여러 사람이 독립적으로 발견하였다.

4장

흥미로운 수

전통적인 수에 대한 설명은 첫 번째 장에서 언급한 바와 같이 완전수와 같은 특별한 성질을 가진 것으로 생각되는 수에 초점을 맞춘다. 대중의 상상력을 사로잡은 또 다른 한 쌍의 수는 220과 284로, 첫 번째 친화수(amicable numbers) 쌍이다. 이것은 한 쌍에 있는 두 수에서 어느 한 수의 진약수를 모두 더하면 다른 수가 되는 것을 말한다. 완전수의 개념을 쌍으로 확장한 것이다. 멀리 떨어져 있는 연인들은 친화수로 장식된 장식물을 사랑의 징표로 사용하기도 한다. 페르마(Fermat, 1601-1665)는 친화수 쌍 (17296, 18416)을 발견했고 오일러(Euler, 1707-1783)는 친화수 수십 쌍을 발견했다. 놀랍게도 그들은 모두 1866년에 16세였던 파그니니(Nicolo Pagnini)가 발견한 친화수 쌍 (1184, 1210)을 놓쳤다. 물론 두 개 완전수 쌍을 넘어 세 개 완전수 쌍, 네 개 완전수 쌍 등을 찾으려고 할 수 있다. 이러한 긴 순환고리(cycle, 어떤 수 A의 진약수의 합이 B가 되고, B

의 진약수의 합이 C가 된다. 계속해 나가 다시 원래의 A로 돌아오는 것)는 드물지만 가끔 발견되기도 한다.

임의의 어떤 수로 시작해서 진약수의 합을 찾는 과정을 반복하여 친화수를 발견할 수 있다. 1이 되는 순환고리를 매우 빠르게 얻는다는 점에서 결과는 다소 실망스럽다(이 장의 뒷부분에서 볼 수 있는 우박수(hailstone number)를 상기시켜 준다). 예를 들어 긴 순환 고리를 가질 것 같은 수 12로 시작하더라도 순환고리는 12 → 16 → 15 → 9 → 4 → 3 → 1가 되어 매우 짧다. 이 순환고리에 소수가 나타나면 끝나게 된다. 완전수는 예외로 약간의 길이가 있는 순환고리를 가지는 반면에 친화수 쌍은 220 → 284 → 220 → ⋯로 길이가 2인 순환고리가 된다. 더 긴 순환고리로 이어지는 수를 사교수(sociable number)라고 부른다. 20세기까지 아무도 사교수를 발견하지 못하였기에 사교수에 대한 연구가 전혀 이루어지지 않았다. 오늘날에도 순환고리의 길이가 4인 수는 120개가 있지만 순환고리의 길이가 3인 수는 발견되지 않았다. 첫 번째 예는 1918년 풀레(P. Poulet)가 발견하였다. 길이가 5인 순환고리의 첫 번째 예는 다음과 같다.

$$12496 \rightarrow 14288 \rightarrow 15472 \rightarrow 14536 \rightarrow 14264 \rightarrow 12496$$

풀레의 두 번째 예는 매우 놀랍다. 그리고 현재까지는 이와 대적할 만한 다른 순환고리가 발견되지 않았다! 두 번째 예는 14316으로 시작하며 순환고리의 길이가 28이다. 다른 모든 순환고리는 10 이하의 길이를 갖는다. 현재까지 완전수에 대한 유클리드와 오일러의 정리만큼 아름다운 정리를 친화수나 사교수에서 찾을 수 없다. (∗9) 정수론에서 이와 관련된 주제는 조금 무시되어 왔다. 그러나 이와 같은 주제는 현대 컴퓨터를 활용하여 실험적 르네상스를 맞게 되었다.

반면 열거 문제에서 발생되는 수는 광범위하게 연구되었다. 매우 특별한 수 유형이 있다. 그중 몇 개의 수를 그 수가 나타난 배경과 함께 설명한다. 이항계수와 카탈란, 피보나치, 루카스, 스털링 및 벨의 수는 자연현상의 셈과 관련이 있어서 중요하다. 그러나 소수는 또 다른 성질이 있어서 특별한 관심을 가지고 설명할 필요가 있다.

열거에서 발생하는 가장 특수한 수 집합은 이전에 명명한 것처럼 이항계수* 또는 선택수이다. 이항계수에서 $C(n, r)$은 크기 n의 집합으로부터 크기 r의 집합을 구성하는 방법의 수이다. 예를 들어 1장에서 $C(4, 2) = 6$에서 보았듯이 네 개의 집합에서 두 개를 선택할 방법은 여섯 가지이다. 이항계수는 17세기 프랑스의 수학자 파스칼(Blaise Pascal, 1623-1662)을 기리기 위해 이름 붙인 파스칼의 삼각형으로도 알려진 산술 삼각형을 사용하여 계산할 수 있다.

그림 4.1에 나타나 있는 것처럼 삼각형 각각의 수는 바로 위 두 수의 합이다. 삼각형은 무한정 계속될 수 있으며 선택수 전체를 나타낼 수 있다.

$$
\begin{array}{c}
1 \\
1 \quad 1 \\
1 \quad 2 \quad 1 \\
1 \quad 3 \quad 3 \quad 1 \\
1 \quad 4 \quad 6 \quad 4 \quad 1 \\
1 \quad 5 \quad 10 \quad 10 \quad 5 \quad 1 \\
1 \quad 6 \quad 15 \quad 20 \quad 15 \quad 6 \quad 1 \\
1 \quad 7 \quad 21 \quad 35 \quad 35 \quad 21 \quad 7 \quad 1 \\
1 \quad 8 \quad 28 \quad 56 \quad 70 \quad 56 \quad 28 \quad 8 \quad 1 \\
\cdot \\
\cdot \\
\cdot
\end{array}
$$

▶ **그림 4.1** 산술 삼각형 ◀

* 이항계수라고 부르는 이유는 이항식 $(1+x)^n$을 전개했을 때 각 항의 계수이기 때문이다.

위 삼각형의 가로줄(행) 번호를 0부터 붙인다. 마찬가지로 가로줄(행)에서 왼쪽부터 오른쪽으로 번호를 0부터 매긴다고 하자. 일곱 명의 그룹에서 5명의 사람을 선택하는 방법의 수를 찾으려면 위에서 0부터 행을 세기 시작하여 아래로 일곱 번째 행을 찾고, 그 다음 왼쪽에서 0부터 열을 세기 시작하여 다섯 번째 수가 바로 우리가 찾는 수이다. 따라서 답은 21이다. 여기서 수가 대칭임을 알 수 있다. 예를 들어 21은 일곱 명의 그룹에서 두 사람을 선택하는 방법의 수이다. 이것은 우리가 일곱 명에서 다섯 명을 선택하는 것이 남겨진 2명을 선택하는 것과 같다는 것을 관찰함으로써 설명할 수 있다. 물론 이 대칭에 대한 설명은 모든 행에 적용된다.*

이 패턴이 올바른 답을 주는 이유는 어렵지 않다. 가로줄에 있는 수는 바로 그 줄 위의 수로 만들어진다. 처음 세 줄이 맞는지 쉽게 확인할 수 있다. 예를 들어 세 번째 줄의 가운데에 있는 2는 두 사람의 쌍으로부터 한 사람을 선택하는 두 가지 방법이 있다는 것을 알려준다. 맨 위에 있는 1은 공집합에서 크기 0인 집합을 선택하기 위해서는 한 가지 방법이 있음을 말해준다. 임의의 집합에서 크기 0인 집합을 선택하는 한 가지 방법이 있는데 이것은 모든 행이 1로 시작하는 이유이다. 이제 위 예에 초점을 맞추자. 7명의 집합에서 5명을 선택하는 방법은 $21 = 15 + 6$이다. 스물한 가지 경우는 자연적으로 두 가지 유형으로 나뉜다. 먼저 여섯 명의 사람으로부터 4명의 그룹을 형성하는 열다섯 가지 방법이 있다. 우리는 이 열다섯 가지의 방법에서 일곱 번째 사람을 추가하여 다섯 명의 그룹을 만들 수 있다. 그러나 우리가 일곱 번째 사람을 포함하지 않는다면, 처음 여섯 명에서 한 사람을 제외하고 다섯 명의 그룹을 만들어야 하며, 이 경우 여섯 가지 방법이 있다. 이것은 하나의 행이 다음 행으로 이어

* 산술 삼각형은 1100년경에 중국에서 발견되어 사용된 것으로 보인다. 주세걸(朱世傑)이 1303년에 출판한 수학 고전 《사원옥감(四元玉鑑)》의 서문에 그림으로 나타나 있다.

지는 방법을 보여준다. 각 항의 수는 바로 위 두 항의 수의 합이며 이 규칙은 모든 항에 적용된다.(＊10)

이 삼각형에는 여러 가지 패턴이 있다. 예를 들어 가로줄의 각각의 수를 모두 더하면 2배가 되는 수열 1, 2, 4, 8, 16, 32, … 이 된다. 또한 가로줄의 수 1, 8, 28, 56, … 는 원소의 개수가 7인 집합에서 원소의 개수가 0, 1, 2, 3, … 인 집합을 선택하는 방법의 개수를 더한 것이다. 이로부터 원소의 개수가 7인 집합에서 원소의 개수가 임의의 개수인 집합을 선택하는 방법은 2^7이며, 일반적으로 원소의 개수가 n인 집합은 2^n개의 부분집합이 있다는 점을 알 수 있다. 무한집합과 유한집합을 다룰 7장에서 다시 이 사실에 주목할 것이다.

카탈란 수

산술 삼각형의 매 두 번째 가로줄의 정중앙에 있는 수는 1, 2, 6, 20, 70, 252, 924, …이다. 이 수는 연속하는 자연수 1, 2, 3, 4, 5, 6, 7, …로 나누어떨어지며 각 나눗셈의 몫은 1, 1, 2, 5, 14, 42, 132, …이다. 이 수를 카탈란 수(Catalan number)로 부른다. 이 수는 괄호치기(bracketing)와 관련된 셈 문제에서 발생한다. n쌍의 괄호를 배열하는 의미 있는 방법의 수는 n번째 카탈란 수이다. 또는 n개의 상향 획과 n개의 하향 획을 사용하여 n개의 '산'을 그릴 수 있는 방법의 수이다(그림 4.2 참조).*

n번째 카탈란 수는 정 $(n+2)$각형을 대각선이 교차하지 않으면

* 예를 들면 (())()와 ((()))는 의미 있는 괄호치기이지만 ())(()는 의미가 없다. 이것이 의미가 있기 위해서는 왼쪽으로 열린 괄호 '('가 오른쪽으로 열린 괄호 ')'의 뒤에 놓여야 한다. 마찬가지로 산 모양이 지하로 내려가는 형태는 허용되지 않는다! 이항계수의 관점에서 n번째 카탈란 수는 $\frac{1}{n+1}\mathrm{C}(2n, n)$이다.

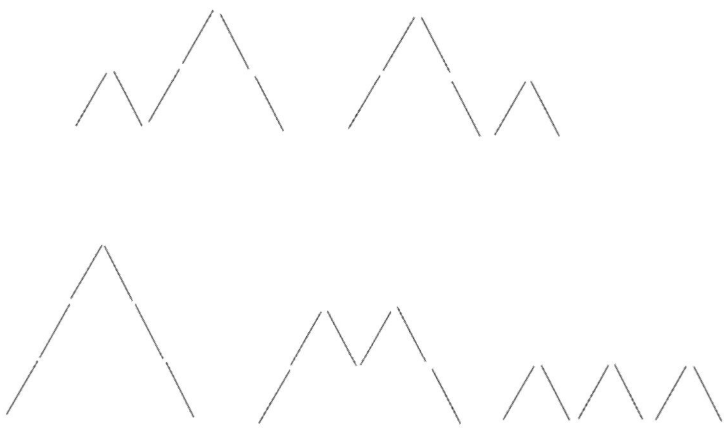

▶ **그림 4.2** 세 개 상향 획과 세 개의 하향 획으로 다섯 개의 '산' 패턴이 있다 ◀

서 n개의 삼각형으로 나누는 방법의 수이다. 이항계수처럼 카탈란 수의 항들 사이에 규칙이 있어 계산을 쉽게 할 수 있다.

피보나치 수

피보나치 수열은 일반 대중에게 폭넓은 호기심을 불러일으키는 수열이다. 피보나치 수열은 다음과 같다.

$$1, 1, 2, 3, 5, 8, 13, 21, 34, 55, 89, 144, 233, 377, 610, \cdots$$

여기서 각 수는 바로 앞 두 피보나치 수의 합이 된다. 각 항은 수열의 바로 앞 두 항의 합과 같다는 점에서 이항계수와 유사점이 있지만 피보나치 수열의 형성 방법이 더 간단하다. 이 수열은 어떻게 발생했을까? 1202년, 피보나치라는 이름으로 더 유명한 피사의 레오나르도(Leonardo)가 토끼 문제를 처음 소개하면서 유명해졌다. 암컷 토끼가 태어나고 두 달 이후 번식이 가능하고 그 후에 매달 암컷 새끼를 낳는다. 그러면 매달 초 암컷 토끼 수는 피보나치 수가 된다. 첫 번째 달과 두 번째 달에는 한 마리의 토끼가 있고 세 번째 달의 초에는 그 토끼가 암컷 새끼 토끼를 낳게 되어 두 마리의 토끼가 된다. 다음 달에 그 토끼가 또 다른 한 마리 암컷 새끼 토끼를 낳게 되고 그 다음 달에는 처음의 그 토끼와 첫 새끼 토끼가 번식하게 되어 총 다섯 마리의 토끼가 된다. 일반적으로 그 후 매달 초 새로 태어난 토끼의 수는 두 달 전의 암컷 토끼수와 같게 된다. 그러므로 그 다음 달의 초에 암컷의 수는 이전 달과 그전 달의 수를 더한 것과 같다(토끼는 죽지 않는다는 가정이 필요하다). 따라서 피보나치 수 규칙은 토끼의 번식 패턴과 정확히 일치한다.

실제 토끼가 이 방식으로 번식하지 않는다는 사실에도 불구하고 피보나치 수는 자연에서 식물 생장을 비롯한 다양한 방식으로 관찰된다. 자연에서 식물의 성장과 피보나치 수열의 관련성은 설명되어 있고 그것은 수열의 미묘한 속성과 관련이 있다.*

물론 피보나치 규칙을 약간 수정하여 피보나치 유사 수열을 여러 개 만들 수 있다. 루카스 수(Lucas number)는 피보나치 수와 정확히 똑같은 규칙을 가지고 있는데, 루카스 수의 초기값 두 개는 순서대로 2, 1이다. 루카스 수열은 피보나치 수열과 특별한 관계를 가지고 있으며 다양한 상황에서 발생한다. 루카스 자신이 언급한 피보나치 수열의 성질은 피보나치 수열과 파스칼 삼각형의 관계였다. 그림 4.3에서 나타난 것처럼 피보나치 수는 파스칼 삼각형에서 대각선 모양을 따라 수를 합산하면 된다.(＊11)

케플러(Johannes Kepler, 1571-1630)는 행성이 태양을 일정한 시간 간격에서 똑같은 넓이의 타원형 경로로 궤도에 진입한다는 사

* 콘웨이와 가이의 《수의 책(The Book of Numbers)》에 황금비와 관련된 각도의 최적성에 대한 설명에 나타나 있다.

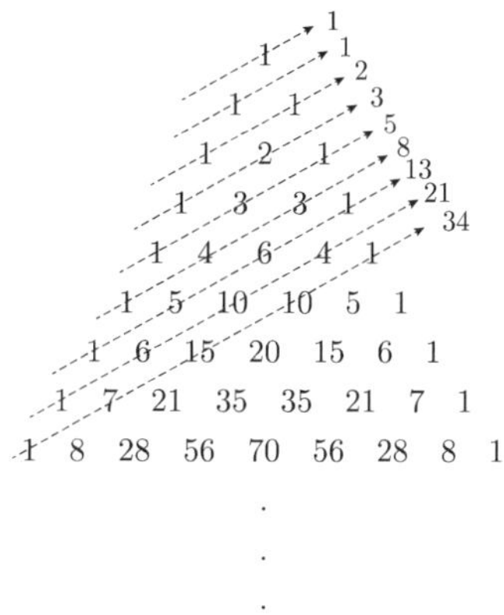

▶ **그림 4.3** 피보나치 수와 파스칼의 삼각형 ◀

실을 포함한 행성 운동의 세 가지 법칙을 발견한 것으로 유명하다. 그는 자연에서 패턴을 찾는 데 일생을 보낸 사람이었으며, 피보나치 수에서 하나의 패턴을 발견했는데, 이제 그것을 설명하고자 한다.

가장 간단한 수에 관한 규칙은 등차, 등비수열이다. 등차수열의 첫 번째 예는 홀수로 이루어진 수열 1, 3, 5, ⋯ 이다. 두 개의 연속하는 항의 차이는 고정되어 있으며 이 경우에는 2가 된다. n 번째 항과 첫 번째 항부터 n개까지의 합에 대한 공식은 증명하기 쉽다. 이 경우 n 번째 항은 n 번째 홀수인 $2n-1$이고, 첫 항부터 n 번째 항까지의 합은 n^2이다.

등비수열은 어떤 한 항에서 그 다음 항을 덧셈이 아니라 고정된 수를 곱하여 얻는다. 2의 거듭제곱은 등비수열의 한 예이며 n 번째 항을 나타내고 기하급수의 합을 구하는 방법은 수학에서 다루고 있다.

그러나 피보나치 수열은 등차수열도 등비수열도 아니다. 두 항의 차이로 만든 수열은 0, 1, 1, 2, 3, 5, 8, 13, ⋯ 가 된다. 첫 항을 제외하고는 다시 피보나치 수열이 된다. 이것은 이 수열이 만들어지는 방식 때문에 발생한다. 즉 두 개의 연속하는 피보나치 수들의 차이는 수열에서 바로 이전 항과 같다. 피보나치 수열의 연속하는 두 항의 비율이 상수가 아니기 때문에 피보나치 수열은 등비수열도 아니다. 그러나 케플러가 알아낸 점은 연속하는 항의 비가 극한값을 가진다는 것이다. 항의 비로 이루어진 수열은 꽤 빠르게 안정적으로 수렴함을 볼 수 있다.

$$\frac{1}{1}, \frac{2}{1}, \frac{3}{2}, \frac{5}{3}, \frac{8}{5}, \frac{13}{8}, \frac{21}{13}, \frac{34}{21}=1.6190, \quad \frac{55}{34}=1.6176,$$

$$\frac{89}{55}=1.6182, \quad \frac{144}{89}=1.6180, \cdots$$

그러나 여기에서 나타나는 불가사의한 수 $1.618\cdots$는 무엇일까? 이 수는 황금비로 알려져 있으며, 피보나치의 토끼와는 다른 맥락인 기하적 배경에서 발생한다. 예를 들어 τ는 정오각형 대각선과 한 변의 비율이며 특유의 대칭성과 힘을 가진 신비한 모양을 제공한다(그림 4.4 참조). 각 대각선의 교차점은 선분을 $\tau:1$의 비로 나눈다. 교차하는 두 변과 교차하는 대각선의 쌍은 그림과 같이 마름모 ABCD의 네 변을 이룬다. 또한 대각선이 교차하는 점을 연결하면 처음 시작했던 정오각형의 한 변의 길이의 $\dfrac{1}{\tau^2}$만큼을 한 변의 길이로 하는 뒤집힌 작은 정오각형이 된다.

자기 유사성은 황금비의 특징이며 변의 길이가 τ와 1인 직사각형에서도 볼 수 있다. 왜냐하면 가장 큰 정사각형(변의 길이가 1인

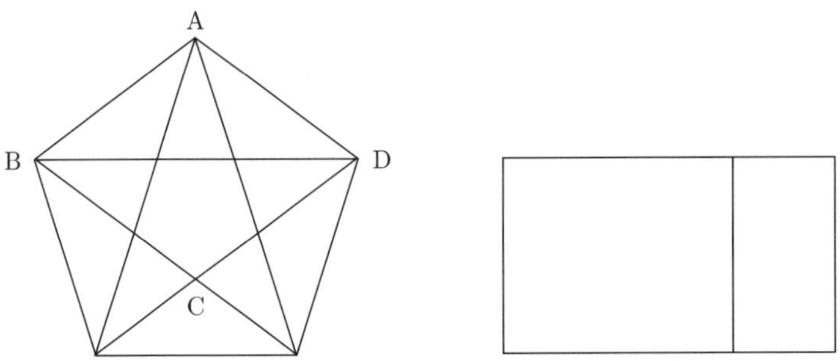

▶ **그림 4.4** 오각형과 황금사각형 ◀

정사각형)을 잘라내면 남아 있는 작은 직사각형은 원본을 축소한 복사본이다. 이러한 이유 때문에 이 그림은 황금사각형으로 알려져 있다. 오랫동안 제지업계에서 이와 유사한 대칭성을 사용해 왔다. A4 용지의 표준 치수는 297×210mm이다. 이 치수의 비율은 $\frac{99}{70}$이며 이 근삿값은 $\sqrt{2}$가 된다(종이는 ±1/4mm 내 오차범위의 정확도로 전달됨). 이것은 리히텐베르크(Georg Lichtenberg)가 1786년에 소개해서 때로는 리히텐베르크 비라고 불리는데, 길이가 긴 쪽의 가운데를 접으면 $\sqrt{2}:1$의 비를 가진 종이가 처음의 종이와 같은 비를 가지는 두 개의 작은 종이가 된다. 이것의 장점은 큰 사이즈의 종이를 접어 비가 같은 작은 사이즈의 종이를 생산할 수 있다는 점인데, 이것이 복사업계에서 매우 편리하게 다루어진다. 이러한 이유로 표준 A0 종이는 1189×841mm 크기인 비를 가지며 거의 정확히 1 m^2 넓이가 된다. 연속으로 접으면 A1, A2, A3, A4 등은 서로 모양이 같고 원본과도 모양이 동일하게 된다. 혹은 거꾸로 만들 수도 있다. 즉 두 개의 A4 사이즈 종이의 긴 변을 이으면 같은 비를 유지하는 큰 A3 용지가 되며 A4의 긴 변을 90°로 회전하면 이제 A3 용지의 짧은 변이 된다.(*12)

결국 피보나치 수열은 황금비를 공비로 하는 등비수열과 비슷하다. 피보나치 수열이 지속적으로 나타나는 것은 단순한 형성 규칙과 함께 나타난 성질에 기초한다. 일부 열성적인 사람들이 황금비에 어마어마한 우주적 의미를 부여할 때 세상에 지친 수학자들은 숫자 τ에 대한 지나친 관심에 대해 화를 내기도 한다. 그럼에도 불구하고 피보나치 수열은 정말 특별하다. 우리는 이 책의 나머지 부분에서 한 번 이상 그 영향력을 보게 될 것이다.

스털링 수와 벨 수

이항계수와 마찬가지로 셈 문제에서 자주 나타나는 스털링 수(Stirling number)와 벨 수(Bell number)는 두 변수 n과 r에 달려 있다. 스털링 수 $S(n, r)$은 원소의 개수가 n인 집합을 r개의 부분집합으로 분할하는 방법의 수이다(여기서 부분집합은 공집합이 아니다).* 예를 들어 집합 $\{a, b, c\}$는 $\{\{a\}, \{b\}, \{c\}\}$와 같이 세 개의 부분집합으로 분할하는 방법의 수는 하나이다. $\{\{a, b\}, \{c\}\}$, $\{\{a\}, \{b, c\}\}$, $\{\{a, c\}, \{b\}\}$와 같이 두 개의 부분집합으로 분할하는 방법은 세 가지이다. $\{\{a, b, c\}\}$와 같이 한 개의 부분집합으로 분하는 방법의 수는 하나이다. 이것은 $S(3,1)=1$, $S(3,2)=3$, $S(3,3)=1$로 표현할 수 있다. 그래서 원소의 개수가 n인 집합은 한 개의 부분집합이나 n개 부분집합으로 분할하는 방법은 오직 한 가지 방법밖에 없으므로 $S(n, 1)= S(n, n)= 1$이 된다. 스털링 수를 파스칼 삼각형의 형태에 따라 그리면 그림 4.5와 같이 나타낼 수 있다.

스털링 수열의 각 항의 값이 이전 항들과 관련되어 있다는 점에

$$
\begin{array}{ccccccccccc}
 & & & & & 1 & & & & & \\
 & & & & 1 & & 1 & & & & \\
 & & & 1 & & 3 & & 1 & & & \\
 & & 1 & & 7 & & 6 & & 1 & & \\
 & 1 & & 15 & & 25 & & 10 & & 1 & \\
1 & & 31 & & 90 & & 65 & & 15 & & 1 \\
 & & & & & \vdots & & & & &
\end{array}
$$

▶ **그림 4.5 스털링 삼각형** ◀

* 엄밀히 말하면 이 수는 제2종 스털링 수라고 한다. 제1종 스털링 수는 n개의 원소의 순열 가운데 정확히 r개의 순환으로 구성된 순열들의 수이다.

서 스털링 수는 점화식을 만족한다. 실제로 이항계수의 경우와 마찬가지로 각 스털링 수는 그 수보다 위 행의 두 수로부터 얻지만 단순합은 아니다. 또한 이항계수를 생성하는 산술 삼각형에서 나타난 세로줄 대칭이 스털링 삼각형에는 없다. 예를 들어 $S(5,2)=15$이지만 $S(5,4)=10$이다. 그러나 점화 규칙은 매우 간단하다. 예를 들어 항 90은 $15+3\times25$이다. 이것은 일반적인 상황을 나타낸다. 스털링 삼각형에 있는 각 항은 바로 위 행의 두 항으로부터 얻을 수 있다. 즉 두 항의 수에서 첫 번째 항의 수(15)를 두 번째 항의 수(25)에 행의 번호(3)을 곱하여 더하면 된다. 산술 삼각형의 각 행을 0부터 세던 것과는 달리, 여기서는 각 행을 1부터 세는 것으로 시작해보자. 비슷한 방식으로 $S(5,4)=10=6+4\times1$이다. 여기서 두 번째 항의 수에 행의 번호를 곱하는 규칙이 산술 삼각형의 규칙과는 다르다.(＊13) 그러나 그것은 스털링 수의 연구를 이항계수의 연구보다 훨씬 더 어렵게 만든다. 예를 들어 계승(!)을 이용하여 각각의 이항계수에 대해 간단한 명시적 공식을 유도할 수 있다. 마찬가지로 황금비율의 거듭제곱으로 n 번째 피보나치 수에 대한 공식이 있지만, 재귀적으로 계산될 수 있는 스털링 수와 같은 종류의 공식은 없다.(＊14) 스털링 삼각형의 각 행에는 하나의 최댓값이 있다. 왼쪽에서 오른쪽으로 가면서 최대로 증가한 다음 1로 감소하며, 증가하다가 감소하여 다시 증가하지는 않는다. 이 사실은 놀랍지 않을 수도 있으나 일반적으로 증명하는 것은 매우 어렵다!

산술 삼각형에서 행의 합은 어느 행이든지 해당하는 행의 번호만큼 2를 거듭제곱한 수이다. 이 수는 주어진 집합의 부분집합의 개수와 같다. 마찬가지로 스털링 삼각형의 n 번째 행을 합하면 n개의 원소로 구성된 집합을 분할하는 방법의 수이다. 이 수를 n 번째 벨 수라고 한다.

반면에 n개의 대상이 동일하고 서로 구별할 수 없으면 부분집합으로 분할하는 방법의 수는 훨씬 작게 되며, 이는 n 번째 '자연수의 분할(partition number)'로 알려져 있다. 분할은 순서에 관계없이 n을 양의 정수의 합으로 쓰는 방법의 수에 해당한다. 예를 들어 5를 $1+1+1+1+1$, $1+1+1+2$, $1+2+2$, $1+1+3$, $2+3$, $1+4$ 또는 간단히 5로 나타낸다. 따라서 다섯 번째 분할수는 7이다(위의 삼각형으로부터 $1+15+25+10+1=52$인 다섯 번째 벨 수와 비교해 보자).*

그러나 순서 분할(ordered partitions)과 피보나치 수 사이에 흥미로운 관계가 있다. 정수 n을 1보다 큰 수의 순서 합으로 분할하는 방법의 수는 f_{n-1}, 즉 $(n-1)$번째 피보나치 수이다. 예를 들면 8은 열세 개의 분할이 있다.

$$\begin{aligned}2+2+2+2 &= 2+2+4=2+4+2=4+2+2=2+3+3\\ &=3+2+3=3+3+2=2+6=6+2=3+5\\ &=5+3=4+4=8\end{aligned}$$

13은 실제로 일곱 번째 피보나치 수 f_7이다. 이것은 매번 발생한다.(∗15)

우박수

수 패턴이 가끔씩 단순해보이지만 매우 오랜 기간 동안 수행한 분석을 허사로 만드는 문제를 던지곤 한다. 소수와 관련된 많은 문

* n 번째 분할수에 대한 간단하고 정확한 공식은 없다. 라마누잔이 발견한 복잡하지만 아름다운 극한 근삿값은 $\frac{1}{4n\sqrt{3}}e^{\pi\sqrt{\frac{2n}{3}}}$ 이다. 오각수가 포함된 분할수의 점화식은 오일러가 발견했다.

제들을 다음 절에서 만나게 될 것이다. 최근에 피보나치 수를 이용한 점화식과 관련된 문제는 현대 컴퓨터 계산 기술에 의해 실제로 매우 긴 수열의 형태로 빠르게 조사하여 해결하는 새로운 장이 열렸다. 다음의 예는 콜라츠 알고리즘(Collatz Algorithm), 시러큐스(Syracuse) 문제 또는 때로는 $(3n+1)$ 문제와 같은 여러 이름으로 불리는데, 임의의 수 n이 다음 과정을 거치면 항상 1이 된다는 것이다. n이 짝수인 경우 2로 나누고 n이 홀수이면 $3n+1$로 바꾼다. 예를 들어 $n=7$로 시작하면 규칙에 따라 다음 수열이 된다.

$$7 \to 22 \to 11 \to 34 \to 17 \to 52 \to 26 \to 13 \to 40$$
$$\to 20 \to 10 \to 5 \to 16 \to 8 \to 4 \to 2 \to 1$$

따라서 $n=7$에 대한 추측은 참이며 실제로 몇백만을 넘는 모든 n에 대해 검증되었다.* 이 계산에서 나오는 일련의 수들은 마치 긴 주기에 걸쳐 불규칙하게 오르내리는 우박처럼 행동하지만, 궁극적으로 땅에 항상 떨어지는 것으로 비유할 수 있다. 첫 번째 1000개의 정수 중 350개 이상이 우박의 최대 높이가 9232인데, 모두 1로 떨어진다. 수학과 물리학에서 발생하는 혼돈의 패턴을 연상시키는 우박수열(Hailstone sequence)에 근거하여 흥미로운 특징들이 점과 그래프에서 식별될 수 있다. 이것은 대단히 중요한 문제일까? 그 대답은 분명하지 않지만 분명 어려운 부분이다. 작고한 수학자 에르되시(Paul Erdös, 1913-1996)는 어느 누구보다도 수에 대하여 더 많은 것을 알고 있었을 텐데도, 그것을 '수학이 아직 준비가 되지 않았다'는 문제로서 간주하였다. 페르마(Fermat)의 마지막 정리가 결국 정수론에서 또 다른 심오한 질문인 시무라-타니야마(Shimura-Taniyama) 추측의 결과로 풀린 것으로 볼 수 있듯이 우박 문제는 상당한 내용의 문제가 단순화되어 표현된 것일 수 있다.

---

* 역자주: 이 추측은 컴퓨터로 20×2^{58}까지 모두 성립함이 확인되었다.

그럼에도 불구하고 몇 가지 간단한 관찰과 재구성이 있다. 이 추측은 어떤 n으로 시작하더라도 결국 2의 거듭제곱으로 이어질 것이라고 말하는 것과 같다. 2의 거듭제곱은 증가하지 않고 1로 떨어지는 수이다. 또한 어떤 n으로 시작하는 우박수열이 결국 $m < n$인 m을 만난다는 것을 증명하는 것만으로도 충분하다. 왜냐하면 이것이 항상 참이라면 m으로부터 결국 m보다 작은 수에 이를 것이고, 이 방법을 계속하면 이 과정은 필연적으로 즉시 1로 떨어진다.

검색엔진에 '우박수(Hailstone numbers)'를 치면 흥미롭고 가끔은 해결이 가능하지만 보통은 결론이 없는 풍부한 양의 정보를 얻을 수 있다.

소수

소수로 이루어진 수열은 모든 수열 중에서 가장 유명하고 중요하다. 유클리드 정리에 따르면 소수는 무수히 많다. 어떤 주어진 크기보다 큰 합성수 또는 제곱수를 만들 수 있는 방법으로는 임의로 큰 소수를 계산할 길이 없기 때문에 소수가 무수히 많다는 것을 증명해야만 했다. 천년 동안 노력했음에도 불구하고 우리는 여전히 소수를 구하고 있다. 이렇게 구하기 어려운 소수의 성질이 이 책의 뒷부분에 나오는 공개키 암호 시스템에서 중요하게 사용된다.

어떤 수 p가 소수임을 알기 위해서는, p가 $\sqrt{p}$에 이르기까지 어떤 소수에 의해서도 나누어떨어지지 않음을 알기만 하면 된다. 이것을 증명하기 위해서 a와 b가 p의 적당한 약수, 즉 1보다 크고 p보다 작은 양의 정수일 때 $p = ab$ 라고 하자. a는 b보다 크지 않다고 간주하자. a와 b 둘 다 $\sqrt{p}$ 보다 크면 ab는 p를 초과하므로 이런 일은 불가능하다. b보다 크지 않은 약수 a는 당연히 $\sqrt{p}$ 을

② ③ ~~4~~ ⑤ ~~6~~ ⑦ ~~8~~ ~~9~~ ~~10~~ 11 ~~12~~ 13 ~~14~~ ~~15~~

~~16~~ 17 ~~18~~ 19 ~~20~~ ~~21~~ ~~22~~ 23 ~~24~~ ~~25~~ ~~26~~ ~~27~~ ~~28~~ 29 ~~30~~

▶ **그림 4.6.** 30까지의 소수 체 ◀

초과할 수 없다. a 자신도 소인수를 가지며 그 소인수 또한 p의 약수이므로 p를 나누는 소수가 되어, $p=ab$는 소수가 아니다. 그러므로 이 단락의 첫 서술은 증명된다. 그래도 우리는 제곱근까지 확인해야 한다. 예를 들면 25의 단 하나의 소인수는 25의 제곱근인 5이다.

모든 소수를 체계적으로 계산하는 것은 원칙적으로 쉽다. 고전적인 방법으로 에라토스테네스*의 체가 있다. 우선 2에서부터 순서대로 자연수를 모두 적어보자. 2에 동그라미를 치고, 2의 배수를 모두 지워보자. 처음으로 돌아가서 동그라미를 치지 않은 첫 번째 수를 찾아 동그라미를 치고 그 수의 배수를 모두 지워보자. 체에 있는 가장 큰 수의 제곱근을 초과하는 수에 동그라미를 칠 때까지 이 과정을 반복하자. 그러면 지우지 않고 남아 있는 수들이 바로 원하던 소수 목록이다. 예를 들어 그림 4.6에서 5의 배수를 모두 지우고 나면, 제곱해서 30을 넘으며 그 다음 동그라미를 치지 않은 수가 7이므로, 체로 걸러내는 것을 멈출 수 있다.

이 방법이 왜 가능한지 쉽게 알 수 있다. 분명히 체로 거르는 동안 소수가 지워지는 일은 없을 것이다. 한편, 조사하려는 자연수 목록에서 모든 합성수는 최소한 제곱근까지 소인수를 점검할 때 지워지므로, 어떤 식으로든 문제를 해결할 수 있다.

소수의 빈도에 대하여는 많이 알려져 있다. 어떤 수 n에 대하여 n보다 크고 $2n$보다 작은 소수가 최소한 한 개는 있다. 예를 들면

* 기원전 230년, 시에네와 알렉산드리아에서 하지에 그림자 길이의 차를 이용하여 지구의 지름을 계산해 명성을 얻은 고대 그리스 학자이다.

$n=5$에 대하여 베르트랑 공준은 6과 10 사이에 최소한 한 개의 소수가 포함되어 있다고 알려져 있다.(실제로 우리는 그 범위에 단 한 개의 소수인 7이 있음을 안다). 매우 뚜렷한 결과가 아닐지라도 (공준에 의해 규정된 범위 안에는 흔히 많은 소수가 있다.) 이와 같은 정리는 결코 증명하기 쉽지 않다. 이런 결과는 본질적으로 흥미롭다. 이것은 n에 대하여 $2n$에 도달하기 전에 소수가 최소한 한 개 더 존재하는 것을 확신하는 것처럼 소수는 홀수 사이에 무작위로 존재하는 것으로 여겨질 수 있다는 것은 전혀 사실이 아니기 때문이다. 그러나 소수에 관한 많은 현대 이론은 소수의 빈도가 어떤 의미에서는 무작위라고 시사해준다.

베르트랑 공준과 유사하며 아직 미해결인 추측으로서 연속인 두 제곱수 사이에 항상 소수가 존재한다는 성질이 있다. 디리클레의 유명한 결과는, 만약 3과 8처럼 공약수가 없는 두 수를 택하여, 첫 번째 수에 두 번째 수만큼 증가하는 등차수열에는 무한히 많은 소수가 있다는 것이다. 이 경우 수열 $3, 11, 19, 27, 35, 43, \cdots$ 은 무한히 많은 소수를 포함한다. 이것을 처음 보면 홀수 수열이 무한히 많은 소수를 포함한다는 유클리드의 원래의 결과보다 더 어려워보이지는 않는다. 유클리드의 원래의 결과는 사실 디리클레 등차수열 정리의 특별한 경우인 첫 번째 수가 1이고 공차가 2인 등차수열의 경우를 말한다. 그러나 디리클레 결과의 모든 증명은 심오하고 어렵다. 소수에 관하여는 쉬운 문제에서 시작해도 머지않아 예외적으로 어려운 문제에 맞닥뜨리게 된다.

한편, 어떤 등차수열도 전적으로 소수로 구성된다고 할 수 없다. 그 이유는 자연수 목록에서 충분히 큰 수까지 적어본다면 소수들 사이에는 임의로 큰 간격이 있다고 알려져 있는 반면 등차수열에서 두 수 사이의 차이는 고정된 수이기 때문이다.(＊16)

그래도 2와 3을 제외한 소수는 $6n \pm 1$의 형태를 가지는 것을 간단히 관찰할 수 있는데, 그 이유는 이 형태가 아닌 수는 어느 수이건 짝수이거나 3의 배수이기 때문이다. 1509년 드 보벨(De Bouvelles)이 $6n \pm 1$ 형태인 수 중 최소한 하나는 항상 소수일 거라고 어렴풋이 예측했다. 그러나 그는 면밀하게 검토하지 않았다. $n = 20$일 때 $119 = 7 \times 17$, $121 = 11^2$이므로 처음으로 $6n \pm 1$ 형태인 두 수 모두 소수가 아니다. 그런데도 $6n - 1$ 형태의 무한히 많은 소수가 있다는 것을 증명하는 것은 아주 쉽다.(*17)

소수 수열의 시작 부분에는 결코 반복되지 않는 몇 가지 특성을 갖고 있다. 2는 유일한 짝수이고, 임의의 수 n에 대하여 $n-2$, n, $n+2$ 중 단 하나는 3의 배수이므로 3, 5, 7은 세 개가 연속으로 소수이고 유일한 홀수인 세 쌍둥이 소수이다.* 그러나 소수 체를 조사하면 2만큼만 차이가 나는 소수들인 쌍둥이 소수 쌍 (11, 13), (17, 19)를 발견할 수 있고 더 찾는 것도 어렵지 않다. 쌍둥이 소수 추측(The Twin Prime Conjecture)은 이 쌍들이 결코 다 소진되지 않고 무수히 많이 나타난다는 것이다. 이것은 몇 세기 동안 풀리지 않고 남은 주요한 과제이다.

"2보다 큰 모든 짝수는 두 소수의 합이다."라는 골드바흐 추측은 1742년 6월 7일에 오일러에게 보낸 편지에서 암시적으로 발견된다. 예를 들면 $28 = 17 + 11$이다. 2년 이내에 이 추측을 해결할 수 있는 사람에게는 백만 달러의 상금을 주겠다는 제안은 2002년 3월에 끝났다. 어떤 좌절한 수학자는 "나는 백만 달러 이상을 원한다."라고 언급하기도 했다. 골드바흐는 정수론 전문가들을 매우 곤혹스럽게 만들었다. 골드바흐 추측보다 더 약한 형태는 증명된 것도 있고, 이 추측이 어떤 대단히 큰 수까지 증명되었다는 것은 의심의

* n을 3으로 나누자. n이 3의 배수이면 n의 앞뒤 수는 그렇지 않다. 만약 나머지가 1이라면 $n+2$는 3을 약수로 가지며 $n-2$는 그렇지 않다. 반면 나머지가 2이면 $n-2$는 3의 배수이고 $n+2$는 그렇지 않다.

여지가 없다.* 1939년 슈니렐만(Schnirelman)은 4부터 모든 짝수는 300,000개 이하의 소수의 합이라는 것을 증명하였다. 비슷한 시기에 비노그라도프(Vinogradov)는 모든 충분히 큰 홀수는 소수 세 개의 합이라는 것을 증명하였다. (충분히 크다는 것은, 시점 자체는 아마도 알려지지 않았으나 어느 시점 이후에야 사실이라는 것을 의미한다. 이 경우 엄청나게 크긴 하지만 특정한 한계가 알려져 있다.) 이런 맥락에서, 모든 홀수 n은 동일한 두 개의 소수를 포함하는 소수 세 개의 합 — n이 어떤 소수의 두 배와 소수 한 개의 합 — 이라는 강력한 결과가 참일 것 같다. 그러나 이것도 아직 증명되지 않았다. 첸(J. R. Chen)은 p가 소수이고 m은 1과 m을 제외한 약수를 두 개 이하 가질 때, 즉 m은 소수이거나 (동일할 수도 있는) 두 소수의 곱 pq일 때, 충분히 큰 모든 짝수는 $p+m$으로 적을 수 있다는 것을 증명하였다. 이것으로 골드바흐 추측의 문턱까지는 왔는데, 아직 충분하지 않다.

우리는 여전히 어디에서도 원래의 질문에 답변하지 못했다. 하디(Hardy)는 기발한 추측을 만들기가 비교적 쉽다고 성급하게 말하였다. 실제로, '골드바흐 추측'처럼 아직 증명되지 않았고 누구나 생각해 낼 수 있는 어려운 추측이 정말 많다.

그런 기발한 추측을 너무 묵살할 수는 없다. 19세기의 위대한 수학자 가우스(K. Gauss, 1777-1855)는 2보다 큰 n에 대하여 어느 n제곱도 두 n제곱수의 합이 될 수 없다는 페르마의 마지막 정리의 중요성을 한때 무시하고, "해결되지 않은 수에 관한 간단한 질문은 얼마든지 할 수 있는데 왜 이 정리에만 집중할까?"라고 말하였다. 그러나 페르마의 정리는 도전할 만한 가치가 있었다. 1995년에 와일

* 현재의 증명은 올리베이라 에 실바(Oliveira e Silva)가 2003년 10월 증명한 6×10^{16}까지이다. (역자주: 가장 최근의 증명은 그가 2012년 4월에 증명한 4×10^{18}까지이다.) 웹페이지 www.mathworld.wolfram.com을 보라.

스가 그것을 증명하였으나 그 정리로부터 더 큰 결과를 얻을지도 모른다. 그러나 골드바흐 추측은 그런 유형에 속하지 않기 때문에 종종 묵살된다. 왜냐하면 솔직하게 말해서 결코 소수들이 합산되기로 예정된 건 아니기 때문이다!

n보다 작거나 같은 소수의 개수인 $\pi(n)$의 극한은 n을 n의 자연로그(e를 특정한 밑으로 갖는 로그)로 나눈 값이라는 가우스의 관찰에 의해 소수의 전반적인 빈도는 매우 잘 이해되고 있다. 실제로 더 정교한 것을 원했던 가우스의 추측은 1896년 아다마르(Hadamard)에 의해 증명되었고, 같은 해 푸생(De La Vallee Poussin)에 의해 독립적으로 증명되었다.

그들은 매우 자연스러운 수열을 표현하기 때문에 소수 사이의 패턴을 거의 확실히 찾을 수 있다. 그러나 소수를 위한 진정 쓸모가 있는 수식은 없다. 다시 말하면 모든 소수를 생성하거나 완전히 다른 소수로 구성된 수열을 계산할 수 있는 규칙은 없다. 몇 가지 깔끔한 수식이 있지만 실용 가치가 있는 것은 아니며, 그 중 일부는 값을 구하기 위하여 소수 수열에 대한 지식이 필요하기 때문에 기본적으로 부정행위가 되는 것이다. n^2+n+41과 같은 일부 다항식 표현은 많은 n값에 대해 소수를 생성하기 때문에 특별히 소수 영역에서 중요하다. 그러나 동시에, $n=41$을 넣으면 그 결과는 41이 하나의 약수가 되므로 이것이 소수를 생성하지 못한다는 것이 분명하다. 그래서 일반적으로 이런 종류의 어떤 다항식이든 소수에 대한 공식을 생성할 수 없음을 보여주는 것은 어렵지 않다.(＊18)

우리는 점화식을 시도할 수 있다. 2에서 시작하여 두 배를 하고 1을 더하면 $2, 5, 11, 23, 47$과 같은 소수 몇 개를 얻으나 이 수열의 다음 수는 95이며 이 방법도 신뢰할 수 없다.

수의 소수성을 쉽게 알 수 있는 판정법을 고안하는 것은 가능하다. 그러나 그 판정법이 사용되려면 적어도 위에서 설명한 직접 검증 절차보다 빨라야 한다. 윌슨 정리(Wilson's Theorem)*로 알려진 유명한 결과는 p가 $1+(p-1)!$의 약수인 경우에만 p가 소수라는 것을 알려준다. 간결한 서술임에도 불구하고 소수를 판별하는 데는 별로 유용하지 않다. 예를 들어 13이 윌슨 정리에 의해 소수가 된다는 것을 보이려면 13이 $1+12!=479001601$의 약수라는 것을 증명해야 한다.** 이것을 13이 2와 3으로 나누어지지 않는다는 것을 단순히 확인하는 데에 드는 노동과 비교해보자. 그래서 윌슨 정리는 소수 검증에 유용하지는 않지만 장식적인 가치 그 이상이며, 예를 들면 어떤 수가 두 제곱수의 합인지를 결정하는 문제에서 사용될 수 있다. 정리 자체는 페르마 보조정리로 알려진 근본적인 결과를 이용하여 매우 쉽게 증명될 수 있다.(＊19)

행운의 수

소수는 실제로 매우 특별하지만 어떤 성질은 다른 일련의 수의 특성과 비교될 수 있다. 이른바 행운의 수라고 불리는 수는 에라토스테네스의 체와 비슷한 방법으로 생성된다. 단지 홀수 수열 1, 3, 5, 7, … 로 시작한다. 첫 번째 행운의 수는 3이다.(소수에서처럼, 1을 목록의 일부로 포함시키지 않고 행운의 수라고 부르지도 않는다.) 3에 동그라미를 치고 수열에서 세 번째 수마다 지워나가면서 목록을 축소시켜 1, 3, 7, 9, 13, 15, 19, … 를 얻는다. 동그라미를 치지 않은 다음 수는 7이며, 7에 동그라미를 친다. 남은 목록에서 일곱 번째

* 부적절하다고 할 수 있는 명칭인데, 1770년경 라그랑주가 이 결과를 처음 증명하였으며, 라이프니츠는 1682년에 누구보다도 앞서 추측했기 때문이다.

** 그러나 51쪽에 있는 13의 배수판정법을 적용하면, $601-1+479=1079$ 13×83이 되고 윌슨이 옳았다는 것을 알 수 있다!

수마다 지워나가고, 계속 그런 식으로 진행한다. 소수 체처럼 결코 지워지지 않는 수는 행운의 수열을 이루고, 이 수열은

$$3, 7, 9, 13, 15, 21, 25, 31, 33, 37, 43, \cdots$$

이다. 행운의 수는 소수의 의미가 없지만 소수와 유사한 빈도성을 가지고 있다. 큰 수까지 놓고 본다면 빈도성은 같은 극한 패턴을 따르고, 쌍둥이 행운의 수에 대한 추측과 골드바흐 추측에 대응하는 추측을 설정할 수 있는데, 그것들은 사실인 듯 보이며 소수의 경우와 유사하게 현재의 증명 방법에는 영향을 받지 않는다. 비록 수학적 문헌에 이 아이디어의 명확한 추측이나 추론이 나타나지 않는다 하더라도, 소수에 대한 많은 정리와 추측이 실제 체로 치는 과정의 결과이며 이는 소수에만 적용되는 것은 아니다.

5장

유용한 수

백분율, 비, 배당률

현대 세계에서 많이 사용되는 수의 유형 중 하나는 백분율 값이다. 여기에는 그럴 만한 이유가 있다. 우리는 인구 성장이나 특정비율을 계속 나타내야 하지만, 동시에 분수를 별로 좋아하지 않고, 심지어 일상적인 대화에서 소수를 사용하면 어색하다. 백분율의 개념은 그런 점을 타개하는 간단한 아이디어이다. 우리 모두는 분수보다 정수를 좋아하고 많이 세는 것보다 조금 세기를 좋아한다. 따라서 측정 가능한 모든 것을 100 개 단위로 구성하도록 선택한다. 항상 10 의 거듭제곱을 기반으로 시스템을 구성하기를 원하며, 열 개 단위로 측정하면 너무 허술해서 실제로 활용하기에는 좋지 않으므로

100을 사용한다. 따라서 1퍼센트는 논의 대상의 1/100에 불과하다. 분수를 백분율로 바꾸려면 단순히 100을 곱하면 된다.

사분위수와 백분위수에 대해서도 많이 듣는다. 데이터 집합의 제1사분위수는 데이터의 1/4, 즉 25퍼센트가 그 수 이하이며, 나머지 데이터는 그 수보다 큰 지점의 값이다. 일반적으로 k번째 백분위수는 데이터의 k퍼센트가 그 수 이하이고, 나머지는 그 수보다 큰 지점의 값이다.

비는 분자를 통해 두 분수를 비교하는 방법이다. 예를 들어 인구에서 파란 눈을 가진 사람과 갈색 눈을 가진 사람의 비가 4:3이라면 갈색 눈을 가진 사람 세 명마다 파란 눈을 가진 사람이 네 명인 경우를 의미한다. 관련 분모는 그 비에 있는 수를 더해서 나오고, 최소한 다른 색상이 없는 경우 파란 눈을 가진 사람의 분수 표현은 $\frac{4}{7}$가 될 것이다. 파란색이 갈색과 다른 색상에 대한 비가 4:3:1이라면, 파란 눈을 가진 사람의 비율은 $\frac{4}{8}=\frac{1}{2}$이 될 것이다.

따라서 비를 포함하는 모든 계산은 분수로 변환되고 비 표기법은 생략될 수 있다. 그러나 내기할 때는 비의 중요성이 돋보이고 경마에서 2/1의 배당률이라는 것은 상금을 거는 비가 2:1임을 의미한다. 즉 경마 도박꾼은 우승마를 지지할 경우 내기한 사람당 2단위를 얻을 것이다. 이러한 배당률이 공정하다면(일반적으로 공정하지 않은데, 공정하다면 마권업자가 돈을 벌지 못할 것이기 때문이다.) 이것은 그의 말이 우승할 확률이 $\frac{1}{2+1}=\frac{1}{3}$인 것을 의미한다. 그런 식으로 그는 세 번 중 두 번은 1단위 지분을 잃어버리지만 세 번 중 한 번은 2단위를 얻을 기회를 갖는다. 평균 손실은 $1\times\frac{2}{3}-2\times\frac{1}{3}=0$이고 대체적으로 득실이 없게 되는 경향이 있다.

'2/1 on'의 승산은 사건이 일어나지 않을 것보다 두 배로 일어날 것 같다는 것을 의미한다. 이 경우 경마 도박꾼은 강력한 우승후보인 말을 지지하고 있고, 그의 말이 우승할 기회는 세 번 중 두 번이므로, 그가 경마 도박에 돈을 건 두 번에 대해서는 각각 1단위씩만 얻을 확률이 높다.

r/s는 경주마의 일반적인 배당률이라고 할 때, 내기가 공정하다면 모든 수 $\frac{r}{r+s}$을 전체에 걸쳐 합하면 1이 될 것이다. 물론 실제로 합은 다소 부족할 것이다. 1에 못 미치는 양만큼 경마 도박꾼에 대한 마권업자의 전반적인 이득이 될 것이다.

간단한 비와 관련하여 잘 알려진 흥미로운 문제 몇 개가 있다.

> 아랍의 오래된 문제 중에 식량이 떨어진 사냥꾼 이야기가 있다. 그 사냥꾼은 양치는 목동 두 명을 우연히 만나는데, 목동 한 명은 빵 세 덩어리를, 다른 한 명은 빵 다섯 덩어리를 가지고 있다. 그들은 빵을 세 명이 똑같이 나누어 식사하는 것에 대해 동의한다. 사냥꾼은 목동들에게 감사하고 그들의 빵에 대한 대가로 은화 8개를 지불한 후에 길을 간다. 목동은 은화를 어떻게 나누어야 할까?

해결책은 다음과 같다. 각 사람이 빵 $\frac{8}{3}=2\frac{2}{3}$ 덩어리를 먹었다. 빵 다섯 덩어리를 가진 목동은 사냥꾼에게 빵 $5-2\frac{2}{3}=\frac{15-8}{3}=\frac{7}{3}$ 덩어리를 주었고, 다른 목동은 단지 빵 $\frac{1}{3}$ 덩어리를 주었다. 첫 번째 목동과 다른 목동이 준 빵의 비는 $\frac{7}{3}:\frac{1}{3}=7:1$이다. 그러므로 첫 번째 목동은 은화 여덟 개 중 일곱 개를 받고, 다른 목동은 은화 한 개를 받아야 한다.(사냥꾼은 빵 한 덩어리당 은화 $8\div\frac{8}{3}=3$ 개를 지불했지만, 그건 문제에서 물어보지 않았다.)

이 문제는 매우 쉽다. 그 다음 문제에서는 우리는 어떻게 시작해야 할까?

> 자동차의 현재 나이는 그 자동차가 현재의 엔진 나이만큼 되었을 때 그 엔진 나이의 두 배이다. 자동차의 나이와 엔진 나

이의 비는 얼마인가?

모든 정보를 담고 있는 한 문장 속에 두 가지가 연결되어 언급되어 있으므로 풀기 어려운 점이 있다. 이것은 헷갈리지만 흥미로우며 이제 어떻게 진행되는지 알아보자. 관련된 세 개의 수가 있으므로 그 각각에 기호를 붙여보자. c는 자동차 나이, e는 엔진 나이, d는 그 자동차가 현재의 엔진 나이만큼 되었을 때가 몇 년 전인지 나타낸다. 아마도 이것을 분명히 하는 또 다른 방법은 d는 자동차의 현재 나이 c와 엔진 나이 e의 차이, 즉 $c=d+e$라는 것이다. 다음에 이 수와 관련되어 우리가 알고 있는 것을 적어 놓자. 방금 말했듯이 $d=c-e$, 예를 들어 자동차가 10년 되었고 엔진이 7년 되었으면 $10-7=3$년 전, 자동차는 엔진의 현재 나이였다. 현재 자동차의 나이는 d년 전의 엔진의 나이보다 두 배이므로 다른 정보의 일부는 식 $c=2(e-d)$에 반영된다. 우리가 얻는 이 작은 방정식에서 d를 $c-e$로 대체하면

$$\begin{aligned} c &= 2(e-d) = 2(e-(c-e)) = 2(e-c+e) \\ &= 2(2e-c) = 4e-2c \end{aligned}$$

가 된다. 이 방정식의 양쪽에 $2c$를 더하면 $3c=4e$이므로 c와 e의 비는 $4:3$이다.

과학적 표기법

수의 과학적 표기법이란 매우 크거나 작은 양의 측정 기록의 표준방법을 구성하므로 과학 실험에서 중요하기 때문에 그렇게 불린다. 그리고 어느 정도까지는 정확성을 가진 것으로 알려져 있다. 그런 이유로 종종 표준 형식이라고 불리며, 1과 10 사이의 수와 10

의 적절한 거듭제곱을 곱한 값으로 구성된다. 예를 들어 진공 상태에서의 빛의 속도는 대략 300000000 m/sec이고 표준 형식으로 나타내면 3×10^8 m/sec이다. 표준 형식은 긴 문자열 0을 작성해야 하는 불편함을 피하게 해준다. 예를 들어 화학에서 1몰의 물질에 들어 있는 원자의 수를 나타내는 아보가드로 상수가 있다. 유효숫자 세 자리로 나타내면 그 값은 6.01×10^{23}이다.

과학적 표기법은 아주 작은 것을 다룰 때 특히 중요하다. 극단적인 예로, 양자 역학에 플랑크 상수가 있으며, 유효숫자 다섯 자리로 나타내면 그 값은 6.6262×10^{-34} (joule seconds)이다. 이것을 십진법으로 나타내면 $0.0000 \cdots 00066262$가 되며 여기서 유효숫자 자릿수 앞에 34개의 0이 나타나는데 이것은 실험측정을 통해 알려졌다.

모든 계산은 과학적 표기법으로 수행될 수 있으며 관련된 수가 양수이든 음수이든 관계 없이 10의 큰 거듭제곱을 특징으로 한다면, 이는 종종 계산을 표현하는 가장 좋은 방법이다. 예를 들면

$$\begin{aligned}(3.14 \times 10^7) \times (6.21 \times 10^6) &= (3.14 \times 6.21) \times 10^7 \times 10^6 \\ &= 19.5 \times 10^{7+6} = 19.5 \times 10^{13} \\ &= 1.95 \times 10^{14}\end{aligned}$$

$$(2.4 \times 10^{18}) \div (1.1 \times 10^{11}) = (2.4 \div 1.1) \times 10^{18-11} = 2.2 \times 10^7$$

이다.

10의 거듭제곱은 결과적으로 0의 개수를 셈할 때, 단순히 곱셈의 경우에는 지수를 더하고 나눗셈의 경우에는 뺀다. 과학적 계산에서 관련된 수는 일반적으로 측정값이므로, 최종 결과의 유효숫자의 개수는 입력한 모든 수의 유효숫자의 개수를 초과할 수 없다. 왜냐하면 유효숫자의 개수가 측정의 정확도를 말할 수 있기 때문이다. 예를 들어 정확한 값은 $3.14 \times 6.21 = 19.4994$이지만, 위의 답에서 유효숫자 세 자리로 반올림해야 한다.

일반적인 방법으로 1 ~ 10 범위의 수에 대해 곱셈과 나눗셈을 수행할 수 있다면, 모든 곱셈과 나눗셈을 수행할 수 있다. 이것이 로그를 통한 계산의 기초이다. 1과 10 사이의 각각의 수를 10의 어떤 거듭제곱으로 표현한 최종 표가 작성되었으며, 이 거듭제곱은 수의 상용로그라고 불린다. 곱셈에 대한 답의 로그는 지수를 계속 더한 다음 로그표를 거꾸로 조사하여 답을 다시 표준 형식으로 변환함으로써 간단히 찾을 수 있다. 밑이 10인 로그의 첫 번째 표는 1617년 옥스퍼드의 브릭스(H. Briggs)가 로그 개념의 창시자인 네이피어(S. Napier)와 함께 만들었다.

평균의 의미

평균은 데이터 집합을 요약해서 보여주는 하나의 수이다. 이 수는 일반적인 값을 나타내기 위한 것으로, 데이터의 중심점을 합리적으로 말할 수 있는 위치를 나타낸다. 통계학에서 발생하는 일반평균을 살펴본 다음, 보다 순수한 수학적 성격의 평균을 살펴보자.

통계적 평균

일반평균 또는 산술평균은 주어진 데이터 집합의 일반적인 평균이다. 그것을 구하기 위해 관련된 모든 수를 합산하고 가진 수의 총 개수로 나눈다.* 예를 들어 주사위 눈의 평균은 $(1+2+\cdots+6)/6 = 21/6 = 3.5$이다. 즉시 우리는 이 평균의 단점 중 하나를 알게 된

* 미디어라는 단어와 마찬가지로, 데이터는 복수형이며, 단수형은 각각 미디엄과 데이텀이다. 그런 이유로 우리는 이 데이터보다는 차라리 이들 데이터라고 말해야 한다. 그러나 데이텀이라는 단어는 오히려 매력이 없어서 많이 사용되지 않으므로 지나치게 관심을 보이는 것은 약간 현학적이다.

다. 데이터 집합이 완전히 정수로 구성되어 있으면 일반평균은 일반적으로 정수가 아니다. 그리고 평균은 원래 데이터 집합에 없으며 가능하지도 않은 수일 수도 있다. 예를 들어 평균 미국 가구의 구성원 평균이 1.9 명이라고 가정하자. 그 의미는 가구수에 1.9 를 곱하면 인정된 가구에 사는 미국의 전체 인구수에 도달한다는 것이다. 따라서 가구가 실제로 그 크기가 될 수 없더라도 가구의 평균 크기에 대해 이야기하는 것이 합리적이다.

한편 실험자가 두 개의 다른 모집단을 마치 하나인 것처럼 취급하고 이 공동 모집단을 기반으로 통계를 계산하면 평균의 개념을 잘못 사용하는 경우도 있다. 예를 들어 아주 순진한 생물학자가 거미와 곤충 사이의 근본적인 차이를 인식하지 못하고 벌레라는 단일 분류로 취급했다고 가정하자. 그의 벌레 표본에 10 마리의 거미와 10 마리의 곤충이 포함되어 있다면 그는 총 다리 수를 세어 20 으로 나눠서 "벌레는 평균적으로 일곱 개의 다리를 가진다."라고 결론을 내릴 수 있다. 그러나 그의 평균이 정수임에도 불구하고 전혀 다른 종류의 유기체를 혼동하여 바보 같은 결론에 이르렀다. 이 말도 안 되는 것을 극단적으로 생각하면 "보통의 인간은 유방 한 개와 고환 한 개를 가진다."와 같은 농담을 하게 된다. 이런 종류의 실수는 당연히 농담이지만 집단 내에서 하나 이상의 별개의 모집단을 인식하지 못하는 문제는 흔하게 일어나며 때로는 데이터를 수집할 때까지 분명하지 않다. 예를 들어 어른의 평균 신장을 조사할 때는 남성과 여성을 구분하는 것이 중요하지만, 다른 실험을 정량화할 때는 덜 중요할 수도 있다. 표본 조사를 실시할 때 표본 채취자가 지나치게 신중하고 추정하려는 양과 관련하여 통계적으로 유의한 차이가 없는 모집단의 두 부분을 구분하는 데 주의를 기울인다면 돈을 낭비할 수 있다. 표본을 계층화하는 가장 좋은 방법은 종종 경험으로부터 알게 되기 때문에 사전에 결정될 수는 없다.

일반평균의 한 가지 긍정적인 특징은 각 데이텀의 실제 값을 고려한다는 점이며 이것이 통계의 실용적인 힘이다. 예를 들어 과거에 선박의 선장은 별의 위치, 나침반 방위 등의 측정에 크게 의존했다. 단일 측정은 아주 부정확할 수 있으므로 관례는 그것을 여러 측정값의 평균으로 대체하여 개발했다. 단일 측정값은 매우 가변적인 것으로 나타난 반면에 이 평균값은 표식에서 멀리 떨어지지 않았다는 것이 직관적으로 느껴졌다. 이 실용적인 과학 원리는 측정 과정이 체계적으로 잘못되지 않는 한 측정값이 많을수록 평균값이 참값에 매우 근접할 확률이 높아진다는 확고한 수학적 근거를 가지고 있다. 그러나 선장의 천체관측기인 아스트롤라베가 제대로 조정되지 않았다면, 그가 측정한 평균값이 일관될지는 몰라도 단순히 그의 장비 결함 때문에 여전히 잘못된 것이 된다.

그러나 평균은 나머지 데이터 범위를 훨씬 벗어나는 수인 특이한 값에 민감하므로, 각 데이텀에 대해 평균이 나타내는 동등한 면은 약점일 수 있다. 예를 들어 하루에 담배 한 갑을 피우는 흡연자가 한 명 포함된 가정의 구성원이 일곱 명인 경우, 일주일에 그 가정의 각 구성원이 피우는 담배의 평균 개수는 스무 개이다. 이 점은 사실이지만 그 가정의 거의 모든 구성원이 전혀 담배를 피우지 않기 때문에 현실을 드러내기보다는 감추게 된다.

더 일반적으로, 관련된 수가 평균 주위에 대칭으로 퍼져 있지 않고 오히려 편향된 경우에는 평균이 데이터 집합의 중심점에 대한 아주 좋은 척도를 제공하지 않는다. 한 예로 평균 소득을 들 수 있다. 일반적으로 인구의 약 1/3만 평균을 초과하여 벌고 있으며, 67퍼센트의 사람들이 힘들게 살고 있다고 느낀다. 이것은 평균 이상의 급여를 받는 사람들이 종종 평균보다 훨씬 더 많은 돈을 벌기 때문에 발생한다. 사회 정의에 대한 논쟁을 하지 않고도, 평균이 범위의 한쪽 끝에 너무 가까울 때 중심경향성의 좋은 척도가 아니라고 말하는 것이 타당하다. 이 상황에서 데이터 집합의 중앙값이 더 나은 지표일 수 있다. 중앙값은 데이터 집합의 절반이 아래에 있으며 나머지 절반은 위에 있는 값이다. 그것은 50번째 백분위수이다. 소득 데이터의 경우 중앙값은 사람들에게 모집단에서 '전형적인' 사람과 비교하여 그들이 위치한 곳을 더 잘 알 수 있게 한다.

일련의 수의 중앙값을 계산하려면 데이터를 순서대로 정렬한 다음 가운데 수를 택해야 한다. 예를 들어 3, 3, 5, 8, 12, 13, 13의 중앙값은 가운데 수인 8이다. 이 경우와 같이 데이터 개수가 홀수인 경우 중앙값은 항상 실제 데이터 집합의 수이다. 그러나 우리가 짝수 개의 정보를 가지고 있다면, 우리는 일반적으로 중앙값을 중간 쌍의 평균값으로 취한다. 이것은 약간 허튼소리같으나 대개 큰 데이터 집합의 경우 거의 차이가 없다. 그러나 그것은 중앙값에 결함이 있음을 말한다. 즉 중앙값이 데이터 집합에 없을 수도 있고 실제 세계에서 불가능한 값일 수도 있다는 것이다.

예를 들어 주사위 한 개를 한 번 굴려서 나올 수 있는 수의 중앙값은 $\frac{3+4}{2}=3.5$이며, 이는 정수가 아니며 실제로는 평균과 같은 수이다. 일반적으로 데이터가 평균에 대해 대칭으로 정렬되면 평균 및 중앙값이 매우 근접한 경향이 있다. 데이터 집합이 한쪽 끝으로 편향될 때에만 평균과 중앙값 사이에 유의미한 차이가 나타난다.

중앙값은 수학적 관점에서 볼 때 매우 좋은 통계는 아니다. 그것은 모든 수의 전체 값을 포함하지 않기 때문에 오히려 부적절하다. 예를 들어 첫 번째 예에서 마지막 값인 13을 113으로 바꾸어도 전혀 문제가 되지 않는다. 중앙값은 수 목록을 순서대로 정렬하는 작업이 많이 필요하기 때문에 계산하기 곤란할 수도 있다. 주어진 100개의 수는 평균을 계산하는 것이 그리 어렵지 않지만 중앙값을 찾는 데는 꽤 많은 시간이 걸린다.

중심 경향의 세 번째 일반적인 척도는 가장 인기 있는 값인 최빈값이다. 그것은 앞에서의 평균과 중앙값보다 항상 데이터 집합의 구성원이라는 점에서 이점이 있으며 사실 가장 일반적이다. 예를 들어 사람 수는 분수를 절대 포함하지 않으므로 가구당 인구수의 최빈값은 3 이라고 하자. 이 최빈값의 단점은 가장 인기 있는 값을 제외한 모든 값을 무시한다는 것이다. 예를 들어 한 집단의 어린이들이 파란 눈을 가진 어린이 30명, 갈색 눈을 가진 어린이 18 명, 다른 색 눈을 가진 어린이 6 명으로 구성되었다면 눈의 색의 최빈값이 파란색이라고 말하는 것은 적절하다. 그러나 그 집단의 평균 또는 중앙값인 눈의 색깔을 계산하려고 시도하는 것은 의미가 없다.

데이터가 상당히 균등하게 퍼져 있다면 최빈값은 거의 또는 전혀 의미가 없다. 예를 들어 일반 주사위의 면에는 1 에서 6 까지 수가 한 번씩 나타난다. 여섯 가지 가능성 모두 동등한 최빈값이다.

평균과 중앙값에 대한 강조가 다소 잘못된 또 다른 예는 특정 위치에서 정오의 구름의 양을 가장 가까운 정수로 백분율 표시하는 것이다. 구름으로 가득 찬 하늘의 평균 구름의 양은 50 퍼센트일 수 있다. 그러나 지구 표면의 많은 곳에서는 하늘이 완전히 쾌청하거나 전부 구름으로 덮여 있는 두 극단 중 하나가 일반적이다. 물론 부분적으로 구름으로 덮일 수도 있지만 비교적 급변할 듯하며, 완전히 쾌청하거나 전부 구름으로 덮이도록 빠르게 전환한다. 이 경우 최빈값은 0 또는 100 으로 그 사이의 수는 아니다. 이 데이터 유형의 경우 평균, 중앙값 및 최빈값 중 어느 것도 변수의 일반적인 값을 잘 나타내는 것은 아니다.

수학적 평균

적어도 세 종류의 다른 평균이 있음을 알았다면, 그 값을 계산하기 전에 평균을 구성하는 성질이 무엇인지 조사하는 것이 타당하다.

수의 집합의 평균은 그 자체가 하나의 수이며, 집합의 최솟값과 최댓값 사이에 놓이는 하나의 수이다. 이것은 당연하다. 또한 좋은 평균이기 위해서는 일부 해석에서 데이터 집합의 중심을 나타내야 한다.

a와 b의 산술평균 A ($a \le b$인 경우)가 a와 b의 중간에 있기 때문에 세 개의 수 a, A, b는 등차수열을 형성하므로 수열의 연속한 수의 쌍 사이의 간격은 동일하다. 실제로 A는 그러한 수열을 만드는 a와 b 사이의 유일한 수이다. 이 점을 고려하여 a와 b의 기하평균을 수 G로 정의하여 a, G, b가 등비수열이 되도록 할 수 있다. 이것이 이치에 맞으려면 $ar = G$ 및 $Gr = b$가 성립하는 공비 r이 있어야 한다. G에 대한 적절한 값은 $\sqrt{ab}$이다.* 예를 들어 $a = 4$이고 $b = 9$이면 $A = 6.5$이고 $G = \sqrt{36} = 6$이다. 일반적으로 n개의 수 $a_1, \cdots, a_n$에 대하여 기하평균은 그 곱의 n제곱근이다.

산술에서 기하평균으로 넘어가는 또 다른 방법은 A의 정의를 택하여 각 산술 연산을 연산체계의 다음 단계로 대체하는 것이다. 즉 덧셈을 곱셈으로 대체하고 $1/2$을 곱하는 것을 지수 $1/2$인 거듭제곱, 즉 제곱근으로 대체하는 것이다. 그러면 A에 대한 표현은 G에 대한 표현이 된다. 두 수 a와 b의 기하평균은 변의 길이 G를 갖는 정사각형이 변의 길이 a와 b를 갖는 직사각형과 동일한 넓이를 갖는다고 추가적으로 해석할 수 있다.

피타고라스 학파가 음악에서 발견한 세 번째 특이한 평균은 일련의 수의 조화평균 H이다. 역수들이 등차수열을 형성하면, 즉 $1/H$이 a와 b의 역수들 사이의 중간에 있다면, 세 수 $a < H < b$가 조화수열을 이룬다고 말한다. 그러면 H가 a와 b의 조화평균이라고 말한다. 대수학을 조금 이용하면 다음과 같이 결론지을 수 있다.

---

* 첫 번째 방정식을 두 번째 방정식으로 대체하면, $ar^2 = b$이므로 $r = \sqrt{\frac{b}{a}}$이고 $G = ar = a\sqrt{\frac{b}{a}} = \sqrt{ab}$이다.

$$\frac{2}{H}=\frac{1}{a}+\frac{1}{b} \text{ 로부터 } H=\frac{2ab}{a+b} \quad (*20)$$

예를 들어 $a=4$ 이고 $b=9$ 이면 $H=\frac{72}{13}=5\frac{7}{13}$ 이다. 조화평균의 의미는 두 수 이상으로 확장된다. n 개의 수의 조화평균은 그 수들의 곱을 그 수들의 합으로 나누고 n 배한 수이다,

세 가지 평균에 관한 기본적인 사실은 $a<b$ 이면 상대적 순서는 항상 다음과 같다.

$$a<H<G<A<b$$

(물론 $a=b$ 인 경우 a 와 b 의 평균은 어느 것이든지 공통인 값과 같아야 한다.) 이것을 해석하면 결국 $\sqrt{2}$ 와 다른 제곱근의 계산을 필요한 정도의 정확도까지 제공하는 알렉산드리아의 헤론(AD 150)의 고전적 방법을 만회할 수 있다.(*20)

고대 바빌로니아인들은 이 세 가지 평균을 인식했고, 그리스인들은 수 a, b 및 m 의 비에 관한 규칙에 따라 목록에 일곱 개의 다른 평균 m 을 추가했다. 제3의 평균에 붙어 있는 조화라는 이름은 기원전 5세기의 타렌툼(Tarentum)의 통치자인 그리스의 아르키타스(Archytas)가 만들었다. 그는 어린이들을 좋아하고, 그들을 위한 온갖 종류의 장난감을 발명했으며, 국정에 수의 규칙을 강조한 무적의 장군으로 알려져 있다. 수학 교육 과정의 네 가지 분야인 산술(움직이지 않을 때의 수), 기하(움직이지 않을 때의 크기), 음악(움직일 때의 수) 및 천문학(움직일 때의 크기)을 일컫는 4과(quadrivium) 역시 그가 만들었다. 4과는 문법, 수사학, 변증법을 일컫는 3과(trivium)와 함께 일곱 가지 교양 과목을 구성하게 되었다. 그는 음악에 대해 예리하게 해석하였으며, 소리를 전달하는 진동으로 인해 발생하는 음파의 속도가 다양하기 때문에 음의 높낮이가 달라진다고 확신하였다.

역수의 합의 역수라는 개념은 속도와 관련된 다른 문제에서 꽤

흔하게 사용된다. 다음 예는 전형적인 사례로서 어려우면서도 재미있는 문제이니 한 번 풀어보자.

> 냉수 수도꼭지는 6분 안에 욕조를 채우지만 온수 수도꼭지는 8분이 걸린다. 같은 시간에 양쪽 수도꼭지를 사용하여 욕조를 채우는 데는 시간이 얼마나 걸리겠는가?

욕조의 부피를 1단위로 택하면 냉수와 온수 수도꼭지는 각각 $\frac{1}{6}$ 및 $\frac{1}{8}$ 단위/분의 속도로 욕조를 채운다. 그러면 결합된 비율은 이 두 단위분수의 합계, $\frac{1}{6}+\frac{1}{8}=\frac{4+3}{24}=\frac{7}{24}$ 단위/분이다. 역수를 나타내기 위해 -1의 지수를 사용하면, 즉 분수를 거꾸로 뒤집으면 요구되는 시간은

$$\left(\frac{1}{6}+\frac{1}{8}\right)^{-1}=\frac{24}{7}=3\frac{3}{7}\text{ 분}$$

이다. 욕조를 $\frac{7}{24}$ 단위/분으로 $\frac{24}{7}$분 동안 채운다면 물의 총 부피는 $\frac{7}{24}\times\frac{24}{7}=1$, 즉 욕조에 가득 차게 된다. 욕조를 채우는 데 걸리는 시간은 약 3분 26초이다.

역수를 통해 양을 더하는 또 다른 사례는 병렬 회로의 저항이다. 이것은 회로가 작동하는 간단한 방법이다. 그림 5.1 (a)에서 배터리 전원을 가지고 있다고 하자. 그 배터리 양끝은 전선으로 연결되어 있고 전류가 회로 주위에 (+)에서 (−)로 흐르도록 한다. 전류 흐름은 그림과 같이 전류 경로에 배치된 저항기에 의해 억제된다.

이 상황에서 일정한 것은 전자로 알려진 각 하전 입자가 회로 주위를 흐를 때 전달하는 에너지를 측정하는 배터리의 전압 V이다. 예를 들면 전압은 전류 I와 저항 R의 곱과 동일한데 편의상 1볼트라고 하겠다. 즉 I와 R은 그들의 곱이 상수 V인 방식으로 하나가 증가하면 다른 하나는 감소하므로 서로 반비례한다. 이 경우

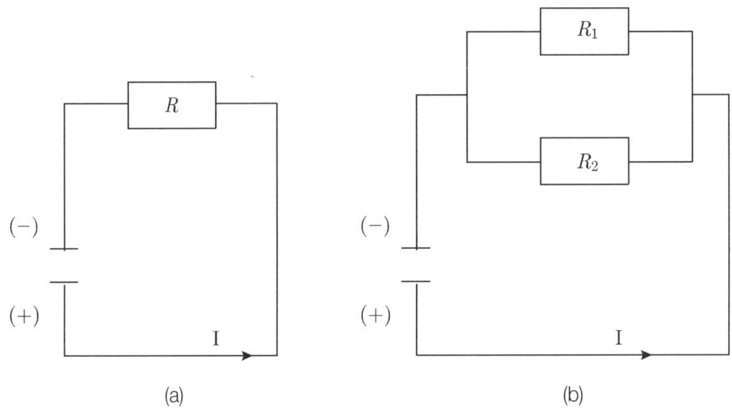

▶ **그림 5.1** 간단한 회로와 병렬 회로에서의 저항 ◀

$IR = 1$ 이다.(전류의 기본 단위는 암페어이고 저항의 기본단위는 옴이다.)

저항이 각각 R_1 과 R_2 인 두 개의 저항기를 차례로 배열하면 직렬로 연결되었다고 한다. 회로의 총 저항은 $R_1 + R_2$ 이고 이 경우 전류는 그 합의 역수가 된다.

보다 흥미로운 상황은 저항기가 병렬로 배열될 때이다(그림 5.1 (b) 참조). 전류는 다행히 회로의 양쪽의 지류로 흐를 것이므로 각각은 서로 독립적으로 작동한다.(전류의 경로가 다시 만나는 경우라 할지라도 전선 자체는 무시할 정도로 작은 저항을 가지므로 전류의 두 흐름이 합치는 데에 따르는 지연 효과가 없다.)

각 지류에 의해 전달되는 전류는 각각 $I_1 = \frac{1}{R_1}$ 및 $I_2 = \frac{1}{R_2}$ 이다. 회로를 통해 흐르는 총 전류는 $I = I_1 + I_2$ 이며, $R = \frac{1}{I}$ 은 두 개의 병렬 저항기의 유효 저항이기 때문에 이전 방정식에 있는 I, I_1 및 I_2 를 각각 해당하는 저항의 역수로 대체하면

$$\frac{1}{R} = \frac{1}{R_1} + \frac{1}{R_2} \quad 즉 \ R = \left(\frac{1}{R_1} + \frac{1}{R_2}\right)^{-1}$$

이 되어 위에서 언급한 결론에 도달한다. 요약하면, 직렬 회로에서 저항은 추가되지만, 병렬로 연결될 때는 저항의 역수들이 추가된다.

6장

새로운 수의 자취

이번 장의 전략은 수 0과 당연하게 여기는 자연수를 택하여 0, 1, 2,… 에 대해 일반적인 질문과 산술 연산이 이끄는 대로 따라가는 것이다. 이것은 "3 − 4는 무엇인가?"라는 곤혹스러운 질문을 안겨준다. 한 가지 대답은 이 질문에 대한 답이 없다는 것이고(2장에서의 오리에 대한 논쟁을 상기하자.) 답이 없는 채로 기꺼이 그대로 남겨두어야 한다. 수에 관한 갈증을 만족시키기 위해 새로운 수를 고안하려는 시도는 본질적으로 의미가 없기 때문에 실패와 혼란에 빠질 것이다.

이것은 충분히 타당한 생각이지만 단지 의견일 뿐이다. 불확실성에 직면한 예측과 마찬가지로, 그 가치는 테스트를 통해 판단될 수 있다. 게다가 그 주장은 스스로 자초한 방식에 따라 반박에 취약한 상태이다. 세상에는 오리의 수를 세는데 필요한 것 이상의 수치적 묘미를 가진 것들이 있다. 예를 들어 현실에서 기꺼이 받아들여야만 하는 채무를 생각해보자. 결국 빚인 채무의 산술을 하려면 양수와 음수 모두 다루는 방법을 알아야 한다.

채무에 대한 관심을 잠시 제쳐두고, 오랫동안 수학을 잘 활용하려면 계산에 사용되는 수의 종류에 대해 제약을 두지 말아야 한다고 두 세기 동안 주장해 왔다. 수학은 신뢰할 만하며 계산하다가 수의 세계에서 우리가 의도하지 않은 곳으로 이동하더라도, 답의 의미가 즉시 명백하지 않더라도 수 때문에 어려움에 처하지는 않는다. 이런 종류의 대화가 설득력을 가지기 위해서는 예를 들 필요가 있다. 물론 몇 문장으로 정말로 정교한 수학의 역할을 명확히 설명할 수는 없지만, 그 역할을 충분히 빠르게 할 수 있는 간단한 사례가 있다. 평범한 양수만 포함하는 계산 문제를 보자. 이것은 실제로 돈에 관한 문제이다.

1달러 지폐를 동전으로 바꾸는 방법에는 몇 가지가 있는가?

사용할 수 있는 동전 종류는 일반적인 1센트, 5센트, 10센트 및 25센트 동전이다. 25센트 동전 네 개, 5센트 동전 열 개와 10센트 동전 다섯 개 등 많은 방법이 있다. 이 문제는 일반적으로 조합이라는 유형으로, 유한 셈을 포함하므로 원칙적으로 모든 가능성을 나열하고 계산하여 해결할 수 있다. 그러나 실제로 수학자들이 어떤 개념을 설명하기 위한 단순하고 간단한 예제일지라도 매우 어렵다. 현대 이산수학의 많은 응용문제는 수많은 가능성에 대처하기 위해 조합의 다양성을 요구하는 문제이다. 실제로 이것들에 길들여지기 위해서는 독창적인 수학과 잘 설계된 소프트웨어의 결합에 힘을 쏟아야 한다. 이러한 이유로 조합론은 실제로 셈하지 않는 연산 기술로 불려왔다.

이전 유형의 문제는 학교 수학을 약간 넘어서는 기법을 사용하면 해결될 수 있다. 대수적 방법 하나는 기하적인 관련 급수의 합 기법을 사용하고, 이어서 미지수 x에 대한 기호를 포함하는 분수를 더 단순한 분수의 합으로 나누는 표준 방법인 부분분수의 방법을 사용하는 것이다. 질문에 대한 답은 이 특정 문제를 설명하는 수를 연결함으로써 얻을 수 있다. 그러나 중요한 점은 문제를 대수적으로 처리하기 위해서는 음수와 분수뿐만 아니라 때로는 -1의 제곱근인 허수 i를 포함하는 복소수가 필요하다는 것이다. 물론 최종 답은 단순한 양의 정수이지만 계산하는 과정에는 매우 다른 종류의 수들이 포함된다. 일종의 가식인 철학적인 반대라는 명분으로 고집을 부려 복소수를 사용하는 것을 거부한다면, 모든 중요한 문제에 대한 해결책은 영원히 얻지 못할 것이다.

정수는 '수'라는 빙산의 일부분에 불과하다. 이 일부분은 물론 우리가 발견한 첫 번째 것이다. 당분간 배 양측의 수면 아래를 보지 않고, 우리가 보는 일부분이 빙산의 전부라고 믿을지 모른다. 그러나 19세기의 위대한 업적 중 하나는 수의 진정한 영역은 1차원이 아니라 2차원이라고 완전히 인식한 것이다. 복소수 평면은 수학 전체는 아닐지라도 대부분의 경우 담론의 자연스러운 영역이다.

양수와 음수

정수는 양의 정수, 음의 정수, 0으로 이루어진 집합을 말한다. 이 집합은 자주 $\mathbb{Z}$로 표기되며 따라서 양쪽으로 무한하다.

$$\mathbb{Z}=\{\cdots,-4,-3,-2,-1,0,1,2,3,4,\cdots\}$$

정수는 '수직선'이라 불리는 수평선을 따라 순서대로 균등하게 분포된 점에 위치한 것으로 자주 그려진다. 이런 수학적 표현은 비유 이상이며 실제로 사용된다. 정수가 익숙한 사람이라면 주제가 언급되는 즉시 머릿속에 수직선 그림을 그리게 된다. 그것은 유클리드나 아르키메데스에게 일어나는 이미지가 아니라 수에 대한 비교적 현대적인 사고방식이라는 것을 상기하기 바란다.

정수의 산술을 수행하기 위해 알아야 할 추가 규칙은 다음과 같이 요약할 수 있다.

(a) 음의 정수 $-m$을 더하거나 빼기 위해서는 덧셈의 경우 m만큼 왼쪽으로 이동하고 뺄셈의 경우 m만큼 오른쪽으로 이동한다.

(b) 정수에 $-m$을 곱하려면 정수에 m만큼 곱하고 부호를 변경한다.

즉 음수의 덧셈과 뺄셈은 양수의 덧셈, 뺄셈과 반대이다. 수에 -1을 곱하면 부호가 바뀐다. 예를 들면 $3+(-5)=-2$, $3\times(-5)=-15$, $(-1)\times(-1)=1$이다.

마지막의 결과 식에 짜증내지 말아야 한다. 예를 들어 음수에 양수를 곱하면 음수가 된다. 채무(음의 값)에 이자(1보다 큰 양의 정수)가 발생할 때 결과는 더 큰 채무, 즉 더 큰 음수가 된다. 음수와 다른 음수의 곱셈은 일관성 있게 반대 결과인 양수가 되어야 한다. 이중 부정은 긍정이 된다는 것이 일상 언어와 같은 다른 환경에서는 흔한 일이다. 물리적인 해석이 쉽지 않기 때문에 음수 두 개를 곱하면 어떤 결과도 없어야 한다는 반대론에 쉽게 넘어갈 수 있다. 그러나 위에 이유를 설명했듯이 수학이 발전되기를 원한다면 그러한 의혹에 집착하지 않아야 한다. 음수 두 개의 곱셈이 양수라는 사실은 정수라는 확장된 수 체계가 자연수의 원래 수 체계를 대체하고 확장된 체계가 대수학의 모든 일반적인 규칙을 계속해서 따라야 한다는 가정에 근거하여 공식적인 증명을 쉽게 받아들일 수 있다.(*21) 이것을 무의미한 해석과 혼동해서는 안 된다. 하나의 채무에 다른 채무를 곱하여 신용을 얻을 수 없는 것이 사실이긴한데, 그 이유는 돈 더미를 신용이나 채무로 여기는지 여부와 상관 없이 돈 한 더미에 다른 더미를 곱하는 것이 이치에 맞지 않기 때문이다.

분수와 유리수

뺄셈이 음수로 이어지는 것과 같은 방식으로, 나눗셈 연산은 자연수 집합에서 더 큰 분수 집합으로 이어진다. 그러나 우리가 만나는 새로운 산술의 본질은 전혀 다른 성격을 띠고 있다. 비록 음의 정수를 다룰 때 종종 불편함을 느낄지라도, 위에서 설명한 정수 집합의 산술 규칙은 전혀 복잡하지 않고 오직 양수로 산술 연산할 때 필요한 것을 거의 넘지 않는다. 그러나 분수의 필요성은 처음부터 인지되었지만, 그 계산을 정하는 좋은 방법이 분명히 보이지 않았고, 오히려 분수의 계산은 비교적 복잡하다.

고대 이집트인들은 오직 정수의 간단한 역수인 분수 $\frac{1}{2}, \frac{1}{3}, \frac{1}{4}$ 등에 만족했다. 그들은 $\frac{3}{4}$ 같은 분수를 그 자체로 의미 있는 실체로 생각하지 않았고, 이 양을 역수 두 개의 합 $\frac{3}{4}=\frac{1}{2}+\frac{1}{4}$ 으로 기록했다. 그러나 그들은 $\frac{2}{3}$ 에 대하여 특별한 기호를 도입하면서 하나의 사소한 예외를 인정했다. 단위분수라고 불리는 것만을 인정해야 한다는 이러한 고집은 참신하고 흥미로운 문제를 제기한다. 그러나 그것은 잘못된 방향이었고, 그들은 아무 이유 없이 1 이외의 분자를 가진 분수를 거부했다. 그들이 주장한 바인 여러 개의 다른 단위분수의 합으로 분수를 나타내는 것이 가능하다는 것은 분명하지 않다. 그러나 그들은 그것을 용인했고, 이러한 확신은 불행한 결과를 가져왔을 것이다. 새로운 유형의 수가 등장할 때마다 이를 거부하려는 움직임을 수의 역사에서 많이 볼 수 있다. 그러나 아마 덜 해로운 편견이겠지만 십진법 산술에 대한 우리의 집착이 이런 편견 유형을 만든 또 하나의 사례이므로 너무 비판적이어서는 안 된다.

만약 $\frac{9}{20}$ 같은 분수의 이집트 분수 표현을 찾으려면, 주어진 수로부터 할 수 있는 가장 큰 단위분수를 빼고 나머지 그 자체가 단위분수가 될 때까지 이 과정을 반복할 필요가 있다. 이것은 항상 성립하며 관련 분수의 개수는 원래의 분수의 분자를 초과하지 않는다. 이것은 각 단계에서 아직 남아 있는 분수의 분자가 항상 이전 분수의 분자보다 작기 때문이다. 분명하지는 않지만 사실이다.(＊22) 이 예를 시도하면 분해

$$\frac{9}{20}=\frac{1}{3}+\frac{1}{9}+\frac{1}{180}$$

을 찾을 수 있다. 가능한 한 가장 큰 단위분수를 빼는 이런 접근법은 효과가 있지만 가장 짧은 분해를 만들지 않을 수도 있다. 이 경우 $\frac{9}{20}=\frac{1}{4}+\frac{1}{5}$ 이다. 5000년이 지난 지금, 분수의 가장 짧은 이집트 분수 표현을 발견하는 방법의 문제는 여전히 미해결 문제이다.*

분수의 곱셈은 쉽다. 분자와 분모를 함께 곱하면 된다. 예를 들어 $\frac{1}{3}\times\frac{1}{4}=\frac{1}{12}$ 은 곱셈이 $\frac{1}{4}$ 의 $\frac{1}{3}$ 을 의미한다고 해석하기 때문에 단위분수에서의 곱셈은 쉽게 알 수 있다. 분자가 단지 1이 아닌 경우에도 어떤 일이 진행되는지 여전히 알 수 있다.

$$\frac{2}{3}\times\frac{3}{4}=2\times3\times\frac{1}{3}\times\frac{1}{4}=6\times\frac{1}{12}=\frac{6}{12}=\frac{1}{2}$$

(항상 그렇듯이 곱셈하기 전에 곱을 삭제하는 것이 더 빠를 것이다. 그러나 주어진 예제는 분수가 왜 그렇게 되는지 밝히는 것이 목적이다.)

나눗셈은 해당 곱셈의 효과를 실행 취소한다. 2로 나눈다는 것은 2를 곱하는 것과 반대되는 효과가 있으므로 $\frac{1}{2}$ 을 곱하여 나눗셈을 한다. 일반적으로 이것을 다른 나눗셈에 실행하며, 예를 들어

* 그러나 아크밈(Akhmim) 파피루스의 기술을 사용하면 $\frac{9}{20}$ 를 두 개의 분수의 합으로 표현할 수 있다.

$\frac{3}{4}$으로 나눌 때 역수 $\frac{4}{3}$를 곱한다. 말하자면 하나의 수를 분수로 나누려면 반전된 분수를 곱한다. 약간의 어려움이 따르는 것은 분수의 덧셈(그리고 뺄셈)이다. 동일한 분모를 가진 두 분수는 단지 분자를 더하고 빼기를 함으로써 덧셈과 뺄셈을 할 수 있으나, 분모가 다르면 진정 그렇게 할 수 없게 된다. 그것은 진법이 다른 두 수를 더하는 것과 유사하다. 공통의 진법으로 변환한 뒤에야 덧셈을 할 수 있다. 분수에서도 마찬가지이다. 분수들을 공통분모로 변환한 후에야 덧셈과 뺄셈 작업을 수행할 수 있다. 일반적으로 최소공통분모를 찾아 수를 가능한 한 작게 유지한다. (신기하게도 최소공통분모라는 이 문구는 일상 언어에서는 일반적으로 공유하는 구조의 가장 나쁜 면을 의미한다. 그러나 산술에서는 작은 수가 다루기 좋고 큰 수는 다루기가 더 어렵다.)

이것은 두 분모 c와 d의 최소공배수이다. 우리가 선택할 수 있다면, c와 d를 함께 곱함으로써 공통분모를 찾을 수 있지만 c와 d의 최소공통분모는 cd/h이며, 여기서 h는 c와 d의 최대공약수이다.

언급된 방법은 학교에서 항상 가르쳐왔고 잘 적용된다. 그러나 여전히 이 방법은 만족스럽지 않고, 어색할 뿐만 아니라 답이 나와도 종종 실제로 쓸모가 없어서 별로 부각되지 않는다. 사람들은 소수 표현을 좋아한다. 이것은 단지 편견이 아니다. 최종 답에서는 주로 사용자가 주어진 양보다 답이 더 큰지 작은지 말할 수 있는 능력이 중요하다. 실제로 사용자는 때때로 단순히 관련된 양의 크기에 대한 명확한 느낌을 갖고자 한다. 보통 분수로는 확신할 수 없다. 예를 들어 분모 3, 4, 5를 갖는 단위분수 세 개를 더하자.

$$\frac{1}{3}+\frac{1}{4}+\frac{1}{5}=\frac{(4\times5)+(3\times5)+(3\times4)}{3\times4\times5}=\frac{20+15+12}{60}=\frac{47}{60}$$

답을 얻는다고 해서 훨씬 현명하다고 느끼는가? 고대 이집트인들이라면 결국 합을 처음 그대로 남겨두었을 것이다. 덧셈을 하는 것이 조금이라도 더 나은 것인가? 이 마지막 분수에 직면한 사람은 누구나 이 값을 아마 소수 0.783333…으로 변경하려고 할 것이다. 왜 이렇게 할 필요성을 느끼는가? 우리는 특히 이와 같이 무한소수로 전환하는 데 어떤 이점이 있는지 이미 정확한 답을 가지고 있다.

심리적으로 우리는 수의 제한된 집합에 대해서만 감각이 있다. 분수 형태의 답은 익숙한 수와 비교될 수 있다면 즉시 사용된다. 이 예에서 답이 1/2 보다 크다는 것을 알 수 있다. 그것은 무언가를 말하고 있지만 얼마나 더 큰지 알아내기 위해서는 방금 수행한 것과 동일한 양의 작업을 포함하는 뺄셈을 해야 한다. 그러나 소수 형태의 답을 가지고 있다면 즉각 1/2 이상일 뿐만 아니라 3/4 (=0.75) 이상이라는 것을 알 수 있으며, 그것이 이 분수보다 얼마나 더 큰지 정확하게 적을 수 있다. 0.0333…이 3/4을 초과하는 양이다. 분수를 소수 형태로 취급할 때, 정수에 대한 십진법 체계가 체계적으로 표현하고 비교하기 쉽다는 장점을 분수 영역에도 모두 적용한다. 예를 들어 소수로 표현할 때 첫눈에 $\frac{19}{24}=0.791666\cdots$ 이 $\frac{47}{60}=0.78333\cdots$보다 크다는 것은 분명하지만, 두 수를 분수로 표현했을 때는 명확하지 않다.*

소수는 고대 중국이나 중세 아랍국가에서도 사용된 것으로 발견되지만 실용적인 계산 방법을 향상시키기 위해 진지하게 노력한 16세기 후반에 유럽에서 널리 사용되었다. 그 당시 프랑스의 수학자 중 한 명인 비에트(F. Viète)는 1579년에 소수의 사용을 옹호했으나 현재까지 전문적인 수학자들에 의해 일상적으로 사용되는 새로운 혁

* 가장 빠른 방법은 교차 곱셈하는 것이다. $19\times60=1140>1128=24\times47$ 이므로 $\frac{19}{24}>\frac{47}{60}$ 이다.

신이 아니었다.* 그러나 소수는 1585년에 레이덴에서 출판된 스테빈(S. Stevin)의 작은 책《10분의 1에 대하여(De thiende)》에서 철저히 설명될 때까지 더 많은 대중에게 신비의 무언가로 남아 있었다.**

소수 양식에 대한 약속에는 동일한 원칙이 있어야 한다. 십진법 산술에서 우리는 임의의 수를 10의 거듭제곱의 배수의 합으로 쓸 수 있다는 사실을 이용한다. 분수를 소수로 나타낼 때, 그 수를 $\frac{1}{10}=0.1$의 거듭제곱의 합으로 표현하려고 한다. 불행히도 $\frac{1}{3}=0.333\cdots$처럼 간단한 분수조차 그렇게 전개할 수 없고, 소수 전개는 무한히 계속 된다. 우리가 단순하고 정확한 개념인 단위분수를 끝없는 계산 과정을 포함하는 복잡한 개념으로 대체했기 때문에, 분명히 옛사람들은 이런 표현을 갖지 못했을 것이다. 그러나 사실 우리는 (요구하는 정확도에 따라) 어떤 자릿수 이후는 절삭함으로써 정확한 분수에 근사한 유한소수로 어떻게든 그럭저럭 표현할 수 있다. 모든 작업이 계산기에 의해 수행되는 한 모든 것이 원활하게 진행된다. 모든 부정확성은 십진법을 이용하여 모든 작업을 수행하는 편리함과 비교하면 사소하다. 소수 전개는 모든 분수에 대해 하나의 공통분모를 가질 수 있다는 사실에 가장 가까운 것으로 생각할 수 있다.

그러나 "어떤 분수가 유한소수로 표현될까(그리고 어떤 분수는 안 될까)?"라고 물어보는 것은 자연스럽다. 답은 별로 많지 않다. 대개 분수를 소수로 전개하는 데에는 반복 패턴이 있다. $\frac{3}{22}=0.1363636\cdots$는 36 부분이 끝없이 반복된다. 모든 분수는 이러한 방식으로 순환소수를 생성하며, 순환 마디의 길이는 길어봐야 분모의

---

* 사마르칸트의 알 카시(Al-Kashi, 1436년경)는 자신을 소수의 창시자라고 생각했다. 중국의 자료로부터 실제로 알게 되었을 수도 있지만 그는 분명히 십진법과 육십진법(기저 60) 계산을 잘 활용했다. 그러나 아라비아에서는 십진법의 기록이 10세기까지 거슬러 올라간다.

** 스테빈은 '분수 없이 정수로 사람 사이에 필요한 모든 계산을 쉽고 아주 유별나게 수행하는 방법'을 설명하려고 하였다.

값보다 하나 더 짧다. 이것은 대응하는 긴 나눗셈 합을 수행할 때 어떤 일이 발생하는지 고려함으로써 알 수 있다. 분모가 n 이면 나눗셈의 각 단계 이후의 나머지는 $0, 1, \cdots, n-1$ 값 중 하나를 취한다. 어떤 단계에서 나머지가 0 이면 나눗셈이 끝나고 소수 전개도 끝난다. 예를 들어 $\frac{3}{8}$ 은 정확히 0.375 이다. 그렇지 않으면 나눗셈은 영원히 계속되나, 나머지가 불가피하게 반복되면* 억지로 다시 한 번 같은 나눗셈의 순환에 들어가게 될 것이고, 따라서 그 순환 마디의 길이가 $n-1$ 을 넘을 수 없는 반복 패턴을 갖게 될 것이다. 분모가 10 의 소인수인 2 와 5 의 곱이고 다른 어떤 약수도 없는 경우에 전개가 정확히 종료된다. 예를 들어 분모가 16, 40 및 50 인 분수는 종료되지만 1/14 및 1/15 과 같은 분수는 분모의 소인수 7 과 3 이 각각 이런 성질을 갖고 있지 않으므로 종료되지 않는다.

그러나 분수의 전개가 종료되는지 여부는 실제로 그 수 자체에 본질적이지 않지만 그 수와 전개를 위해 사용하는 진법의 관계에 따라 달라진다. 예를 들어 삼진법으로 작업했다면, 0.1 은 1/3 을 나타낸다. 소수점 이하의 1 은 소수 전개에서 1/10 이 아닌 1/3 에 해당하기 때문이다.

순환소수를 분수로 되돌리는 과정은 매우 간단하다.(∗24) 그것은 분수와 순환소수 사이에 일대일 대응이 있음을 보여주므로, 우리는 현재의 목적에 가장 적합한 표현을 사용할 수 있다.

분수의 집합은 우리가 필요로 하는 모든 수를 나타내는가? 음수까지 포함하는 분수의 집합은 유리수 집합을 형성하는데 이것은 정수와 그들 사이의 비로부터 나온 모든 수를 일컫는다. 분수의 집합은 덧셈, 뺄셈, 곱셈, 나눗셈의 네 가지 기본 산술 연산을 포함하는

* 여기에서는 비둘기집 원리를 사용하고 있다. n 개보다 많은 덮개로 n 개의 비둘기 구멍을 덮으려면 일부 구멍은 덮개를 두 개 이상 가질 것이다.(∗23)

모든 계산이 결코 유리수의 세계를 벗어나지 않는다는 점에서 산술 연산에 적합하다. 여기에 만족한다면 $\mathbb{Q}$로 표시되는 이 수 집합만 있으면 된다.

그러나 원한다면 더 나아갈 수도 있다는 뚜렷한 힌트가 있다. 현대의 전망은 수를 소수 전개로 식별하고 유리수의 경우 항상 순환 전개가 있다는 것이다. 그러나 이 패턴이나 다른 패턴이 없는 임의의 소수 전개를 쉽게 상상할 수 있다. 게다가 실제로 그러한 수를 지정하는 것이 어렵지 않다. 물론 무한소수 전개를 적을 수는 없지만, 그것을 특정한 패턴으로 지정할 수 있다. 이것이 단순한 순환 패턴이 아니라면 유리수가 아닌 수에 대해 이야기하고 있을 것이다. 예를 들어 연속적인 1 사이의 0의 개수가 각 마디에서 한 개씩 증가한다고 할 때 수 $a = 0.1010010001000010000001\cdots$에 대해서는 어떠한가? 이것은 십진법에서(또는 다른 어떤 진법에서) 유리수의 전개가 아니다. 분수로 표현할 수 없는 수인 무리수를 발견하는 것은 매우 쉬운 것 같다.(＊25)

유리수가 충분히 그 자체로서 가능한 세계를 형성하기 때문에 실제로 무리수가 필요 없다는 생각으로 스스로 만족할지도 모른다. 그러나 이것은 기하학에 측정을 적용하려고 하자마자 부서지는 매우 취약한 관점이다.

원의 원주와 그 지름의 비율인 수를 π라고 한다. 계산기에 이 수의 값을 요청하면 $3.1415927\cdots$ 로 나온다. 여기에는 순환한다는 힌트가 없다. 순환할 수도 있는데, 어떻게 알 수 있을까? 순환마디의 길이가 수천 자릿수가 될 수도 있고, 또는 수백만 자릿수가 될 때까지 순환 패턴이 시작되지 않을 수도 있다. 똑같은 방식으로 계산기에 $\sqrt{2}$ 의 값을 요구하면 답은 $1.4142136\cdots$ 이 되고, 다시 한 번 궁금증이 남게 된다. 이 경우에도 이 수가 유리수일지 모르지만 알 길이 없다.

그러나 피타고라스는 적어도 $\sqrt{2}$ 의 무리수 성질에 대해 알고 있었다.* 그리스인들은 소수 전개에 관해 생각하지 않았지만 눈금 없는 자와 컴퍼스의 기하학으로 만든 길이가 실제 양을 나타낸다는 것을 인식하게 되어 기뻐하였다. 특히, 피타고라스 정리는 직각삼각형의 짧은 변의 길이가 각각 단위 길이일 때 긴 변의 길이가 정확히 제곱근 2와 같다는 것을 나타낸다.(실제로 이를 알기 위해 피타고라스 정리가 필요하지는 않고, 어떤 고대 인도인의 주장으로도 충분하다.(＊26)) π 의 경우와 마찬가지로 순환 패턴이 보이지 않는다. 다른 몇 가지 수의 제곱근을 구하려고 시도할 수도 있다. 우선 완전제곱인 1, 4, 9, 16 등으로 시작하지 않는 한, 답에 제시된 소수 표기를 보면 결국 모든 제곱근이 유리수여야 한다고 생각할 수 없다.

피타고라스는 제곱근 2가 알려진 어떤 분수와도 같지 않다는 것을 증명할 수 있었기 때문에 무리수가 존재함을 보여주었다. 특히 변을 측정하는 것과 동일한 단위로 정사각형의 대각선을 측정할 수는 없다. 그것들은 근본적으로 양립할 수 없거나 고전에 기술되어 있는 것처럼 비교할 수 없다. 분수 22/7와 거의 같지만 그와는 다른 π에 대해서도 마찬가지이며, 제안할 수 있는 어떤 분수에서나 마찬가지이다. 이것을 증명하는 것은 매우 어렵지만 제곱근 2에 대한 질문은 간단한 모순적 주장에 의해 충분히 쉽게 해결될 수 있다. 먼저, 어떤 수 c에 대해서 c^2의 약수인 2의 가장 큰 거듭제곱의 지수가 c의 인수인 2의 가장 큰 거듭제곱의 지수의 2배이므로 특히 어떤 제곱을 나누는 2의 가장 큰 거듭제곱의 지수는 그 자체가 짝수여야 한다. 예를 들어 $24 = 2^3 \times 3$이며, $576 = 24^2 = 2^6 \times 3^2$ 인데, 이 경우에 제곱을 택할 때 수를 나누는 2의 가장 큰 거듭제곱의 지수가 실제로 3에서 6으로 두 배가 된다. 이것은 항상 사실이며 2의

* 오늘날 친숙한 기호인 $\sqrt{\ }$ 은 당연히 그리스어가 아니라 1525년에 루돌프(C. Rudolff)가 소개하였다. 뿌리(root)를 나타내는 글자 r 모양을 연상케 한다.

거듭제곱뿐만 아니라 원래 수의 어떤 소인수에도 실제로 적용된다.

이제 $\sqrt{2}$ 가 분수 a/b 와 같다고 가정하자. 이 등식의 양변을 제곱하면 $a^2 = 2b^2$ 을 추론할 수 있다. 이전의 관찰에 따르면 이 작은 방정식의 왼편을 나누는 2 의 가장 큰 거듭제곱의 지수는 짝수이고 오른편을 나누는 2 의 가장 큰 거듭제곱의 지수는(여분의 2 가 있기 때문에) 홀수이다. 이것은 이 방정식이 모순이라는 것을 보여주기 때문에 처음에 $\sqrt{2}$ 를 분수로 쓸 수 없어야 한다. 피타고라스와 마찬가지로 우리는 무리수와 직면한다.

이런 맥락에서, 어떤 수의 제곱근(또는 실제로는 세제곱근 또는 그 이상의 제곱근)을 택할 때 답이 정수가 아니라면 항상 무리수라는 것을 보여줌으로써 계산기로 제곱근을 계산할 때 왜 소수 표기가 순환 패턴을 보여주지 못하는지 설명이 가능하다.(＊27)

피타고라스는 마음에 내키지는 않았지만, 수학을 연구하기 위해서 단지 유리수보다 더 넓은 수의 세계가 필요하다는 것을 발견했다. 그리스인은 눈금 없는 자와 컴퍼스만 사용하여 길이가 표준 단위 간격으로 구성될 수 있는 수를 실수로 간주했다. 제곱근 연산이 무리수를 도입하지만 전체 집합 자체가 유리수 범위를 훨씬 넘어서는 것은 아니다. 유클리드 수의 집합은 산수의 네 가지 연산과 제곱근의 계산을 몇 번이고 수행함으로써 1로부터 도달할 수 있는 모든 것들이다. 예를 들어 $\sqrt{5-\sqrt{3/2}}$ 는 이러한 종류의 수이다. 세제곱근조차도 유클리드 도구로 만들 수 없다. 이것은 아마도 수학에서 첫 번째 큰 미해결 문제의 기본이었다. 세 개의 델로스 문제 중 첫 번째 문제는 눈금 없는 자와 컴퍼스만 사용하여 세제곱근 2 를 만드는 것이었다. 전설에 의하면 이것은 아테네에서 전염병을 없애기 위해 완벽한 세제곱인 제단의 부피를 정확히 두 배로 늘리라는 신탁이었다.

이 문제는 고전 시대에는 해결할 수 없는 채로 남아 있었다. 그리스인은 그 답을 전혀 발견하지 못한 채 먼 후손에게 수수께끼로 남겼다. 예를 들어 그들은 목수의 T자와 삼각자 같은 다른 기계적 공구를 사용하여 이 길이를 구성할 수 있다는 사실을 배웠으며, 실제로 플라톤은 특별한 구조물을 고안하기도 했다. 그러나 눈금 없는 자와 컴퍼스를 일컫는 기본 유클리드 도구는 탁월한 것으로 여겨졌고, 그 도구들이 진정으로 불충분하다고 입증될 때까지는 신탁이 미해결인 채로 남았다. 유클리드 도구의 범위 밖에 있는 세제곱근 2는 19세기가 되어서야 정립되었다. 왜냐하면 세제곱근 2가 근본적으로 다른 유형의 수라는 것을 알기 위해서는 유클리드 도구를 사용하여 작도가능한 것이 무엇인지에 대한 정확한 대수적 설명이 필요하기 때문이다. 그것은 결국 제곱근과 유리수를 가지고 세제곱근을 결코 만들 수 없다는 것을 보여주는 것이다. 그렇게 하면 불가능성은 그럴듯하게 들린다. 그러나 이것은 결코 어떤 증거도 아니다.

7장

무한으로의 첫걸음

그리스인들은 수에 대해 이중적인 태도를 취했다. 그들은 유리수를 넘어설 필요성을 알았지만, 유클리드 기하학에서 제곱근을 길이로 식별하면서 제곱근을 넘어서는 데는 주저했다. 동시에, 그들은 세제곱근에 대한 이해를 갈망했다. 세제곱근은 그들이 인정하기를 주저했던 수의 체계의 다른 단계에 있는 것처럼 보였다. 왜냐하면 그들이 그 수의 체계를 이해할 만족스러운 방법을 찾을 수가 없었기 때문이다. 또한 π의 값에 대한 골치 아픈 질문도 있었다.

아르키메데스(기원전 287년경-기원전 212년경)는 반지름 r인 원의 넓이가 πr^2인 것을 밝혔다. π는 원의 지름과 원주의 비율로 정의되었지만 π가 왜 넓이와 연결되어야 하는지 명확한 근거가 없었다. 그러나 기원전 3세기의 아르키메데스는 원과 삼각형의 넓이가 공통적으로 밑변의 1/2과 높이의 곱이라는 공식으로 주어진다는 것을 보였다. 원의 '밑변'을 원주로, '높이'를 반지름으로 해석한다면

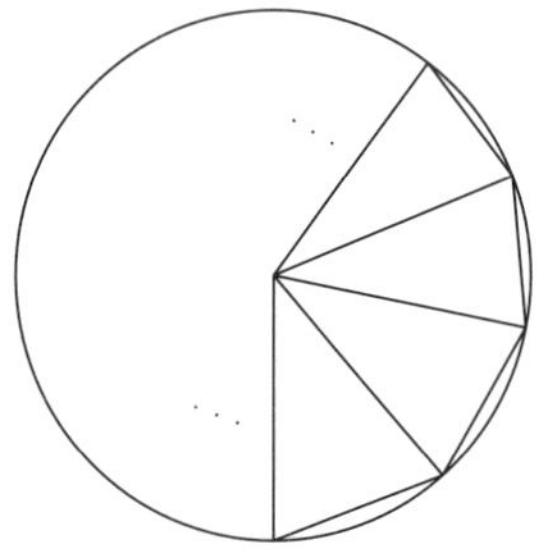

▶ **그림 7.1** 원주에 놓인 삼각형으로 원에 근사하기 ◀

이에 대한 삼각형의 넓이 공식은 $\frac{1}{2}\times(2\pi r)\times r=\pi r^2$ 이다.

이것은 우연이 아니며, 이것이 나오는 이유는 원의 내부에 있으면서 원의 중심을 꼭짓점으로 하고 원주에 밑변이 놓인 동일한 크기의 삼각형들의 넓이의 합으로써 원의 넓이의 근삿값을 구할 수 있기 때문이다. (그림 7.1 참조)

이 접근 방식을 사용하여 아르키메데스는 π가 유리수 $3\frac{10}{71}=3.1408$과 $3\frac{1}{7}=3.1428$ 사이에 있다는 것을 증명했다. 사실, 고전적인 델로스 문제 중 또 다른 문제는 원적문제에 대한 도전, 즉 유클리드 도구만 사용하여 주어진 원과 같은 넓이의 정사각형을 작도하는 것이었다. π가 유리수가 아니고 사실상 유클리드 도구로 만들 수 없는 수이므로, π의 특성으로 인해 이 문제는 작도 불가능하다. 예를 들어 반지름이 1인 원과 같은 넓이를 갖는 정사각형을 작도할 수 있다면 그 정사각형의 변의 길이는 $\sqrt{\pi}$일 것이다. 그러나 이 길이가 작도 가능하면 이 길이의 제곱인 π도 작도할 수 있다. 그리스인은 전혀 눈치 챌 수 없었지만, 세제곱근이나 그 이상의 제곱근을 자유롭게 사용한다 할지라도 분수를 사용하여 π가 표현될 수 없으므로 π는 그들이 고려하고 있는 수 유형의 범위 밖에 놓여 있다. 이 사실은 린데만(Lindemann)이 1880년대에서야 입증한 것이다.

반면 현대인의 마음속에 수에 대한 개념은 작도가능한 기하적 길이와 그다지 관계가 없다. 작도 가능인 기하적 길이는 거의 잊혀진 학교 기하학의 일부분일 뿐이다. 소수를 배운 우리는 어떤 수라도 소수 전개가 있는 한 비록 그 전개가 무한이고 뚜렷한 패턴이 없더라도 자연스럽게 그 수를 실수라고 부른다. 이런 느긋한 태도는 우리가 예상한 것보다 훨씬 많은 혜택을 가져다준다. 소수를 자유롭게 사용하는 것은 큰 이점을 줄 뿐만 아니라 무한에 관한 수많은 질문에 대한 문호를 열어준다.

무한집합의 성질은 유한집합의 성질과 근본적으로 다르다는 사실을 제일 먼저 알려준 사람은 갈릴레오(Galileo)였다. 앞에서 언급했듯이, 유한집합의 *크기*는 그것이 두 번째 집합의 일부와 일대일 대응이 될 수 있다면 두 번째 집합의 크기보다 작다. 그러나 대조적으로 무한집합은 이 방식으로 자신의 부분집합에 대응하도록 만들 수 있다.(부분집합이라는 용어는 원래 집합의 일부를 구성하는 집합 자체 내의 집합을 의미한다.) 이것을 알기 위해 자연수열 1, 2, ⋯ 보다 더 이상 진행할 필요가 없다. 이 집합의 부분 집합은 어느 것이든지 묘사하기가 쉬운데, 홀수 1, 3, 5, 7⋯, 제곱수 1, 4, 9, 16⋯, 그리고 덜 명확하지만 소수 2, 3, 5, 7⋯ 등이 그것이며, 그 자체가 무한집합을 구성하고 원래의 집합과 일대일 대응이다. 실제로 갈릴레오가 관찰한 것처럼 유한집합과 비교될 때 무한집합의 다른 특성을 정의하는 것이 바로 이 속성이다. 유한집합에서 원소 몇 개를 제거하면, 남아 있는 집합에는 확실히 적은 수의 원소가 있지만 무한집합을 다룰 때는 반드시 그런 것은 아니다.

힐베르트 호텔

이 특별한 호텔은 수학자 힐베르트(D. Hilbert, 1862-1943)와 관련이 있으며, 무한의 이상한 본성을 생생하게 전달한다. 우주에서 가장 큰 호텔인 힐베르트 호텔은 우주 한가운데에 떠 있다. 실제로 힐베르트 호텔에는 무한히 많은 객실이 있고 각 객실마다 객실번호로 자연수를 하나씩 붙여놓았다. 그리고 그 호텔에는 항상 객실이 여유가 있다는 것을 자랑하는 표지판이 있다.

그러나 어느 날 밤 그 호텔이 실제로 꽉 찼는데 한 명의 고객이 와서 객실을 요구하였고, 호텔의 접수 직원은 당황하였다. 그 직원(무한 호텔 운영에 관해 알지 못했던 직원)이 호텔이 다 찼다고 변명하며 말할 때, 수천 광년을 여행해서 온 고객은 당연히 화를 내고 광고판에 대한 요구를 들먹인다. 그러나 관리자는 자신이 개입하는 장면을 피하고자 직원을 한쪽으로 데려가서 상황을 어떻게 다룰지 설명한다. 관리자는 단지 다음과 같이 행동하라고 말한다. 1 호실의 투숙객에게 2 호실로, 2 호실의 투숙객은 3 호실로 등등 이동하도록 지시한다. 즉 n 호실에 있는 투숙객이 $n+1$ 호실로 이동해야 한다고 전반적으로 요청하면 이 신사에게 1 호실을 비워줄 수 있게 된다. 이렇게 해서 힐베르트 호텔에는 항상 빈 객실이 있다는 것을 안다. 하지만 객실이 얼마나 많이 있을까?

그 다음날 저녁 그 직원은 비슷한 상황이지만 좀 더 시험적인 상황에 맞닥뜨린다. 이번에는 42 명의 승객이 탑승한 우주선이 도착하고, 이미 꽉 찬 호텔에서 모든 승객이 객실을 요구한다. 그러나 그 직원은 전날 밤에 터득한 교훈으로부터 추가 그룹에 대처하기 위해 아이디어를 어떻게 확장할 수 있는지 즉시 안다. 그는 1 호실에 있는 고객에게 43 호실로, 2 호실에 있는 고객에게 44 호실로 등등 이동하라고 말하면서, n 호실에 있는 고객이 $n+42$ 호실로 이동해야 한다고 전반적으로 요청한다. 이것은 조금 까다롭지만 이렇게 하면 1호실부터 42호실까지는 새로 도착한 손님들에게 비워주게 되고, 그 직원은 어젯밤 이 새로운 형태의 문제를 혼자서 다룬 것을 자랑스럽게 생각한다.

그러나 마지막 날 밤에 그 직원이 같은 상황에 직면하게 되는데, 이번에는 경악스럽게도 몇 명의 승객이 아니라 1, 2, 3, ⋯ 등으로 셀 수 있는 무한히 많은 승객을 실은 무한 우주대형버스가 도착한다. 압도된 직원은 버스 운전사에게 호텔이 꽉 찼으며 이 많은 사람들이 묵을 수 있는 방법이 없다고 말한다. 그는 한 명 또는 두 명, 아마도 유한 명은 더 비집고 들어가게 할 수 있을지 모르나 무한히 더 많은 사람은 불가능하다고 생각할지 모른다. "안 돼요!"

관리자가 시기적절하게 개입하여 버스 운전사에게 전혀 아무런 문제가 없다는 것을 알리지 않으면 무한정 폭동이 일어날 수 있다. 힐베르트 호텔에는 항상 누구든 모든 사람을 위한 객실이 있다. 그는 당황한 직원을 또 한 번 가르치려고 한쪽으로 데려간다. 그는 "해야 할 일은 바로 이것이다."라고 말한다. 1호실의 투숙객에게 2호실로, 2호실의 투숙객은 4호실로, 3호실의 투숙객은 6호실로 등등 이동하도록 지시한다. 일반적으로 전반적인 지침은 n호실의 투숙객이 $2n$호실로 이동해야 한다는 것이다. 이것은 무한 우주대형버스의 승객을 위해 홀수의 모든 객실을 비워둘 것이다. 그럼 전혀 문제가 없다!

모든 것이 관리자의 통제 아래 있는 것으로 보인다. 그러나 관리자마저도 어떻게든 연속체인 수직선의 한 점에 대하여 고객 한 명을 갖는 기술을 가진 우주선이 도착하면 곤란에 처하게 될 것이다. 모든 소수마다 한 사람이라면 힐베르트 호텔을 초과할 것이고, 우리는 다음 절에서 그 이유를 알게 될 것이다.

칸토어의 비교

이 모든 것을 처음 생각할 때 놀라운 일일 수 있다. 그러나 무한집합의 행동이 어떤 면에서는 유한집합의 행동과 다르다는 것은 받아들이기 어렵지 않다. 무한집합이 그 부분 집합 중 하나와 같은 크기를 갖는다는 성질이 바로 그 사례이다. 그러나 19세기에 칸토어(G. Cantor, 1845-1918)는 훨씬 더 나아갔고, 모든 무한집합이 똑같이 간주될 수는 없다는 것을 발견했다. 이 발견은 실제로 예상치 못한 것이었으며 본질적으로 독창적이었다. 그러나 그 발견에 일단 관심을 가지면 쉽게 감탄하게 된다.

칸토어는 다음에 대해 생각해 보라고 요청한다. 소수 전개에 의해 주어진 수 $a_1, a_2, \cdots$ 의 무한 목록 L이 있다고 가정하자. 그런 다음 목록 L의 어디에서도 나타나지 않는 다른 수 a를 적을 수 있다. 즉 a를 소수 첫째 자리는 a_1과 다르고, 소수 둘째 자리는 a_2와 다르고 소수 셋째 자리는 a_3과 다르도록 이와 같은 방법으로 택한다. 이렇게 하면 a를 그 목록에 있는 어떤 수와도 확실히 다르게 만들 수 있다. 이 관찰은 의도한 것은 아닌 듯 보이지만, L이 수 a를 포함하고 있지 않기 때문에 L이 모든 수를 포함하는 것은 절대적으로 불가능하다는 결론에 즉시 다다른다. 모든 실수의 집합, 즉 모든 소수 전개는 한 목록에 기록될 수 없으며, 다시 말해서 자연수 집합과 일대일 대응일 수 없다. 따라서 모든 실수의 집합은 모든 자연수 집합보다 어떤 면에서 더 크다. 두 집합 다 무한일지라도 짝수가 모든 자연수 집합과 쌍을 이룰 수 있는 방식으로 그 두 집합을 짝짓기 할 수 없다. 실제로 이 상황에서 수 a를 0과 1 사이에 위치하도록 구성할 수 있으므로 칸토어의 대각선 논법은 동일한 결론으로 0과 1 사이의 모든 수에 적용될 수 있다. 이것을 언급하는 것은 곧 그 사실을 사용할 것이기 때문이다.

칸토어의 결과는 그리스의 유클리드 수를 포함하여 수의 많은 다른 집합이 무한 목록에 포함될 수 있다는 사실로 인하여 훨씬 더 눈에 띄게 된다. 약간의 독창성이 관련되어 있지만, 한두 가지 성질을 배운 후에는 수의 많은 집합이 가산이라는 것을 보여주는 것은 어렵지 않다. 가산은 그 집합이 자연수와 동일한 방식으로 나열될 수 있음을 의미하는 용어이다. 그렇지 않으면 그 집합은 비가산이다.

예를 들어 모든 정수의 집합 $\mathbb{Z}$를 택하여 다음과 같이 원소를 재정렬해보자. 즉 각 양의 정수를 음의 정수와 쌍을 이루게 함으로써 어떤 정수도 빠지지 않고 모든 정수가 나타나는 목록 $\mathbb{Z}=\{0, 1, -1, 2, -2, 3, -3, \cdots\}$을 만든다. 유리수로도 똑같이 할 수 있다. 0으로 시작한 다음 1보다 크지 않은 정수를 사용하는 유리수(1과 −1), 그 다음엔 2보다 크지 않은 정수를 포함하는 유리수 $(2, -2, \frac{1}{2}, -\frac{1}{2})$, 그리고 3까지만 사용하는 유리수 등등 목록을 만든다. 이런 방법으로 분수(양수, 음수, 0)는 모두 존재하고 처리 가능한 수열로 나열될 수 있다. 따라서 유리수는 유클리드 수와 마찬가지로 가산집합이 된다. 실제로 어떤 차수든지 근을 취하여 유리수로부터 나올 수 있는 모든 수의 집합을 고려하면 그 집합은 여전히 가산집합이다. 그 이상도 할 수 있다. 일반적인 다항방정식의 해인 모든 대수적 수의 집합은 원칙적으로 무한 목록에 배열될 수 있는 집합을 형성한다.(∗28) 즉 조금 더 교묘하게 주장한다면 그들을 모두 포함하는 체계적인 목록을 만드는 것이 가능하다고 말하는 것이다.

우연히 소수 전개를 받아들이도록 허용한 것은, 유클리드 기하학 및 일반 대수 방정식을 통해 발생하는 수 너머에 있는 초월수에 대해 문을 여는 것이다. 칸토어의 주장은 초월수가 존재할 뿐만 아니라 무한히 많은 초월수가 존재함에 틀림없다는 것을 보여준다. 왜냐하면 초월수가 오직 유한집합만을 형성한다면, 그들은 대수적 수(비

초월수)의 목록 앞에 놓일 수 있으므로 실수의 한 목록을 이루게 되는데 이것은 불가능하기 때문이다. 놀랍게도 우리는 초월수를 단 한 개도 판별하지 않고서도 이 이상한 수들이 존재함을 발견했다! 그들의 존재는 단지 특정 무한집합을 서로 비교함으로써 밝혀졌다. 초월수는 익숙한 대수적 수와 소수 전개 집합 사이의 큰 빈 공간을 채워주는 수이다. 천문학적으로 비유하자면 초월수는 수 세계의 암흑물질이다.

유리수에서 실수로 넘어가면서 한 집합에서 더 큰 기수의 다른 집합으로 이동하게 된다. 두 집합의 원소들이 서로 짝을 지을 수 있다면 그 두 집합의 기수는 같다.(*29) 칸토어 주장을 사용하여 보여줄 수 있는 것은 모든 집합은 그 부분집합을 모두 택함으로써 형성된 집합보다 더 작은 기수를 가진다는 것이다. 이것은 유한집합에 대해 분명하다. 집합에 세 개의 원소, a, b, c가 있는 경우, 세 개의 원소로 구성할 수 있는 부분집합이 여덟 개 있다. 세 개의 원소 각각 하나씩으로 구성되는 부분집합 세 개 $\{a\}, \{b\}, \{c\}$, 원소 두 개씩으로 구성된 부분집합 세 개 $\{a, b\}$, $\{b, c\}$, $\{a, c\}$(글자가 나열된 순서는 중요하지 않음), 그리고 원래 집합 자체와 공집합(원소가 없는 집합)을 잊지 않는다. 이것은 우리에게 여덟 가지 가능성을 준다. 일반적으로 n명의 멤버로 시작하면 2^n개의 부분집합이 이러한 방식으로 형성된다. (13장 주석 *10 참고) 자연수의 무한집합 $\{1, 2, 3, \cdots\}$은 어떨까? 여기가 칸토어 주장이 다시 한 번 드러나고, 무한집합조차도 부분집합의 집합은 원래 집합보다 항상 절대적으로 크다는 것을 보여주는 지점이다.(*30)

문제의 무한집합이 정렬된 것으로 여겨질 때 그 무한집합의 크기에 관한 또 하나의 접근 방법이 있는데, 이것은 다른 방식으로 크기를 비교한다. 그러나 이 장 뒷부분에서 더 자세히 설명한다.

초월수로 다시 돌아가서, 어떤 사람들은 전에 우연이라도 초월수와 결코 마주친 적이 없었다는 것에 놀랄지도 모른다. 그러나 초월수의 특성상 기본 연산 종류를 대표하는 일반 산술 계산과 근의 추출을 통해 발생하는 수가 아니므로, 이것이 예상되지 않은 건 아니다. 게다가 초월수는 매우 비밀스런 집단을 형성하고, 그 집단 안에 있는 원소는 그 집단의 일원이 되는 자격을 쉽게 인정하지 않는다. 예를 들어 π는 초월수이지만 이것이 공개적으로 드러나는 것은 아니다.

아마도 좀 더 중요한 초월수의 예는 수 $e = 2.71828\cdots$이다. 이 수는 미적분에서 끊임없이 나온다. 이 수는 소위 역함수의 그래프 아래에 있는 영역을 알려주는 함수인 자연로그의 밑이다. 그것은 또한 두 연속적인 정수의 비율 $\dfrac{n+1}{n}$의 n제곱을 계산한 수열의 극한값이기도 하다. (계산기로 $(21/20)^{20}$의 값을 구해보자.)

이 수열은 상환 기간을 매년, 매월, 매일, 매초 등으로 점점 더 짧게 하면서 이자율의 극한값 문제를 고려할 때 발생한다. 특히 매년 돈을 두 배로 주겠다고 약속하는 계획, 즉 연이율 100 퍼센트로 이자를 지급하는 계획에 한 단위를 투자한다고 가정하자. 1 년 후 2 단위를 갖는다. 그러나 6 개월마다 50 퍼센트의 이자를 지급하는 계획에서는, 상반기에 지불된 이자를 재투자할 수 있고 하반기에 이자에 대한 이자를 얻을 수 있어서 더 나아질 수 있다. 그러면 매 6 개월마다 자본에 $1\frac{1}{2}$의 인자가 곱해질 것이고, 또는 다른 방식으로 말하면, 연말에 계좌는 $\left(1+\dfrac{1}{2}\right)^2 = 2.25$ 단위, 유효 연이율 125 퍼센트를 유지할 것이다. 월간 이자가 발생하는 계좌가 더 좋을 수도 있다. 저축금에 매월 $1\frac{1}{12}$을 곱하면 $\left(1+\dfrac{1}{12}\right)^{12} = 2.613$ 단위로 연이율은 161.3 퍼센트가 될 것이다. 다음 이자 지불을 위한 대기 기간이 짧을수록 투자자에게 유리하므로, 계좌에 매일 이자가 발생하면 더 나아질 수 있다. 이것에 대한 극한을 택하면 계속적으로 이자가 발생하는 계좌를 갖게 될 것이다. 그러나 이것은 다음과 같은 이유로 은행을 붕괴시키지는 않는다.

일반적인 상황은 이자가 매년 n번 지불되는 경우이고, 이는 초기 투자에 인자 $\left(1+\frac{1}{n}\right)$을 n번 곱하는 것을 의미한다. 그러므로 연속적으로 이자를 지급하는 경우에 적용되는 극한 배율은 n이 한없이 증가함에 따라 다음과 같다.

$$\left(1+\frac{1}{n}\right)^n \text{의 극한값 } e=2.71828\cdots$$

극한 이자율은 $171.82\cdots$ 퍼센트이며 이는 무한하지 않다!

신비한 e가 발생하는 또 다른 방법은 계승의 역수의 합을 통해서이다. 이것은 e를 높은 정확도로 계산하는 방법을 제공한다.

$$e=1+\frac{1}{2!}+\frac{1}{3!}+\frac{1}{4!}+\cdots$$

이 조사 방법을 사용하면 e가 무리수라는 것을 상대적으로 쉽게 알 수 있다.(＊31) 단지 무리수가 아니고 초월수라는 것을 보이려면 더 많은 작업이 필요하다.

e는 다양하고 꽤 단순한 방식으로 불쑥 나타나기 때문에 종종 만나기를 기대하지 않아도 수학 전반에 걸쳐 지속적으로 나타난다. 예를 들어 카드 두 벌을 가져 와서 카드 한 벌씩 놓고 각각 맨 위 카드를 뒤집어 비교하자. 카드 두 벌을 다 써버릴 때까지 계속하자. 어떤 단계에서 완벽하게 일치하는 확률은 무엇인가? 다시 말하면, 어떤 단계에서든 그것은 클로버 8, 하트 퀸 또는 무엇이든 간에 보이는 카드가 동일한 경우를 말한다. 이 실험에서 적어도 한 번 일치하는 비율은 $1/e$과 거의 같은 약 36.8 퍼센트인 것으로 나타난다.(＊32) 분명히 이것은 대부분의 사람들이 추측할 수 있는 것보다 약간 높고, 이 게임은 우연의 일치에 대비하여 도박꾼이 당신에게 5/1

이상의 배당률을 부여할 가능성이 높으므로 술집에서 내기하기 좋은 근거를 형성한다.

아마도 π 와는 다른 방식으로 e 에게 부여한 정말 특별한 지위는 명백하다. 그러면 왜 우리는 π 에게 특별한 기호를 부여해야 하는가? 답은 π 가 원주와 원의 지름의 비율이기 때문이다. 그러나 반지름이 지름보다 더 많이 사용되기 때문에, 우리는 값이 π 가 아니고 2π 인 수에 특별한 지위를 부여해야 하지 않을까?* 실제로 많은 수학자들은 수학 계산에서 π 가 나타나는 것보다 $\pi/2$ 가 더 자주 나타나기 때문에 $\pi/2$ 에 특별한 기호를 부여하는 것을 선호했을 것이다. 이것은 아마 반지름이 1 인 원의 원주 위에서 $\pi/2$ 단위만큼 이동할 때는, 완전한 직각을 한번 도는 것에 해당하는 사분원을 추적하기 때문일 것이다. 피타고라스가 증명했듯이 직각은 기하적 아이디어의 가장 기본이다.

초월수는 매우 많지만 대단히 다루기 힘들다. 일반적으로 수학에서 발생하는 수는 그것이 초월수가 아니라는 것이 분명하지 않다면 거의 언제나 초월수이다. 그러나 특정한 수가 초월적이라는 것을 보여주는 것은 매우 어려울 수 있다. 수론은 모든 사람들이 답이 무엇인지 분명히 느낄 수 있는 문제들을 끝없이 던지지만, 동시에 아무도 그 문제를 어떻게 증명할 수 있는지 아이디어를 갖고 있지 않다.

수직선의 구조

이 모든 것은 간단한 방정식의 언어로 재구성될 수 있다. 가산집합을 형성하는 유리수는 간단한 선형방정식의 해로 발생하는 수이

---

* 15세기 아랍의 수학자 알 카시(Al-Kashi)는 2π 를 소수점 이하 16 자리까지 정확히 계산했다.

다. 분수 b/a는 방정식 $ax-b=0$ (a와 b는 정수이다)에 대한 해이다. 이 방법으로 발생하지 않는 $\sqrt{2}$와 같은 수는 무리수라고 불리며, 그들은 유리수가 하는 방식으로 자연수와 짝을 이룰 수 없는 비가산집합을 형성한다. 무리수 집합에는 x의 고차 거듭제곱을 허용하더라도 이러한 종류의 방정식의 답으로는 결코 나타낼 수 없는 수인 초월수가 있다. π는 초월수의 예이지만, $\sqrt{2}$는 $x^2-2=0$을 만족하므로 초월수가 아니다. 초월수 역시 비가산집합이다.

그러나 결합하여 수직선을 연속체로 만드는 다양한 수 유형의 분포를 보면 밝혀진 수의 무한집합의 크기를 완전히 다른 방법으로 살펴볼 수 있다. 유리수는 단지 가산집합이지만 그 집합은 정수와는 분명히 다른 방법으로 수직선에 조밀하게 쌓여 있다. 서로 다른 두 수 a와 b가 주어지면, 그들 사이에 유리수가 있다. 두 수의 평균 $c=\dfrac{a+b}{2}$는 확실히 사이에 있는 수이지만, 무리수일 수 있다. 그러나 c가 무리수인 경우, 유한소수 전개를 가지는 유리수 d가 소수점 이하의 매우 큰 자릿수까지 c와 동일한 소수 표현을 갖게 함으로써 c를 유리수 d로 근사할 수 있다. 예를 들어 $\sqrt{2}=1.414\cdots$를 취하면 $\sqrt{2}$와 1.414의 차이가 0.001보다 작으며 추가로 소수 자리를 택할 때마다 $\sqrt{2}$에 보다 더 정확하게 (보통 10배 더 정확하게) 근사하는 유리수를 확실히 발견한다. 일치하는 첫 자릿수가 충분히 큰 경우, 차이가 너무 작아서 c와 d 둘 다 a와 b 사이에 놓일 것이다. d에 필요한 소수점 이하의 자릿수는 a와 b가 가까운 정도에 따라 달라질 수 있지만, 그러한 유리수 d를 항상 찾을 수 있다. (그림 7.2 참조). 이 이유 때문에 유리수의 집합이 수직선에서 조밀하다고 말한다. 물론 같은 논증으로 a에서 d까지 간격을 분리하는 또 다른 유리수가 있음을 보여줄 수 있고, 이런 방식으로 무한히 많은 유리수가 임의의 두 수 사이에, 이 두 수의 차이가 아무리 작더라도, 놓여 있다는 결론을 이끌어낼 수 있다. 특히 어떤 양수가 주어지면 항

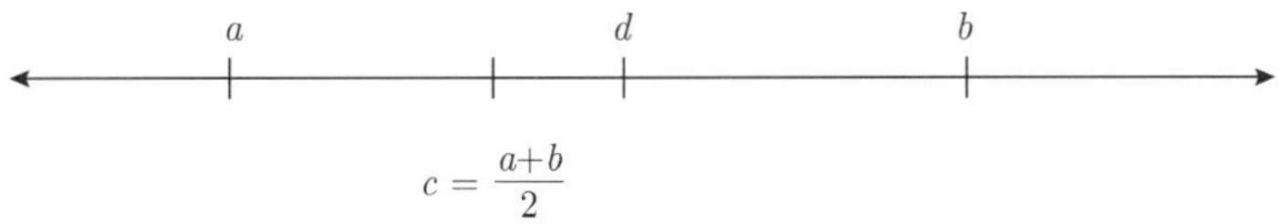

▶ **그림 7.2** 두 수 사이의 유리수 찾기 ◀

상 그 수와 0 사이에 유리수가 놓여 있기 때문에 가장 작은 양의 분수 같은 것은 존재하지 않는다.

유리수에 뒤지지 않으려고, 무리수의 집합도 조밀집합을 형성한다. 이것을 설명하기 전에 무리수 한 개, 예를 들어 피타고라스 수 $\sqrt{2}$를 찾으면 수문은 열리게 되고 즉시 무한히 더 많은 무리수를 찾을 수 있다. 무리수에 유리수를 더하면 그 결과는 항상 무리수이다.(∗33) 예를 들어 $\sqrt{2}+7$은 이러한 추론에 의해 무리수이다. 비슷한 방식으로 무리수에 유리수(0 이외)를 곱하면 그 결과는 다른 무리수이다. 특히 원하는 만큼 작은 크기의 무리수를 발견할 수 있다. $t=\dfrac{\sqrt{2}}{n}$는 임의의 자연수 n에 대해 무리수이며, n을 점점 더 크게 취함으로써 원하는 만큼 t를 0에 가깝게 만들 수 있다. 유리수와 마찬가지로 가장 작은 양의 무리수가 없고 따라서 가장 작은 양수 같은 것은 존재하지 않는다는 것을 알 수 있다.

주어진 수 a와 b로 돌아가서 다시 c를 a와 b의 평균이라고 하자. c가 무리수라면 그건 우리가 필요로 하는 종류의 수이다. 반면에 c가 유리수라면, t가 앞 단락의 무리수일 때 $d=c+t$라고 놓자. 이전에 시행한 것에 의해 d 또한 무리수일 것이고, n을 충분히 크게 취하면 d가 주어진 두 수 a와 b의 평균 c에 무척 가깝다는 것을 보장할 수 있다. 이런 식으로 무리수 역시 조밀한 집합을 형성하고 유리수와 마찬가지로 수직선에서 임의의 두 수 사이에 무한히 많은 무리수가 있음을 유추할 수 있다.

그래서 유리수의 집합과 수직선에서 유리수의 여집합인 무리수의 집합은 어떤 의미로는 비교할 만하고(수직선에서 둘 다 조밀하다), 그리고 다른 면에서는 아니다(유리수의 집합은 가산집합이고, 무리수의 집합은 비가산집합이다). 이들 집합의 크기를 측정하는 방법에 대한 질문은 위의 논의에 의해 완전히 해결되지 않으며, 이것은 수를 활용하는 확률론에 중요한 파급 효과를 가진다. 일회용 카드 게임이나 복권 추첨과 같은 도박 문제는 유리수를 사용하여 완벽하고 적절하게 처리할 수 있다. 그러한 확률의 문제는 매우 까다로울 수 있으며 미묘한 기법을 포함하지만 계산 결과를 해석하는 데 그리 어렵지 않다. 그러나 확률 문제에 무한을 적용하기 시작하면서 진행에 어려움이 생겼다. 무한집합을 포함하는 특정 문제는 어떻게 보았는지에 따라 다른 답을 이끌어냈다. 그런 연유로 인해, 일반적인 확률론은 성숙하고 완전히 확립되는 데 오랜 시간이 걸렸다. 무한정 계속되는 게임과 관련된 문제까지도 혼란을 낳았다. 확률론은 이제 과학적 사고의 기둥 중 하나이지만 오랫동안 존중되지 못했다. 가동시킬 견고한 체계가 없으므로 수학자들은 확률과 관련된 제한된 범위의 문제만 처리할 수 있었다.

확률론이 현재 자리 잡고 있는 일반적인 설정은 측도론으로 알려진 수학 영역 내에 있다. 예를 들어 이 주제를 통해 우리는 0 에서 1 까지 단위구간에 있는 유리수의 집합의 크기를 측정할 수 있다. 그 구간 자체의 측도는 1 이다. 유리수와 같은 가산집합의 측도는 0 이다. 그러면 유리수의 여집합인 무리수의 집합의 측도는 $1-0=1$이다. 그러나 가산집합이 모두 측도 0 을 가질 경우에도 비가산 부분집합은 매우 다른 특징을 가질 수 있으며, 두 극단 사이의 어떤 값도 측도로 가질 수 있다. 예를 들어 길이 l 인 수직선 위의 구간은 예상대로 측도 l 을 가진다. 실제로 다른 값을 할당하면 측도라는 이름에 적합하지 않다. 놀랍게도 비가산집합이 측도 0 을 가질 수 있으므로, 집합이 비가산이라는 것을 안다고 해도 측정값에 대해 아무것도 알 수 없다는 것이 입증된다. 측도 0인 비가산집합의 표준 예는 프랙털 패턴의 일종인 칸토어의 삼등분 중간집합이다. 이것은 한 구간의 중간 1/3을 제거한 다음 남아 있는 구간에 이 과정을 계속 진행하여 만든다. 놀랍게도 무한 제거과정에 무척 많은 점들이 남겨진다. 이 점들은 11장에서 고배율 현미경을 써서 수직선을 살펴볼 때 다룰 흥미로운 집합을 형성한다.

무한 + 1

칸토어가 발명한 다른 종류의 번호 붙이기는 자연적 순서로 발생하는 무한집합을 살펴보기 시작할 때 드러난다. 예를 통해 동기를 유발해보기로 한다. 처음 볼 때 놀라운 무한의 한 가지 측면은 양수의 무한 수열을 더해도 결코 유한 극한값을 넘지 않을 수 있다는 것이다. 가장 잘 알려진 예는 다음 급수이다.

$$\frac{1}{2}+\frac{1}{4}+\frac{1}{8}+\frac{1}{16}+\cdots$$

이 급수의 극한은 1인데, 사실은 그 급수로부터 초기 수열들을 더해 나감에 따라 합이 1에 항상 더 가까이 간다는 것으로 결코 1에 도달하지 못한다는 것을 의미한다. 그 수열의 항들을 합해나가면서 도달하지도 초과하지도 않는 가장 작은 수인 1을 이 급수의 극한이라고 말한다. 그 이유는 목록에서 초기 수열의 항들을 합산(부분합이라 불린다)한 후 추가되는 다음 항은 최종 목표인 1에서의 거리의 절반에 해당하기 때문이다.

그 과정에서 만들어지는 모든 부분합을 극한과 함께 나열하면 다소 특이한 형태인 수의 무한집합 S를 얻는다.

$$S:\ \frac{1}{2} < \frac{3}{4} < \frac{7}{8} < \frac{15}{16} < \cdots < 1$$

이 순서집합의 수를 자연스럽게 무한+1로 간주하게 된다. 왜냐하면 거기에는 일련의 무한히 오름차순의 수가 있고 그 다음에는 그들 모두를 초과하는 단 한 개의 수가 있기 때문이다. 이것이 순서수가 소개되는 방법이다. 유한 순서수는 일반적인 순서 $1 < 2 < 3 < \cdots < n < n+1 < \cdots$을 따르는 보통의 자연수이다. 이 모든 것 뒤에는 자연수 전체 집합의 순서수인 첫 무한 순서수 ω가 있다. 위의 예와 같이, 그 모든 수들 다음에 하나의 수가 더 있다면 위의 집합 S와 같은 순서집합을 얻으며, 그 순서수는 $\omega+1$이다. 만약 1보다 큰 2까지 포함하여 S를 확장시킨다면 그 집합의 순서수는 $\omega+2$, 계속하면 $\omega+3$, $\omega+4, \cdots$ 등이 된다.

그러나 새로운 원소를 그 집합의 시작에 배치할지 마지막에 배치할지는 순서의 성격에 차이를 만들고, 이것은 그 집합의 순서수에 반영된다. 예를 들어 자연수의 순서수는 ω이다. 자연수에 0을 포함시켜 확장시키면 얻는 순서 집합은 물론

$$0 < 1 < 2 < \cdots < n < \cdots$$

이고 순서집합으로서 1부터 시작하는 자연수와 동일한 구조를 가지므로 여전히 순서수 ω를 가진다. 그 집합은 최대 원소를 가지지 않으므로 순서수 $\omega+1$인 S와 같은 동류가 아니다.

이 모든 것을 통해 배워야 할 것은 무한 순서수의 덧셈에 관해서는 순서가 중요하다는 것이다. 즉 $1+\omega = \omega < \omega+1$이다.

더 나아가, 집합

$$0.9 < 0.99 < 0.999 < \cdots < 1 < 1.9 < 1.99 < 1.999 < \cdots$$

는 순서수 ω인 하나의 집합에 또 다른 집합이 따르는 형태로 구성되며, 따라서 순서수는 $\omega+\omega$이며, 순서수 ω인 집합의 사본을 택해

중복하므로 이는 $\omega \times 2$ 또는 $\omega 2$ 로 표시된다. 반면에 우리가 순서쌍의 ω 사본으로 해석하는 2ω 를 고려한다면 그 결과 집합은 순서수 ω 를 가질 것이다. 왜냐하면, 순서쌍을 순서 $(1, 1'), (2, 2'), \cdots, (n, n'), \cdots$ 로 나타낸다면, 2ω 로 표현된 순서집합은 순서

$$1 < 1' < 2 < 2' < 3 < 3' < \cdots < n < n' < \cdots$$

를 가지는데, 이것은 여전히 자연수의 순서수인 ω 를 가진다.

그러나 항상 오래된 원소 위에 새로운 원소를 더하여 더 큰 순서수로 이동할 수 있다. 계속하면 다음을 얻는다.

$$\omega 2 < \omega 2 + 1 < \omega 2 + 2 < \cdots < \omega 3 < \cdots < \omega 4 < \cdots < \omega^2$$

순서수 ω^2 은 무한 배열

$$\begin{gathered} a_1 < a_2 < \cdots < a_n < \cdots \\ b_1 < b_2 < \cdots < b_n < \cdots \\ c_1 < c_2 < \cdots < c_n < \cdots \\ \vdots \end{gathered}$$

에 해당하는 순서형이다. 여기서 모든 a 는 모든 b 보다 우선하고, 모든 b 는 모든 c 보다 앞에 나온다. 이후,

$$\begin{gathered} \omega^2 + 1 < \omega^2 + 2 < \cdots < \omega^2 + \omega 2 < \omega^2 + \omega 2 + 1 < \cdots \\ < \omega^2 + \omega 3 < \cdots < \omega^2 2 < \omega^2 2 + 1 < \cdots < \omega^3 < \cdots \end{gathered}$$

그리고 원하는 만큼 계속 할 수 있다.

$$\begin{gathered} \omega^4 < \cdots < \omega^5 < \cdots < \omega^\omega < \omega^\omega + 1 < \cdots < \omega^{\omega 2} \\ < \cdots < \omega^{\omega^\omega} < \cdots < \omega^{\omega^{\cdot^{\cdot^{\cdot}}}} \end{gathered}$$

여기서 마지막 거듭제곱 지수에는 ω 들이 ω 개가 있다. 이 순서수는

ϵ_0 로 알려져 있으며, 이것은 하위 순서수에서 유한 번의 덧셈, 곱셈 및 지수 연산을 통해 도달할 수 없는 첫 번째 순서수이다. 그리고 그 뒤는 $\epsilon_0 + 1 < \cdots$ 이 된다.

이미 이해할 수 있듯이 순서수 연산은 고유한 특색을 가지고 있고, 그런 연유로 수학의 다양한 분야, 특히 가장 추상적이며 공간에 대한 연구인 위상수학에 대한 색다른 예제의 풍부한 원천이다. 더군다나 칸토어의 순서수는 아주 최근에 개발되었다. 일반 실수가 정수 사이의 모든 간격을 채우는 방식을 일반화하기 위해, 영국의 수학자 콘웨이(J. Conway)는 칸토어 순서수 사이의 간격을 채우는 데 목적을 둔 초현실수를 생각해냈다.

8장

수의 응용: 확률

확률은 이론 개발뿐만 아니라 논점의 중요성에 대한 인식에서 큰 성과를 이룬 분야이다. 한편으로 확률은 고급 이론물리학 및 경제학에서 발견되며, 다른 한편으로는 학교에서 공부하기 시작하는 단계로 넘어갔다. 그것은 18세기 후반까지는 응용수학 영역으로 제대로 인식되지 않았다. 확률과 확률에 관한 게임이 수천 년 동안 우리 곁에 있었지만, 수가 분명히 포함되어 있었음에도 불구하고 그 주제는 깊이 연구하기에는 결코 적절한 것으로 취급되지 않았다. 학자가 보기에, 아마도 도박과의 연관으로 먹칠이 된 확률이 진지하게 연구하기에는 부적합하다고 여긴 것 같다. 동시에 확률의 무작위한 성질은 확률이 전통적으로 영원하고 딱딱한 진리의 주제로 인식되던 수학과는 정반대라고 은연중 나타냈을 수도 있다. 그러던 것이 확률이 수학적 분석을 위한 가장 유익하고 활발한 분야 중 하나로 밝혀졌으며 계속해서 놀라움을 일으켰다.

가장 단순한 개념 수준에서, 확률은 동등한 출현 가능성을 가진 결과로 이루어진 유한집합을 대상으로 한다. 어떤 사건의 확률은 그 사건이 가능한 결과의 비율을 나타내는 0과 1 사이의 간단한 분수이다. 예를 들어 일반 주사위 한 개를 던지면 여섯 가지 결과가 가능하고 그 중 5 또는 6의 눈이 나오는 경우는 두 개의 사건이므로, 일반 주사위 한 개를 던질 때 5 또는 6의 눈이 나올 확률은 $\frac{2}{6}=\frac{1}{3}$이다. 이것은 우리가 이 실험을 아주 많이 수행하고 일어나기를 원하는 경우의 가능한 비율을 기록한다면, 그 비는 불안정하게 시작한 후에 이 분수에 매우 가깝게 안정될 것임을 의미한다. 이러한 확률은 확률에 관한 다양한 게임에 대한 배당률을 정하는 기초가 될 수 있다.

한정된 수들이 거의 똑같은 정도로 나올 가능성과 관련하여, 확률 문제는 셈의 문제이다. 즉 일어나기를 원하는 경우의 가능한 결과의 수를 세고 가능한 모든 결과의 수로 나누어 답을 찾는 것이다. 한 쌍의 주사위가 관련된 문제는 좀 더 생각해야 한다. 예를 들면

한 쌍의 주사위를 굴려서 눈의 합이 7이 나올 확률은 얼마인가?

와 같은 문제가 해당된다. 여기서는 합에 관심이 있고 그런 관점에서 주사위의 눈의 합은 최대 12(6의 눈이 두 개)에서 최소 2(1의 눈이 두 개)로 내려갈 수 있기 때문에 열한 가지의 가능성이 있다. 우리가 바라는 유일한 결과는 주사위의 눈의 합이 7이므로 답이 1/11이라고 성급히 결론 내리고 싶을지도 모른다. 실제 주사위를 이용한 약간의 실험을 통해 우리는 실수를 저질렀다는 것을 곧 깨닫게 될 것이다. (눈의 합 2와 12는 각각 한 가지 조합만 가능할지라도) 눈의 합이 7이 되는 경우는 여러 가지 조합이 가능하므로 눈의 합 7은 더 자주 나온다. 사건 공간('공간'은 수학에서 많이 사용되는 단어)이 열한 개의 사건으로 구성되어 있다고 생각했지만 실제로

는 사건들이 출현 가능성이 서로 다르므로 그렇지 않을 것이다. 기본 정의를 적용하기 위해서는, 18세기 프랑스의 수학자 라플라스(P-S. Laplace) 덕택에, 공간을 출현 가능성이 같은 사건들로 구성되는 것으로 다시 재해석해야만 한다. 이것은 순서대로 던진 각 주사위의 결과를 나열하여 나오는 $6 \times 6 = 36$ 개의 가능한 결과를 나열함으로써 수행된다. 예를 들어 $(4, 1)$은 첫 번째 주사위의 눈이 4, 두 번째 주사위의 눈이 1 이라는 것을 나타낸다. 이 작업을 수행하면서 주사위의 눈의 합 7 을 얻는 순서쌍을 세고, 모두 여섯 가지 방법이 있음을 알게 되므로 답은 $\frac{6}{36} = \frac{1}{6}$ 이며, 한 쌍의 주사위는 평균 여섯 번중에서 한 번 주사위 눈의 합이 7 임을 알 수 있다.

또한 고등학생에게 이 논법들을 숙달하도록 가르치지만 수세기 전에는 그렇지 않았다. 그 논법들은 현대적인 관점의 요소에 해당한다. 18세기에 주요 과학자들은 추론의 잘못이 밝혀진 후에도 종종 확률에 대해 잘못된 생각에 빠졌다. 위의 오류 유형은 동전 한 쌍 던지기 같은 더 단순한 상황에서도 만들어졌다. 동전 앞면이 한 쌍 나올 확률은 네 번 중에서 한 번이지만 가능한 결과는 두 개의 앞면, 두 개의 뒷면 또는 각각 하나씩 가능한 세 가지 결과가 있을 수 있으므로 세 번 중에서 한 번이라고 주장하는 경우가 많았다. 문제는 이러한 동전 앞면(H)과 뒷면(T)이 하나씩 나오는 마지막 사건은 별개이고 출현 가능성이 같은 방식(HT 또는 TH)으로 나타날 수 있어서 이 세 가지를 구성하는 사건의 출현 가능성이 같지 않다는 것이다. 사건 공간을 (HH, HT, TH, TT)의 네 가지 출현 가능성이 같은 결과를 구성하는 것을 상상하고, 답변을 올바르게 얻기 시작해야 한다. 이러한 종류의 오류를 막무가내로 주장하는 박식한 사람은 누구라도 'two-up'처럼 오래된 도박에 돈을 많이 잃을 것 같다.*

발전 속도는 느리지만 근대적 확률론의 근원은 17세기에 파스칼

* 역자주: two-up은 동전 두 개를 던져 앞면과 뒷면이 나오는 개수에 거는 내기이다.

$$
\begin{array}{c}
1 \\
1 \quad 1 \\
1 \quad 2 \quad 1 \\
1 \quad 3 \quad 3 \quad 1 \\
1 \quad 4 \quad 6 \quad 4 \quad 1 \\
1 \quad 5 \quad 10 \quad 10 \quad 5 \quad 1 \\
1 \quad 6 \quad 15 \quad 20 \quad 15 \quad 6 \quad 1 \\
1 \quad 7 \quad 21 \quad 35 \quad 35 \quad 21 \quad 7 \quad 1 \\
1 \quad 8 \quad 28 \quad 56 \quad 70 \quad 56 \quad 28 \quad 8 \quad 1 \\
\cdot \\
\cdot \\
\cdot
\end{array}
$$

▶ **그림 8.1 파스칼 삼각형** ◀

(B. Pascal)로 거슬러 올라간다.* 그가 시도했던 가장 중요한 문제는 친구 드메레(C. de Mere)에 의해 알려진 도박문제이다. 드메레는 게임 중에 중단되어버린 주사위 게임에서 각 참가자들이 상금을 나누어 갖는 방법을 알고 싶어 했다. 이런 주사위 문제로 파스칼은 그의 이름을 지닌 수 삼각형을 발견하게 되었다(그림 8.1 참조).

삼각형 내부의 각 수는 그 위의 두 수의 합이다. 이 삼각형은 무한히 계속될 수 있으며, 4장에서 설명했듯이 전체 선택 수 목록을 제공한다. 17세기에도 이 삼각형은 이미 600년이나 된 것이었지만 파스칼의 연구는 확률에 관한 게임과 연관지어 새로운 많은 것을 보여주었다.

파스칼은 뛰어난 수학자이자 철학자였지만 평생 몸과 마음의 고통에 시달렸다. 그는 '신의 존재에 대한 내기'를 제안한 것으로 유명하다. 그 내기에서 그는 틀리면 잃을 것이 없지만, 맞으면 모든 것을

* 카르다노(G. Cardano, 1501-1576)는 밀라노의 유명한 의사이자 수학자였으며 나중에 언급할 것이다. 그러나 그의 주요 수입원은 도박이었고, 그가 저술한 확률게임에 관한 책은 1663년에 유작으로 출판되었다.

얻을 수 있다는 근거로 신을 믿을 준비가 되어있다고 주장했다. 믿음은 자발적인 것이라 하더라도 내기의 결과는 알 수 없다. 신은 단지 보험증서로서 신을 믿는 사람들을 위해 특별한 지옥을 마련했을지도 모른다.

몇 가지 예

다소 어려운 문제가 있다. 옛 영국연방에서 방망이와 공을 사용하는 주된 팀 경기는 야구가 아니라 크리켓이다. 크리켓은 영국, 호주, 뉴질랜드, 인도, 파키스탄, 스리랑카, 서인도 제도, 남아프리카공화국, 짐바브웨 등 테스트 크리켓 국가로 불리는 아홉 개국이 국제적 수준으로 치열한 경쟁을 벌이는 경기이다. 이 특권그룹 외의 국가들은 이 시합의 중요성에 대해 전혀 알지 못한다. 인도의 텐둘카르(S. Tendulkar)와 같은 크리켓 스타의 수입은 세계적 축구 '갈락티코' 스타들 또는 미국 야구 선수의 수입에 비할 만하다.*

크리켓의 테스트 시리즈는 각각 최대 5일 동안 지속할 수 있는 경기를 다섯 개 포함할 수 있다.** 경기가 시작되기 전에 해당 국가들의 주장이 동전을 던지고 승자는 먼저 타격 여부를 결정한다. 동전 던지기가 종종 승리한 주장에게는 실질적인 이득을 주기 때문에 이 결정은 중요하다. 주장이 전체 또는 거의 모든 동전 던지기에서 지고 나서 그 시리즈에서 패배하는 일이 얼마나 자주 일어나는지 놀

---

* 역자주: '갈락티코(galactico)'는 스페인어로 은하를 뜻하며, 갈락티코 정책은 세계 최고의 축구 스타들을 대거 영입해 세계 최강의 팀을 만들겠다는 레알 마드리드의 영입 정책이다.

** 역자주: 크리켓의 테스트 시리즈(Test Series)는 크리켓 경기의 형태 중 하나인 최고 수준의 국가대표 간 시합이며, 심신을 테스트하는 긴 시합이라는 의미로 테스트 단어를 사용하였다.

랄 만하다. 동전 던지기에서 지기만 하는 주장을 보유한 팀은 매우 사기가 저하될 것이다. 그렇다면 그럴 가능성은 얼마나 될까?

> 주장 또는 상대방 주장이 다섯 번 동전 던지기에서 다섯 번 모두, 또는 한 번을 제외하고 모두 패할 확률은 얼마인가?

확실히 하기 위해 우리가 영국과 호주가 대결하는 전통적인 '애쉬즈' 시합에 열광하고 있다고 가정하자.* 모두 다섯 번의 동전 던지기 결과는 호주와 영국이 동전 던지기에서 승리하는 기호가 각각 0과 1인 이진법 문자열로 코딩될 수 있다. 다섯 개의 사건 각각에 대해 두 가지 가능성이 있기 때문에 총 가능한 문자열 수는 $2^5 = 32$이다. 그러므로 영국의 주장이 모든 동전 던지기에서 패배하는 것은 00000 문자열로 표시되는 경우이며 서른두 가지 경우 중 단 한 가지 경우이다. 그러나 동전 던지기 중 한 번을 제외한 모든 경우에 패배할 문자열이 다섯 가지 있으며, 이런 경우는 문자열에서 1이 있는 위치 다섯 군데에 해당한다. 전체적으로 영국의 주장이 많아야 한 번 이길 확률은 $\frac{6}{32}$이다. 같은 논점에서 이것은 역시 호주의 주장이 많아야 한 번 이길 확률을 나타낸다. 따라서 두 나라의 주장 중에서 누군가 단 한 번만 이기거나 전혀 이기지 못하는 확률은 $\frac{12}{32} = \frac{3}{8} = 37.5\%$ 이다. 이것은 세 시리즈 중 한 시리즈 이상에서 주장 한 명이나 상대방의 주장이 다섯 번 중 네 번 또는 다섯 번을 패배할 것이라고 예상할 수 있다는 것을 의미한다. 그렇게 되면 그는 불운한 저주를 받을 수도 있지만 이것은 착각이다.

공평한 동전을 수천 번 던지면 앞면이 나오는 비율이 절반으로 예상되는 값에 근접한다는 것은 사실이다. 물론 던지기를 장기적으로 오래 한다면 사실이지만, 앞면 또는 뒷면이 놀랄 만큼 오랜 기간

---

* 역자주: '애쉬즈(The Ashes)'는 영국과 호주의 크리켓 대표팀이 매년 국가대항전으로 대결하는 크리켓의 테스트 시리즈이다.

상당히 우세할지도 모른다. 동전 던지기는 기억에 의존하지 않고 우연히 뒷면이 나오면 제자리로 되돌리려고 하지 않고 계속 뒷면이 나올 수 있다. 이것은 반드시 인정되는 건 아닌 의견이다. 반대로, 사람들은 종종 반대가 사실이라고 주장하고 행운이 균형을 이루는 경향이 있다는 주장을 정당화하기 위해 '평균의 법칙'이라고 부르는 것에 호소한다. 그들이 완전히 틀린 것은 아니며, 실제보다 공평한 처리가 더 빨리 나타날 수도 있다. 그래서 불운이 지속될 때, 그들은 이해하기 어려워보이는 운명에 의해 박해를 받는다고 느낀다. 반면에 행운의 연속은 지나친 자신감을 불러일으켜 결국 눈물로 끝나는 무모함을 낳을 수 있다. 그렇지만 수를 계산해보면 확률로 공정과 정의를 행하기가 꽤 어렵다는 것을 알 수 있다.

확률 문제에서 어려운 다음 단계는 카드 패와 관련된 문제이다. 포커에서 패의 특정 유형을 처리할 확률 등을 알아보자. 새로운 문제는 그 수가 방대한 크기라는 것이다. 서로 다른 5 장의 카드 패의 수는 52 장의 카드 한 벌에서 5 장의 카드를 선택하는 방법의 수인 2598960 이다. 그러나 이 모든 경우의 수나 이항계수는 알려져 있듯이 계승으로 표현될 수 있다. 이 수들은 매우 간단한 비율로 변형되는 계승 수의 곱을 포함하기 때문에 조작하기에 매우 적합하다. 따라서 우리는 계산기를 사용하지 않고 손으로 직접 문제를 해결할 수 있다. 예를 들어 포커에서 플러시(선택한 5장의 카드가 한 종류)를 돌릴 확률은 $\frac{33}{16660}$ 이며, 이는 0.2 퍼센트에 불과하고, 500 번 중에서 한 번의 기회이다. 이는 드문 경우이지만 불가능한 사건은 아니다. 딜러가 자신에게 플러시를 돌린다면 믿을 수는 있다. 하지만 4 장의 에이스는 그렇지 않다. 4장의 에이스를 돌릴 경우는 48장의 패 중에 나머지 1장을 선택해야 하므로 그럴 확률은 $\frac{48}{2598960} = 0.0000185$ 로 50000 번 중에 한 번 미만이다.

실생활 문제는 다양한 기술을 이용해 다루어야 하는 온갖 종류의 복잡한 문제를 만들어내는데, 그 문제 중 일부는 아주 기발하다. 다음의 세기 문제는 추상 대수에서부터 하위 원자 물리학에 이르기까지 많은 형태로 발생하는 유형이다. 10대 청소년 여덟 명이 극장에 가서 'B(Boy Story)', 'R(Revenge of Puff the Magic Dragon)', 'T(Titanic II)'라는 세 가지 영화 중에서 영화를 본다고 가정하자.

> 여덟 명의 사람들이 세 개의 다른 영화를 선택한다면, 영화티켓 구매를 위해 얼마나 다양한 주문이 가능한가?

영화티켓 판매의 관점에서 누가 어떤 영화를 보느냐는 문제가 되지 않지만 각각의 영화에 고객이 얼마나 많은지는 중요하다. 해결책을 이끌어내는 접근법은 일행 중 한 명이 모든 사람을 위해 영화티켓을 사는 작업을 종이에 적어 둘 수 있을지 생각하는 것에서 비롯된다. 영화티켓 구매자는 사용 가능한 세 가지 유형으로 순서를 구분하기 위해 두 개의 사선 표시를 적어 B, R, T를 결과로 하는 열을 만들고 각각의 의미를 상기시킨다. 각 사람이 자신의 선택을 말하면, 구매자는 해당란에 x 표시를 한다. 두 가지 가능한 주문이 그림 8.2에 있는데, 첫 번째는 두 사람이 B영화를 보려고 하고, 나머지 두 영화는 각각 세 사람씩 보려고 하는 반면, 두 번째 주문 카드는 아무도 R영화를 보려고 하지 않고, 세 명은 B영화를, 그리고 나머지는 T영화를 보려고 한다는 것을 보여준다.

B	R	T
x x	x x x	x x x

B	R	T
x x x		x x x x x

▶ 그림 8.2 ◀

영화티켓 구매자가 수행한 작업은 여덟 명에 대한 영화티켓 구매의 모든 가능한 주문을 여덟 개의 x와 두 개의 사선으로 구성된

열 개의 기호로 만들어진 코드를 작성하는 것이므로 질문에 대한 대답은 열 개의 기호가 배열될 수 있는 방법의 수와 같다.

이제 열 개의 가능한 위치 중에서 두 개의 사선을 어디에 놓을지 선택하면 x는 나머지 모든 위치를 차지하므로 열 개의 기호가 배열된다. (사선은 어디든 자유롭게 놓을 수 있다. 예를 들어 두 개의 사선 뒤에 여덟 개의 x가 있으면 여덟 명 모두 T영화를 보고 싶다는 뜻이다.) 첫 번째 사선의 위치는 열 가지 중에 선택할 수 있으며 각 선택에 따라 두 번째 사선의 위치는 아홉 가지가 가능하고, 따라서 하나의 사선을 긋고 두 번째 사선을 그을 수 있는 방법은 $10 \times 9 = 90$ 가지이다. 그러나 이 답을 두 개로 나눌 필요가 있다. 사선에 관한 두 가지 위치의 각 선택에 대해서는 어느 사선을 먼저 긋든 같은 결과를 가져오므로 열 개 위치의 행에 $90/2 = 45$ 개의 다른 방식으로 사선을 배치할 수 있다. 즉 여덟 장의 영화티켓을 수령하기 위해 마흔다섯 가지의 다른 주문이 가능하다.

다음으로 다른 종류의 세기 문제가 있다. n 명의 선수가 있는 녹아웃(knock-out) 테니스 토너먼트에는 $n-1$ 개의 경기가 있다. 각 경기는 한 명의 선수를 탈락시키고, 무패 챔피언이 승리자로 남게 된다. 두 명의 선수는 무작위로 선발되며, 즉 모자를 이용해 그들의 이름을 뽑는다.

> 주어진 선수 쌍이 토너먼트 기간 동안 서로 시합을 하게 될 확률은 0에서 1까지 범위에서 무엇일까?

쌍을 개별 단위로 생각하는 것에 수긍한다면 답을 얻기 어렵지 않다. 이 문제를 해결하기 전에 간단한 예를 통해 이러한 일이 어떻게 처리되는지 다시 한 번 생각해보자.

경품권이 100 개 있다고 하자. 한 개를 구입했고 다섯 개가 당첨될 예정이다. 경품에서 당첨될 확률은 5/100 이거나 20 분의 1 이다.

위의 상황은 본질적으로 동일하다. 어떤 수 m 쌍(바로 분류될 선수 쌍의 정확한 수)이 있고 그 중 $n-1$ 쌍이 선택되어 시합을 하게 될 것이고, 특정한 무작위 쌍이 선택될 확률을 묻는다. 따라서 문제에 대한 답은 $\frac{n-1}{m}$ 이다.

얼마나 많은 가능한 m 쌍이 있는가? n 명의 각 선수는 다른 $n-1$ 명과 쌍을 이룰 수 있다. 이렇게 하면 선수 A와 B의 쌍이(한 번은 A가 B와 시합하는 것으로, 또 한 번은 B가 A와 시합하는 것으로) 두 번 계산되므로 선수 쌍의 수의 두 배인 수 $n(n-1)$ 을 얻는다. 앞의 질문에서와 같이 우리는 이 수를 2로 나눠서 가능한 쌍의 총 수 $m=\frac{n}{2}(n-1)$ 을 구한다. 질문의 답은 $n-1$ 을 m 으로 나눈 결과로 얻어진다. 분자에 있는 $n-1$ 과 분모의 공통 인자를 삭제하면 아주 간단한 표현인 $\frac{2}{n}$ 를 얻는다.

놀랍게도 간단한 답은 적은 수의 선수에 대해 쉽게 검증된다. 토너먼트가 가능한 최소의 $n=2$ 인 경우 시합을 해야 하는 한 쌍만 존재한다. 네 명의 선수가 있다면, $\frac{2}{4}=\frac{1}{2}$ 에 도달하며, 이것은 쌍의 반은 만나는 것을 의미한다. 이것은 준결승 경기에서 시작하는 토너먼트에는 세 경기가 있으며, 네 명의 선수 A, B, C, D가 가능한 쌍은 A ∨ B, A ∨ C, A ∨ D, B ∨ C, B ∨ D, C ∨ D의 여섯 가지가 있기 때문이다.

완벽하지는 않지만 경품에 비유하면 답은 명확하다. 경품에서 각 경품권은 승자가 될 가능성이 똑같다. 테니스 토너먼트에서 이것은 모든 선수에게 사실이 아니며 특정 쌍이 만날 가능성에 영향을 준다. 더 강한 선수는 일반적으로 경기를 더 많이 하므로 더 강한 선수를 특징으로 하는 쌍은 약한 쌍보다 경기를 할 가능성이 더 많다. 또한 일부 토너먼트에서는 토너먼트의 후반부를 제외하고 상위 시드의 선수가 서로 시합하지 않을 것을 사전에 보장하는 시드 배정의 복잡성이 추가된다. 그러나 문제의 쌍을 임의로 선택하였기 때문에 이것은 앞의 분석을 무효화하지 않는다. 그것은 20 마리의 선발 경주마가 있는 경마와 비슷하다. 어떤 말은 다른 말들보다 더 많이 우승하기 쉽지만, 무작위로 말을 선택하면 평균적으로 20 번에 한 번 우승하게 된다. 형태에 대한 모든 고려 사항을 무시하기로 선택하므로, 현장에서 말의 다양한 강점이 영향을 미치지 않는다.

확률을 처리할 때는 실제로 조심해야 한다. 답이 틀리는 계산은 어떤 종류라도 사람들이 알아차리게 된다. 확률론은 우리 중 일부가 완전히 틀린 결론을 내릴 수 있게 하는 능력을 가진 매혹적인 주장에 의해 늘 시달려왔다. 무모한 도박꾼뿐만 아니라 법정에서 냉철한 판단을 하는 재판관도 실제로 위험한 실수를 종종 한다. 실수는 다른 사건이 주어진 한 사건의 확률인 조건부확률을 포함하는 아주 단순한 상황에서 발생한다. 영국의 최근 재판에서는 여러 명의 영아돌연사가 있었다(여러 국가에서 유사한 사례들이 발생했다). 두 명이 이런 방법으로 죽었기 때문에 한 여자가 아이들을 살해한 것으로 의심되었다. '전문가'는 그런 사건의 가능성이 수백만 대 1에 달한다고 말했다. 그러한 결함 있는 추정은 종종 각각의 죽음이 한 쌍의 동전 던지기처럼 다른 것과 독립적이라고 가정한다. 물론 이것은 그런 경우가 아니다. 이 증후군은 아기 10000 명 중 한 명에게만 발생할 수 있다. 하지만 한 가족이 한 명의 영아돌연사로 고통받았다면, 또 한 명의 영아돌연사를 견뎌야 할 확률은 훨씬 높다. 실제로 영국에서 매년 약 한 가족이 이러한 두 번의 타격을 받을 것으로 예상된다.

전문가의 의견이 아닌 한 법정에서 의학적 또는 법의학적 의견을 받아들이지 않는다. 마찬가지로 이런 맥락에서 부정확한 확률 진술은 인정된 통계학회의 공인 대리인에 의해 적절하게 심사되지 않는 한 증거로 인정될 수 없다. 이 문제에 직면하지 않으면 결과가 계속해서 여러 사람의 인생을 망칠 수 있다.

간단히 말해서 조건부확률을 둘러싼 혼란은 마치 비행기에 폭탄을 밀반입하다 잡힌 사람이 '동일한 비행기에 두 개의 폭탄이 있을 가능성은 10억분의 1!'이므로 모든 사람의 안전은 확보되었다고 변명처럼 하는 농담에서 잘 드러난다.

확률에 관한 문제

확률 질문은 고유한 매력을 갖고 있다. 그 이유는 많은 실생활 문제에는 놀랄 만한 다양성이 있으며 해답에 이르는 경로가 종종 초보적이지만 사건의 비율 및 관계와 관련하여 예리하고 참신한 관찰이 필요하기 때문이다. 그 주제는 제공되는 다양한 기교를 통해 감정가들이 새로운 아이디어를 발견하기를 즐기는 예술의 일종이 된다. 여기에 선택이 따른다.

무적의 팀

테니스나 풋볼에서의 녹아웃 컵 대회를 생각해보자. 조직위원은 모든 라운드 시작 시 항상 선수 또는 팀의 수가 짝수가 되도록 팀의 수를 2^n으로 준비한다. 예를 들어 축구에서는 컵 챔피언이 n라운드를 무패로 살아남을 것이다. 우리는 이제 한 쌍의 진행상황을 조사하고, 상대방 팀 외에는 무적인 그 두 팀을 셀틱과 레인저스라고 부르자. 즉 두 팀은 아마 상대방 팀에 의해서만 패배할 수 있다. (이것은 스코틀랜드에서 벌어지는 현재 상황과 아주 다르지 않다.)

각 라운드에서 경기할 팀들의 쌍을 모자를 이용해 뽑기 때문에 결승전이 레인저스-셀틱 경기라는 것을 보장할 수 없다. 어떤 다른 팀도 두 팀을 멈출 수 없으므로 확실히 만나게 되겠지만 그것은 마지막 라운드가 아닐 수도 있으며, 첫 라운드 또는 좀 이른 라운드일 수 있다. 그럼에도 불구하고, 레인저스-셀틱 결승전은 놀랄 만큼 흔하다. 오랜 명문인 두 무적의 팀이 결승에서 만날 확률은 50 대 50보다 높다는 것이 밝혀졌다.

왜 그렇게 되어야 하나? 우선 가장 단순한 사례를 살펴보겠다. 전체 경기에서 n 라운드가 주어지면 $p = p_n$ 을 레인저스-셀틱 결승전일 확률이라 하자. 분명히 $n = 1$ 이면 경기할 팀이 두 팀뿐이므로 $p_1 = 1$ 이다. 다음으로 $n = 2$ 라고 가정하면, 네 팀이 있으므로 C와 R이 각각 셀틱과 레인저스를 의미한다고 할 때. {A, B, C, R} 네 팀이 있다고 하자. 첫 라운드는 (홈경기이든 원정경기이든 관계없이) 세 가지 뽑기

$$\{A \vee B,\ C \vee R\},\ \{A \vee C,\ B \vee R\},\ \{A \vee R,\ B \vee C\}$$

가 가능하다. 세 가지 가능성은 모두 출현 가능성이 같으므로 셀틱과 레인저스가 첫 라운드에서 만나지 못하고 결국 결승전에서 상대방을 만날 확률은 $\frac{2}{3}$ 이다. 이것을 보는 또 다른 방법은 무적인 두 팀 중 하나, 예를 들면 R에 초점을 맞추는 것이다. 레인저스는 다른 세 팀과 만날 확률이 동등하므로 첫 번째 라운드에서 셀틱과 만나지 않을 확률이 $\frac{2}{3}$ 이다. 그러므로 $p_2 = \frac{2}{3}$ 이다.

이제 $2^3 = 8$ 팀이 경쟁한다고 가정하자. 셀틱-레인저스가 첫 두 라운드 중 하나에서 서로 만나지 않는다면 우리는 셀틱-레인저스의 결승전으로 끝마친다. 두 팀이 첫 라운드에서 서로 만나지 않을 확률은 $\frac{6}{7}$ 이다. (R의 관점에서 볼 때 일곱 개의 다른 팀이 있으며 그 중 여섯 개는 C가 아니다). 그들이 첫 라운드에서 서로 만나지 않는다는 것을 고려할 때, 두 번째 라운드에서는 네 팀이 남아 있고 그 문제는 이미 해결되었으므로, 그들이 두 번째 라운드에서 만나지

않을 확률 또한 $\frac{2}{3}$ 이다. p_3 의 값은

$$p_3 = \frac{6}{7}p_2 = \frac{6}{7} \times \frac{2}{3} = \frac{4}{7}$$

이다. 이 주장을 확장함으로써 n-라운드 대회에서 셀틱-레인저스 결승전일 가능성은

$$p_n = \frac{2^{n-1}}{2^n - 1} \qquad (*34)$$

이고, p_n 의 처음 몇 개의 값은

$$1, \frac{2}{3}, \frac{4}{7}, \frac{8}{15}, \frac{16}{31}, \frac{32}{63}, \cdots$$

이다. 5-라운드 대회에서도 무적의 팀 간 결승전일 확률은 거의 $\frac{1}{2}$ 이다. n 의 값에 대해 확률 p_n 은 항상 이것보다 약간 크지만 극한값은 실제로 $\frac{1}{2}$ 이다. 우리는 앞으로 수년 내에 많은 레인저스-셀틱 결승전을 기대할 수 있다.

해답에 필요한 모든 기술을 설명하지 않고 흥미로운 질문에 대한 몇 가지 예를 조금 더 알아보자.

베르트랑-휘트워스(Bertrand-Whitworth) 투표 문제

선거 개표에서 두 후보의 득표수가 각각 p 와 q 라고 하자. p 가 q 보다 크다고 할 때 득표수가 더 많은 한 후보가 계속해서 우세할 확률은 얼마인가?

답은 매우 간단히 $\frac{p-q}{p+q}$ 이다. 예를 들어 만약 p 와 q 가 각각 60표와 40표라고 하면, 승자가 계속 이길 확률은 $\frac{20}{100} = 0.2$ 이다. 다시 말하면, 한 후보가 큰 차이로 이긴다 하더라도, 적어도 어떤 단

계에서는 경쟁자보다 우세하지 않을 확률이 80 퍼센트라는 말이다.

이 문제는 두 가지 추가적인 이유 때문에 주목할 가치가 있다. 첫째, 득표수의 계산이라는 측면에서 매우 자연스럽고 단순하지만, 그것은 입자물리학을 비롯한 많은 다른 상황에서 발생한다. 둘째, 그것은 문제풀이 방법으로 주목할 만하다. 필요한 계산은 표를 세어 승자의 우세그래프를 그려가면서 할 수 있다. 우세한 경로의 수를 세기 위해서, 반사원리(Reflection Principle)로 알려진 특별한 기하적 대칭이론이 사용된다. 이것은 세어보려고 하는 경로들의 집합이, 원래의 문제와 아무 관계가 없지만 쉽게 개수를 셀 수 있는 또 다른 경로들의 집합과 같은 개수를 갖는다는 것을 보여준다. 그래서 쉽게 결과를 얻을 수 있다. 이 독창적인 해결방법은 매우 가치가 있으며 이런 성질의 문제들을 풀 때 꼭 필요하다. 이 문제들은 이중 쌍대라고 알려진 것과 관계가 있다. 실제로 그 답은 모든 관련된 것을 거꾸로 세어볼 때 만들어지는 또 다른 관련 문제에 대한 답이기도 하다. 이 경우에, 선거 개표결과 주어진 비율은 최종 개표까지는 승자가 결코 얻지 못할 득표 차의 확률이라는 사실을 쌍대성원리(duality principle)로부터 알 수 있다. 이것은 승자가 항상 이기고 있는 것을 거꾸로 세는 방법은 이 후자의 성질에 의해 결정되기 때문이다.

생일 문제

두 명 이상이 생일이 같을 기회가 최소한 50 대 50이려면 방에 얼마나 많은 사람이 필요한가? 이전의 문제와 달리 이것은 풀기 어렵지 않지만 꽤 많은 산술을 필요로 하고, 그래서 답을 추측하기가 쉽지 않다.(*35) 생일이 우연히 일치할 확률이 1/2 이상이려면 23명의 사람이면 충분하다. 실제로 생일이 일 년 내내 꽤 균일하게 분포되어 있지 않기 때문에 같은 생일일 기회가 늘어나게 된다. 그러므로 생일을 공유하며 즐거워하는 뜻밖의 작은 기쁨이 대부분의 학급 어린이들에게 선사된다.

러시안 룰렛 문제

선수가 번갈아가며 게임을 한다는 점에서 많은 게임들이 약간의 불균형을 가지고 있으므로 먼저 하는 사람이 유리하다. 예를 들어 두 사람이 3×3개의 칸 속에 번갈아 가며 O나 X를 그려 나가는 게임인 삼목 두기(noughts and crosses)에서 먼저 하면 결코 지지 않을 것이다. 커넥트포(Connect Four) 라는 수직의 연결 게임에서 첫 번째 패를 배치하게 되면 컴퓨터가 게임을 진행하도록 프로그래밍될 수 있어서 먼저 두는 선수는 항상 승리한다는 의미에서 강제 승리를 얻는 것이 입증되었다. 게임이 복잡하고 숙련된 인간 선수가 그 수준을 달성할 수 없기 때문에 이것은 놀라운 결과이다. 체스에서도 흰색 말을 가지고 경기하는 것은 상당한 이점이 있으며 최고 수준의 체스 선수인 그랜드마스터들은 확실히 '이동'을 최대한 활용한다. 실제로 최상위 레벨에서 검은색 말을 가지고 경기하면서 잘 하는 상대방을 이기는 선수는 진정한 승리를 거둘 것이다. 최고의 선수들은 흰색 말로 먼저 가는 작은 이점을 많이 이용하고 그것 때문에 방어를 해야 하는 상대 선수는 게임에 몰입하게 될 것이다. 실은 흰색 말이 체스에서 강제 승리를 거두지 못했다는 것은 결코 증명된 적이 없고, 최고의 게임으로 흰색 킹이 항상 승리자가 될 거라고 상상할 수 있다. 그러나 그럴 가능성은 희박하며, 일반적 통념에 따르면 검정색 말은 흰색 말이 얼마나 게임을 잘 하든지 간에 흰색 말을 무승부로 이끌어낼 수 있어야 한다. 철저히 게임을 분석해보면 패자는 일반적으로 게임하는 중에 어딘가에서 최소한 한 번 명백히 잘못 이동했음을 알 수 있다.

러시안 룰렛은 편향된 게임의 예이기도 하다. 위험하지 않은 버전의 게임은 선수가 차례로 주사위를 굴려 주사위의 눈 6이 제일 먼저 나온 사람이 이긴다. 첫 번째 선수 A가 다른 선수 B를 이길 확률은 얼마인가? a와 b를 A와 B가 각각 처음 주사위의 눈 6이 나온 경우의 상대적 비율이라고 하면 $a+b=1$이 된다. 이제 A는 두 가지 방법 중 하나에서 승리할 수 있다. 여섯 번 중에 한 번은 그가 첫 번째 주사위를 굴려서 이길 것이다. 그러나 이것이 일어나지 않는다면, B는 지금 A가 방금 실패했다는 이점을 가진다는 점에서 표가 뒤집힌다. 이것은 6번 중에 5번 발생하며 $b=\frac{5}{6}a$의 관계를 갖는다. 이것을 이전의 관찰인 $b=1-a$와 결합하면 $1-a=\frac{5}{6}a$가 얻어지므로 $\frac{11}{6}a=1$, 즉 $a=\frac{6}{11}$이 된다. 백분율의 관점에서 A는 게임이 진행되는 시간의 약 54.5퍼센트를 이길 것이다.

어떤 게임에서는 먼저 시작하는 이점을 고르게 하려고 한다. 예를 들어 테니스의 타이브레이크에서 먼저 한다는 것은 '서브를 하는 것'을 의미한다. 한 선수가 첫 포인트를 서브하지만 그 뒤에 연속해서 선수들이 교대로 두 번씩 서브를 한다. 이렇게 균형을 잡으려는 시도는 축구팀의 승부차기에는 적용되지 않으며 계속 두 번째로 하도록 강요당하는 팀에게 오히려 압력이 더 커지는 것에 유의해야 한다. 월드컵 결승전은 승부차기로 해결되어왔기 때문에 여기에 많은 문제가 있으며 아마도 이 형식은 공정성을 위해 재심의될 때이다. 러시안 룰렛 게임을 통해 이런 종류의 교대를 시도한다면 완벽하지는 않지만 균형을 이루는 경향이 있다. A가 주사위를 한 번만 굴리는 것으로 시작하고, B가 두 번, 그 다음 A가 두 번 등으로 하면, A가 주사위 눈이 처음 6이 나오게 굴릴 확률은 이제 $31/61=50.8$ 퍼센트이다.(*36)

버스는 왜 한꺼번에 오는가?

이것은 훨씬 더 열린 문제이다. 설정을 보다 정확하게 하기 위해 버스가 특정 경로를 10분마다 한 번 운행하기 시작한다고 가정하자. 버스를 얼마나 기다려야 하는가?

버스는 10분마다 차고를 출발하고, 각 버스의 움직임이 동일하면 버스가 10분 간격으로 주어진 버스 정류장에 도착한다. 버스 정류장까지 걸어가는 승객은 10분 간격으로 어딘가에 도착한다. 승객이 시간표를 특별히 주목하지 않고 다른 시각처럼 어느 시각에 도착할 가능성이 높으면, 그 승객은 버스 사이에 10분 간격 동안 어느 지점에나 도착할 가능성이 똑같아서 버스가 올 때까지 평균 5분간 기다릴 수 있다.

그러나 버스 승객이라면 매 시간 버스 여섯 대가 있을지라도, 어떤 날은 운이 좋아도 평균 5분 이상 버스정류장에서 기다려야 한다는 것을 안다. 당연히 각 버스의 행태는 버스 정류장에서 승객 수와 도로 교통상의 임의의 변동 때문에 동일하지 않다. 일부 지연은 피할 수 없지만 평균 시간당 버스 여섯 대가 있다면, 시계처럼 매 10분마다 각 정류장에 버스가 항상 도착하는 완벽한 세상에서 평균 대기시간이 동일하다고 생각할지 모른다.

그러나 그렇지 않다. 균일한 시간 간격으로 출발해도 평균 대기시간이 늘어난다. 왜 이렇게 되는지에 대한 몇 가지 특별한 가능성을 살펴보겠다.

버스 경로가 극도로 긴 경우, 버스가 길에서 맞닥뜨리는 임의의 변동의 효과로 인하여 버스 간의 초기 시간 간격의 영향이 줄어들 것이다. 한 시간에 평균 여섯 대의 버스가 있을 것이나 아주 먼 길을 따라 가면 (한 경로가 실제로 수십 년이 걸릴 것이라고 상상해보자) 한 버스와 다음 버스 사이에 거의 연결이 없는 것처럼 보일 것이고, 버스는 전체 평균인 10분마다 한 대씩 무작위로 나타날 것이다. 이 상황에서 승객이 버스 정류장까지 걸어갈 때, 과거의 버스 도착은 아무런 관련이 없다. 그 승객은 버스 정류장에 도착하고 시계를 본다. 어느 시간대이든 상관없이 다음 버스가 도착할 때까지의 평균 시간은 10분일 것이고, 따라서 이 임의의 세계에서 평균 대기 시간은 이상적인 5분에서 최대 10분이 된다. 이것은 푸아송 과정으로 알려진 것으로, 프랑스의 수학자 푸아송(S. Poisson, 1781-1840)의 이름을 딴 것이다.* 승객에 관한 한, 버스는 승객이 버스를 관찰하기 시작할 때부터 평균 10분에 한 대씩 무작위로 나타난다.

한 버스의 진행이 다른 버스에 아무런 영향을 미치지 않는다면 적어도 이런 경우가 있을 것이다. 실제로, 인생은 그렇게 단순하지 않으며, 불행히도 버스가 서로의 통행에 방해가 되면서 상황을 악화시키는 경향이 있다. 런던 버스는 서로를 따라잡고 함께 뭉치는 것으로 악명이 높다. 이것은 정말로 운전자의 잘못이 아니다. 매번 지연되면 무작위로 도착하는 승객들도 늘어나기 때문에 특별한 이유 없이 사람들이 갑자기 몰려드는 경우가 종종 있다. 이로 인해 승객이 많이 타게 되는 첫 번째 버스의 속도가 느려진다. 뒤따라오는 버스는 따라잡게 되며 때로는 추월하기도 하지만, 일반적으로 그들은 일단 이런 일이 일어나면 분리하는 것이 어렵다는 것을 안다. 그러고 나서 버스가 분명히 무리를 이루어 다니는 짜증나는 현상을 관찰한다. 설상가상으로 런던의 여섯 대의 큰 빨간색 버스들이 사실상 서로 붙어 있는 것을 볼 수 있다. 이런 일이 발생하면 더 이상 시간당 여섯 대의 버스가 아니라 사실상 매 시간마다 한 대의 큰 버스를

* 이런 맥락에서 자주 인용되는 유명한 데이터는 프러시안 군대에서 말의 발길질로 인한 사망자 수에 관한 것이다. 푸아송 이론에 따르면 이러한 사망사건이 서로 연관이 없으며 완전히 무작위로 발생한다면 기록이 있었던 280개월 동안 34개월 안에 두 명이 사망했을 것으로 예상할 것이다. 그러나 실제로 32개월 안에 두 명이 사망했고, 일반적으로 데이터는 '무작위' 가설에 매우 잘 들어맞는다. 즉 말이 언제 발길질을 할지 알 수 없다.

가지게 된다. 하루 종일 빈번히 발생하는 경우 승객은 실제로 60분마다 버스 한 대를 볼 수 있으며 버스 정류장에 걸어와서 평균 대기 시간은 이상적인 5분 대신 약 30분 정도가 된다.

균일한 배차간격으로 운행하는 것이 어째서 항상 상황을 악화시키는지 이해하려면, 시간 간격이 한 시간인 단위시간당 버스가 한 대인 경우를 살펴보는 것으로 충분하다. 버스가 정각에, 매 시각마다 비가 오거나 해가 나거나, 승객이 있는 정류장에 도착하고, 승객은 버스정류장까지 배회하고 아무 때나 아무렇지도 않게 버스 요금을 지불한다고 가정해보자. 승객의 대기 시간은 똑같이 0에서 60분까지의 시간이 될 가능성이 있으므로 평균적으로 대기 시간은 두 극단 사이의 정확히 절반 정도인 30분일 것이다.

그러나 버스 한 대가 일찍 도착하거나 혹은 잘못된 시각에 도착했다고 가정하자. 이것은 두 대의 연속적인 시간주기를 방해하고, 두 개의 시간 간격 동안 승객이 무작위로 도착하면 승객의 예상 대기 시간은 30분보다 길어질 것이다. 왜냐하면 하나는 한 시간보다 짧고 다른 하나는 더 긴 두 개의 구간이 관련되어 있기 때문이다. 승객의 평균 대기시간은 속한 시간 구간의 절반이지만, 긴 시간 구간이 단순히 더 길다는 이유만으로 승객은 긴 시간을 보낼 가능성이 더 높고, 이는 긴 기다림에 대한 편견을 불러일으킨다.(*37) 버스, 기차 및 비행기가 정시에 운행될 수 있다면 인생은 정말 좌절감을 덜 느낄 것이다.

상트페테르부르크의 역설

1725년에 베르누이(D. Bernoulli)가 제시했던 문제는 18세기를 지나면서 상당히 큰 혼란을 야기했기에 역설로 불리게 되었다. 피터와 폴은 동전 던지기 게임을 하고 있다. 공정한 동전을 여러 차례 던져서 앞면이 나올 때까지 하는 것이다. 만일 처음 던져서 앞면이 나오면 피터는 2크라운(영국의 25펜스 동전)을 받는다. 만일 처음에 뒷면이고 그 다음 던졌을 때 앞면이면 피터는 4크라운을 받는다. 세 번째 던져서 처음으로 앞면이 나오면 피터가 8크라운을 받게 되는 … 이와 같은 방법으로 게임을 한다. 문제는 피터가 게임을 할 권리를 얻기 위해 폴에게 무엇을 지불해야 하는가이다. 확률의 기본 이론에 따르면 피터는 1/2 확률로 2크라운을 받고, 1/4 확률로 4크라운을 받는다. (뒷면 다음에 앞면이 나올 확률이 $\frac{1}{2}\times\frac{1}{2}$이기 때문이다.) 그리고 1/8의 확률로 8크라운을 받는 방식으로 전개된다. 그가 평균적으로 기대할 수 있는 수익은 각각의 경우의 수익인 1크라운들의 합이다. 그러나 1의 무한 합은 무한이다. 결론은 어떤 액수의 돈도 폴이 잃을 기댓값을 충족시킬 만큼 돈이 충분하지 않다는 것이다.

이런 상황은 말이 되지 않는 것처럼 보인다. 이것을 확인하기 위해 뷔퐁(Comte de Buffon, 1707-1788)은 실제로 2084번의 게임을 반복 실험했다. 그는 피터가 받게 될 평균값은 5크라운보다 적다는 것을 발견했다. 이론과 실제의 차이를 어떻게 이해할 수 있을까?

몇몇 연구자가 제시한 타당성 있는 설명에 따르면 이 게임을 실제로 수행하기는 완전히 불가능하다는 것이다. 폴이 절대적으로 무한히 많은 자금을 갖고 있어서 그가 어떤 액수도 지불할 수 있다는 보증이 있을 때에만 폴은 피터에게 이 게임을 제안할 수 있다. 그런데 이것은 불가능하므로, 이러한 방법으로 이 문제의 역설을 해결하게 되었다.

이 역설의 다른 형태는, 카지노 게임에서 이길 확률이 아무리 작은 양수일지라도 0보다 큰 것이 확실하면 게임에서 항상 승리할 수 있다는 논증이다. 내기를 걸고 게임을 해서 잃으면 그는 다시 게임을 하게 된다. 두 번째 게임에서의 내기는, 그가 이길 경우 그가 앞서 잃은 것을 회복하고도 남을 만큼 건다. 원칙대로 한다면 그는 점점 더 큰 액수를 걸면서 이 게임을 무한히 반복할 수 있다. 게임하는 사람이 드디어 이기는 순간, 그는 큰 돈을 따게 된다. 결국 그가 게임에서 반드시 이기게 되는 것이다.

이것 역시 게임하는 사람이 무한히 많은 자금을 갖고 게임을 할 때만 성립한다. (만약 그가 그만큼의 돈을 갖고 있다면, 게임에서 이기는 것이 무슨 의미가 있겠는가?) 만일 게임하는 사람이 엄청나게 많은 액수일지라고 제한된 자금을 갖고 있다면, 그는 이러한 게임 전략을 수용하려고 할 것이고, 만일 그가 적은 액수의 내기를 거는 것으로부터 시작한다면(여기서 적은 액수라는 것은 그가 가지고 있는 재산과 비교해서이다.), 그는 분명히 최종적으로 거의 승리하게 될 것이다. 그러나 단점은 그가 따게 되는 돈은 자신이 직면하게 될 경제적 손실 위험성과 비교하여 매우 적다는 것이다. 그가 내기에서 완전히 잃을 위험성도 조금은 있다. 이러한 형태의 게임은 복권(게임)의 형태와는 반대되는 상황이다. 복권에서는 복권구매자가 적은 금액을 투매하게 된다. 그러나 큰 성공을 거둘 수 있는 아주 적은 기회를 노려, 비록 적지만 잃을 것이 거의 확실한 금액을 투매하는 것이다. 다른 한편으로는, 건 액수의 두 배를 받거나 아무것도 받지 못하는 형태의 게임을 하는 부자는 작은 승리를 거의 확실하게 얻기 위해 큰 액수의 내기를 거는 위험은 조금만 감수할 것이다.

앞서 본 바와 같이, 뷔퐁의 이론과 실제 사이의 간격이 이렇게 큰 것은 왜일까? 피터가 실제로 갖게 되는 엄청난 이득을 뷔퐁이 알지 못했다는 사실은 쉽게 설명할 수 있다. 또한 무한한 상금이 걸린 무제한 회수의 오픈엔드 게임과 관계 없는 예도 볼 수 있다. 이러한 형편없는 보상은, 거액의 당첨금이 걸려 있지만 거의 당첨되지 않는 모든 게임에서 확실하게 목격된다. 국가에서 발행하는 복권은 아주 좋은 예이다. 예컨대 복권 한 장이 1달러이고, 복권 소지자는 100만 달러를 획득할 수 있는 기회가 백만 번 중에 한 번 있고, 그렇지 않으면 아무것도 얻지 못한다고 하자. (이것은 국가에서 발행하는 복권의 현실과 크게 다르지 않다.) 이 게임에 참여한 사람들에 의해 백만 달러가 모여 행운의 당첨자에게 돌아가기 때문에, 이것은 완벽히 공정한 게임이며 복권은 적절한 가격에 판매된다. 그러나 만일 뷔퐁이 매주마다 복권을 사기 시작하면 그는 1만 년 동안 게임에 참여할 수 있지만, 그가 1페니도 얻지 못할 가능성은 여전히 높다.(*38) 경험적으로 볼 때 복권은 가치가 없어 보인다. 그때까지 가난한 뷔퐁은 1만 년이 넘는 동안 50만 달러 이상을 복권을 사는데 지불했고 매순간마다 패자가 될 것이기 때문이다.

뷔퐁의 바늘 문제

수학자보다는 자연주의자로 더 잘 알려져 있는 뷔퐁은 호기심을 끄는 바늘 문제를 제시한 것으로 유명한데, 이것은 기하적 확률론에 관한 첫 번째 문제였다. 그는 바늘을 마루 바닥으로 던졌을 때, 바늘이 마루 선에 닿을 확률은 얼마인가를 질문했다. 여기서는 정확히 계산하지 않을 것이지만, 바늘의 길이가 l이고 각 마루 한쪽의 너비가 d일 때, 그 값은 $\frac{2l}{\pi d}$이다. 만일 $l=d$이면 답은 간단히 $\frac{2}{\pi}$이다. 계산에서 원주율 π가 나오는 것은, 바늘이 마루 선에 닿는지 아닌지의 문제는 다음의 두 개의 독립사건에 의존한다는 사실 때문이다.

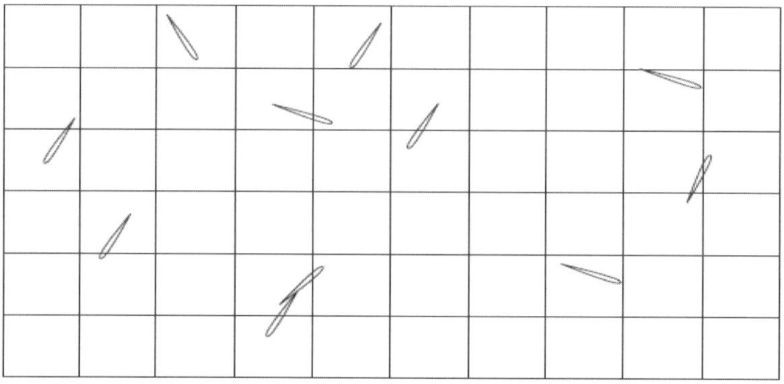

▶ **그림** 8.3 뷔퐁-라플라스 바늘 문제 ◀

하나는, 가장 가까운 마루 선으로부터 바늘의 중심까지의 거리이며, 나머지 하나는 마루 쪽의 평행한 방향과 바늘이 이루는 각도이다. 바로 후자의 성질로 인해 문제에 원의 성질이 요구되며, 답에 π가 포함되는 것이다. 실험을 여러 차례 반복하여, 실패에 대한 성공의 실험적 비율의 추정값이 $\frac{2}{\pi}$라는 것으로부터, 결과적으로 π값을 근사적으로 얻을 수 있다.

실제로 그렇다고는 해도, 수천 차례 반복하기 전에는 이 문제의 정확한 답은 나오지 않는다. 문제에 몇 가지 변형을 주어 더 잘 만들 수 있다. 뷔퐁-라플라스 바늘 문제(Buffon-Laplace Needle Problem)에서는 직사각형 격자형 마루에 바늘을 떨어뜨릴 때 바늘이 마루 모서리 선에 닿을 확률을 물어본다(그림 8.3). 이 실험에서는 원래의 것보다 더 빠르게 π의 값으로 접근하게 된다.

조금 더 쉽게 다룰 수 있는 유사한 문제는, 하나의 동전이 체스판에 떨어져 모서리를 덮을 확률을 물어보는 것이다. 역시 답은 동전의 상대적 크기에 좌우되지만, 동전이 사각형 모양의 체스 판보다 상당히 작다고 가정하자. 이 문제의 핵심은 동전의 중심과 어느 모서리의 거리가 동전의 반지름보다 크지 않을 때 동전이 한 모서리를

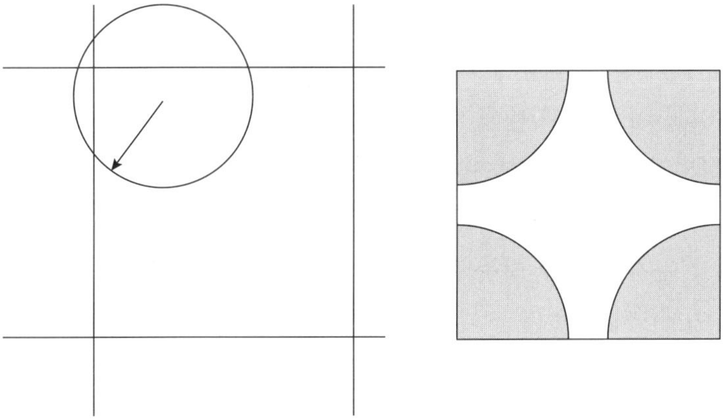

▶ **그림 8.4** 체스판 위의 동전문제 ◀

정확히 덮는지를 확인하는 것이다.

동전의 중심이 사각형 내부의 어느 곳에든 떨어질 확률이 같기 때문에, 그 확률은 사각형 내부에 떨어지기를 바라는 영역의 넓이를 사각형 전체의 넓이로 나눈 비율이다(그림 8.4). 그런데 모서리와 충분히 가까운 영역의 넓이는 동전과 동일한 반지름을 갖는 사분원 네 개를 의미하므로, 만족스럽고 간단한 답을 얻을 수 있다.

$$\text{동전이 모서리를 덮을 확률} = \frac{\text{동전의 넓이}}{\text{사각형의 넓이}}$$

베르트랑 역설

확률이란 상식적인 생각을 수학적 비율로 표현하는 것으로 간주되어 왔다. 그리고 어떤 의견이 자신에게 당연한 것으로 느껴질 때 그것이 상식이라고 주장하는 사람들을 종종 목격하게 된다. 그러나 다른 사람들에게는 당연한 것으로 받아들여지지 않을 때도 많다. 자신의 견해가 상식이라고 주장함으로써, 자신과 다른 생각을 갖는 다른 사람들을 은연중에 비난한다. 심지어 그들이 입을 열기도 전에 말이다. 이 말은 확률에 대한 확실한 객관적 지식은 오랜 시간 걸려 완성되었다는 것을 보여준다. 우연의 문제에 관해서는 단순한 실수가 여전히 만들어지고 또한 종종 잘못된 기대감을 부추기기는 하지만, 전문가나 대중 모두 과거에 비해 확률의 개념을 전반적으로 더 잘 이해하게 되었다.

예를 들어서, 상트페테르부르크의 역설은 주목받을 만한 가치 이상으로 더 큰 혼란을 야기했다. 더욱이 무작위성의 문제를 둘러싼 끊임없는 혼란은 그 분야 자체를 흔들 정도였다.

베르트랑(J. Bertrand, 1822-1900)이 제안했던 문제는 설명이 필요했다. 변형된 몇몇 유사한 형태들이 있지만, 전체적으로 하나의 원에서 임의로 선택된 현이 반지름(단위길이 정도로 생각할 수도 있다.)보다 길지 않을 확률에 대한 것이다. 문제는 현을 어떻게 선택하느냐에 따라 다양한 대답이 나온다는 것이다. 한 방법으로 먼저 0도와 180도 사이의 임의의 각 θ를 선택하면, 원주 위의 두 점을 연결하는 호의 중심각이 θ일 때 두 점을 연결하는 현을 생각한다. 호의 중심각이 60도보다 작을 때, 현의 길이는 반지름보다 작아질 것이다. 반대의 경우에는 반대의 일이 벌어진다. 0도와 180도 사이의 어느 각이든 선택될 확률은 다 같으므로, $\frac{60}{180}=\frac{1}{3}$이 베르트랑 질문의 답인 것처럼 보인다.

한편, 원의 임의의 반지름 선상의 한 점을 선택하고, 반지름 선에 직각이 되도록 현을 작도함으로써, '무작위'로 하나의 현을 선택할 수 있다. 반지름보다 길이가 짧은 현을 갖게 될 필요충분조건은 그 점이 원래 원의 반지름의 $\frac{\sqrt{3}}{2}$이 되는 반지름을 갖는 원(음영처리된 원)의 바깥 부분에 위치하는 것임을 간단한 기하를 사용하여 알 수 있다(그림 8.5). 현을 결정하기 위해 선택된 반지름 위의 그

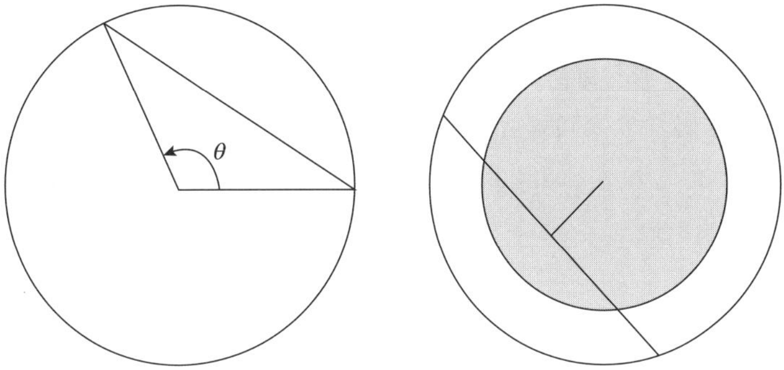

▶ **그림 8.5** 베르트랑 문제의 두 가지 해법 ◀

점은 반지름 위의 어느 곳에서나 위치할 가능성이 똑같기 때문에, 짧은 현에 대한 비율은 $1-\frac{\sqrt{3}}{2}=0.134$이다. 이 값은 $\frac{1}{3}$과는 다를 뿐만 아니라 실제로 상당히 작은 값이다. 두 가지 접근법 중 어느 것이 옳은가?

이 문제가 어려운 것은 무한의 본성 때문인 것처럼 보이지만, 사실은 그렇지 않다. 원의 현들의 모임을 무작위로 선택되는 복권 티켓의 유한집합과 같은 방식으로 간주할 수 없다는 것이다. 또한 유한을 다루는 문제에서 사용되는 개수 세는 단순한 기술이 곧바로 적용되지 않는다. 그러나 두 가지 대답을 얻게 되는 이유는, 우리가 서로 다른 두 가지 문제를 풀고 있기 때문이다. 두 문제의 차이점은 유한인 경우에도 관찰될 수 있으며, 무한성보다는 기하학과 더 큰 관련이 있다.

만일 원의 원주를 동일한 길이를 갖는 여러 개의 호로 나누고, 1에서 n까지 번호를 매겨, 이 범위에서 임의로 두 개의 숫자를 선택하면, 호의 중간점들을 연결하는 현을 만들 수 있다. n의 값이 커지면, 이렇게 현을 선택하는 방법은 원의 중심각의 무작위 선택과 매우 밀접하게 대응하기 때문에, 현은 반지름의 대략 $\frac{1}{3}$보다 짧을 것이다. 반면에 만일 다른 접근법을 따른다면, 반지름을 짧은 동일한 길이로 등분하여 임의로 하나를 선택하여 현을 만든다. 그 현은 약 13.4퍼센트 정도 짧을 것이다. 길고 가는 바늘을 단위원에 무작위로 떨어뜨린 후 그 결과로 나오는 현의 길이를 측정하는 물리 실험의 결과에 더 가깝게 일치하는 것이, 이 두 가지 문제풀이 방법 중에서 어느 것인지를 독자들이 잘 생각해보도록 남겨놓고자 한다.

9장

허수의 복잡한 역사

현대수학의 특징은 대수를 자유롭게 사용하는 데 있다. 거의 모든 사람들은 x와 y의 출현 시기가 실제 수학이 시작되는 지점이라고 인식하며, 이제 단순한 산수 계산은 접어두게 되었다. 대부분의 학교 수학에서 다루는 문제들은, 심지어 기하에 관한 문제들까지도 일반적으로 방정식으로 설명되며 그 해답은 대수법칙에 따라 대수적 기호를 다루는 문제로 귀결된다. 여기서 대수법칙은 특정한 수 대신에 기호에 적용되는 일반적인 계산 규칙을 의미한다. 공간의 문제를 다루기 위해 좌표 시스템을 과중하게 사용함으로써 모든 문제를 방정식으로 변형시켰고, 그러고 난 후 가능한 한 재빨리 숫자로 표현하도록 했다. 심지어는 직각삼각형의 짧은 두 변의 제곱의 합은 빗변의 제곱과 같아진다는 피타고라스 정리도 일반적으로 방정식 $a^2+b^2=c^2$으로 요약된다. 이런 표현은 고대 그리스 사람들에게는 완전히 낯선 표현이었을 것이다.*

대수학의 승리는 너무 압도적으로 보이기도 하지만 충분히 이해할 만하다. 수학이 어떤 의미에서든 적용 가능하려면 그걸로 무언가를 할 수 있어야 한다. 실제로 대수학은 항상 계산의 형태를 발전시키는 것을 의미하며 이 불가피한 발전 방향은 그 분야의 종사자들로 하여금 한 가지 또는 다른 형태의 대수적 조작을 통해 궁극적으로는 숫자를 생성해 내도록 한다. 현대적 사고에서 이것은 자연스럽고 거부할 수 없는 방향으로 보일 수 있다. 그러므로 대수학의 진보가 왜 그렇게 느리고 즉각적이지 못했는가 하는 것은 오히려 쉽게 이해되지 않는다.

부분적인 이유로는, 의심의 여지없이 사람들이 수학을 두려워한다는 것이다. 이것은 수학이 아주 어렵다는 것을 알게 된 사람들만을 의미하는 것은 아니다. 이러한 두려움은 수학적 능력이 아주 평범한 사람에게 일어나는 것과 동일한 정도로 유능한 수학자에게도 생긴다. 모든 사람들은 어떤 주제에 대해 생각하는 자신만의 방법 혹은 직감이라고 할 만한 것을 갖고 있다. 또한 각 사람들의 사고는 제한적이다. 일단 수학이 이상한 방향으로 흘러가면, 첫 번째 충동은 흔히 가던 길을 포기하는 것이고, 그리고 자신의 사고방식을 보다 더 안전한 길, 더 많은 사람이 함께 하는 쪽으로 되돌린다. 일류 수학자가 얼핏 보고 맘에 들지 않아 좋은 수학적 발전 방향에서 등을 돌리는 수많은 사례가 있다.

수세기에 걸친 고투는 열린 마음의 중요성을 가르쳐주었고, 이것은 명백히 수학의 현대적 모습을 갖게 하였다. 그러나 어느 분야가

---

* 아랍 대수학자의 방법을 이용하기 위해 대수와 기하학을 처음으로 혼합한 사람은 레기오몬타누스(Regiomontanus, 1436-1476)였다. 그러나 그는 대수적 기호를 사용하지 않고 순전히 수사학적인 방식으로 표현했다. 그의 작품은 그의 사후 100년이 지나면서 거의 사라졌지만, Arithmetica가 라틴 버전으로 출판된 1575년경부터 매우 큰 영향력을 발휘했다.

연구의 풍성한 결실을 맺을지는 항상 분명한 것은 아니다. 이곳이 바로 연구 주제의 영역에 주관성이 개입되는 부분이다. 예를 들어서, 1장에서 언급된, 소위 단순 산재군(sporadic simple groups)을 모두 찾는 프로그램은 수년에 걸쳐 전 세계의 수많은 수학자들이 함께 한 거대하고 지속적인 연구였다. 그만큼의 열정을 쏟을 가치가 있는 문제인가? 아니면 더 많은 것을 창출할 수 있는 방향으로 이 사람들이 가진 놀라운 재능을 돌려야 하는가? 단지 시간만이 답을 해줄 것이다. 그러나 가장 훌륭한 사람들이 그들의 상상력을 자극하는 문제를 추구하도록 기회를 주고, 그들의 결정을 신뢰해야 할 것이다.

하나의 영역에서 인정받은 사람들은 그 주제가 앞으로 어떤 방향으로 발전할 것인지에 관해 종종 강연을 한다. 이는 일관되고 생산적인 방식으로 연구에 활기를 불어넣을 수 있다. 수학 역사에서 가장 눈에 띄는 예는 1900년 파리에서 개최된 국제수학회(Paris Mathematical Congress)에서 연설했던 힐베르트(D. Hilbert)에서 볼 수 있다. 그는 스물세 가지 문제 목록을 제시하여 수학계의 관심을 집중시켰다. 이러한 맥락에서 조금 더 이전에 있었던 예로는 클라인의 에르랑겐 프로그램(Felix Klein Erlanger Program)을 들 수 있다. 그는 기하학에서 불변량 연구의 완벽한 방법을 제시했다.

그럼에도 불구하고 수학적 교류의 방향에 대한 최근의 몇몇 시도들은 그다지 지속적이지 않은 것으로 드러났다. 오늘날에는 심지어 가장 저명한 학자의 견해조차도 놀랍도록 빨리 퇴색되어 버린다. 더욱이 결실이 있을 것처럼 보이는 방향도 실패로 귀착하는 수가 많다. 일례로 아주 간단한 규칙으로부터 나온 패턴이 놀라운 구조를 밝힐 수 있는 방법이 있다. 컴퓨터와 현대의 시각화 기술은 연구자들을 이러한 분야의 연구로 많이 끌어당겼다. 보는 것이 믿는 것인데, 환상적인 영상들은 다른 어떤 것보다도 우리의 관심을 집중시킬 수 있다. 그러나 눈으로 목격한 현상을 수학적으로 적절하게 묘사하는 것은 절망적일만큼 어려울 수 있다. 무지개를 따라가며 세월을 낭비하고 싶어 하는 사람은 아무도 없다. 그러나 동시에 우리 모두가 핵심을 놓치고 있는 것처럼 보일 때, 모든 사람은 정말로 흥미있는 주제로부터 떠나기를 원하는 것은 아니다.

대수와 그 역사

이 모든 것들은 대수의 발전과 어떠한 관계를 갖는가? 먼저 대수학의 본질과 역사에 대해 간단히 알아보자.

대수학은 숫자와 미지수의 값을 찾는 문제들로부터 유래했다.* 대부분의 사람들은 학창시절 언젠가 다음과 같은 문제들을 본 적이 있을 것이다. 길버트(Gilbert)와 설리반(Sullivan)이 만든 오페라 '모범사령관(model of a modern major general)'**에서 그는 자신이 "수학 문제에 아주 능숙하며 간단한 방정식과 이차방정식을 잘 이해하고 있다."고 자랑을 늘어놓는다. 여기서 그 간단한 방정식은 일차방정식을 의미하므로 그래프는 직선이다. 섭씨를 화씨로 바꾸는 방정식 $F=1.8C+32$이 이러한 예이다. 하나의 수량이 다른 수량과 비례 인수(여기서는 1.8)와 이동(여기서는 32)에 의한 선형관계에 있는 이런 종류의 문제는 아주 간단한 것이다. 예컨대 만일 두 값이 일치하는 온도를 알아내고 싶다면, 간단히 $C=F$로 놓으면 된다. 그러면 관계식 $C=1.8C+32$가 되어, 값 $0.8C=-32$로부터 $C=-40$을

---

* 페르시아의 시인이자 수학자인 하이얌(O. Khayyam, 약 1100년경)의 놀라운 통찰력은 그냥 지나쳐 갈 수 없다. "대수학이 미지수를 얻는 속임수라고 말하는 사람은 잘못 생각하는 것이다. 대수와 기하학의 출현의 차이에 대해서는 신경을 쓸 필요가 없다. 대수학은 증명된 기하학적 사실이다."

** 역자주: 길버트와 설리반이 1879년에 만든 코미디 오페라로서 원래 이름은 I Am the Very Model of a Modern Major-General이다.

알게 된다. -40은 두 변량이 일치하는 유일한 온도이다.

그러나 선형 관계를 잘 모르는 사람들에겐 큰 혼란을 야기할 수 있다. 예를 들어서, 섭씨 100도 차이가 화씨 180도 차이와 같다고 하는 것(이것은 옳은 말이다)과, 섭씨 100도는 화씨 180도와 같다고 하는 것(이것은 틀린 말인데, 공식에 대입해보면 실제 대응되는 온도는 212도이다)을 구별할 수 있는 것이 중요하다. 어떤 유명 일간지의 지구 온난화에 관한 기사는 바로 이 점을 간과했다. 앞으로 수년 내에 주변 온도가 $0.4^\circ C$ 정도 상승할 것으로 예상한다는 것을, 화씨로 생각하는 독자들이 $32.7^\circ F$ 와 같은 수치로 여기게끔 했다는 것이다. 주어진 섭씨 수치의 증가는 너무 작아서 일상생활에서 눈치 채지 못하는 반면, $32.7^\circ F$도의 상승은 북극의 얼음 덩어리가 녹아 지구상 대부분 생명체를 멸종시키는 것이 된다. 이러한 실수를 피하기 위해 신문사는 적어도 수학을 잘 이해하는 사람들을 고용할 필요가 있다. 과학 기사에서 이와 같은 초보적인 실수는 심각한 문제가 되기 때문이다.

그 수치를 정확히 한다면, 섭씨 0.4도 올라가는 것은 $0.4\times1.8=0.72^\circ F$의 상승에 해당한다. 이 기사를 쓴 기자가 한 것은 0.4를 섭씨로만 읽고 오히려 증가라고 읽지 않았기 때문에, 읽은 값을 위의 관계식에 대입하여 값 32.7이 나오도록 변환시킨 것이다.

그런데 훨씬 더 단순한 실수도 발견된다. 최근에 궤도를 도는 허블(Hubble) 망원경으로 촬영해서 새로운 행성을 발견했다는 기사를 읽었다. 그것은 지구로부터 3,100조 광년 거리에 있다고 했다. 이 기사를 쓴 기자는 천문학에서는 너무 먼 거리라는 개념이 도대체 없다고 믿는 사람처럼 보인다. 이렇게 큰 숫자가 어떤 의미를 갖는지 잠시 생각해보지도 않고, 그냥 글을 쓰는 것은 누구나 할 수 있는 일이다. 우주 전체는 그렇게 크지 않다. 태양계로부터 3,100조 광년 거리라는 뜻을 의미 있게 설명할 수 있는 방법은 없다.

이 오류는 충분히 간단하게 설명할 수 있다. 발견된 별 시스템은 약 500광년 떨어져 있으며(거의 우리가 살고 있는 은하계 내에 있음), 이 수치의 단위를 바꾸는 것을 고려하지 않고 단순히 마일 단위로 환산한 것이다.

하나의 양과 거의 똑같은 또 다른 양 사이의 간단한 선형관계에 대한 문제가 무척 많기 때문에 너무 비판적이지는 말아야 할 것 같다. 러드(S. Loyd)의 '페리호 문제(Ferry Boat Problem)'는 상당히 흥미로운 내용이다. 이것은 19세기 미국 작가 러드의 수학적 수수께끼 문집에서 소개되었다.

> 서로 다른 속도로 운행하는 페리호 두 척이 일정한 속도를 유지하며 강의 서로 반대편에서 동시에 출발했다. 한쪽 부두로부터 720야드 지점에서 처음으로 서로 빗겨 지나간다. 각 선박은 승객들이 승하차하는데 10분씩 걸리고 새로운 승객은 돌아오는 교차로에서 하차한다. 돌아오는 길에, 두 선박은 두 번째로 서로 빗겨지 나가는데, 이것은 다른 쪽 부두로부터 400야드 떨어진 지점이다. 문제는 이 강의 너비는 얼마인가이다.

아마도 사람들은 강의 너비를 w라 하고 w를 구하려고 할 터인데, 주어진 정보가 상당히 난해하다. 승하차 시간에 관한 조건은 문제를 분명하게 하기는커녕 더 복잡하게 만든다. 첫눈에 보기에 너무 어려워서 다루기 힘들어 보이는 문제를 해결할 수 있는 실제적인 조언은 문제를 단순화하라는 것이다. 만약 문제를 단순하게 분석할 수 있다면, 진전이 있어서 원래 문제를 풀 수 있을 것이란 희망을 가질 수 있다. 이런 생각 아래, 승하차 시간을 잠시 무시해보자. 좀 더 정확히 말하면 그 시간을 0이라고 하자. 그러면 각 보트는 반대편 부두에 도달하며 되돌아오면서 이전과 동일한 속도로 회선 항해를 한다.

두 보트가 처음 마주칠 때, 두 보트 중 하나는 720야드를 운행한 것이다. 보트들이 두 번째로 만났을 때, 바로 그 보트는 강의 완전한 너비에 400야드를 더한 만큼 운행한 것이다. 다시 말해서 $w+400$야드이다. 두 거리는 어떤 관계에 있는가?

여기서 관심 있게 봐야 하는 측면은 보트가 운행한 전체 거리이다. 두 보트가 처음으로 만났을 때, 총 거리는 w이다. 왜냐하면 모두 강의 너비만큼 운행했기 때문이다. 그들이 다시 만났을 때, 그 각각은 편도 운행을 마친 상태이므로 총 $2w$만큼 운행했다. 그들의 회선하는 항로의 합친 부분은 너비 w인 강을 나타낸다. 그래서 운행한 거리의 총합은 이제 $3w$가 된다. 각 보트의 속도가 일정하기 때문에 이러한 관찰은 각각의 보트에 적용된다. <u>따라서 그들이 두 번째 교차할 때는 처음으로 교차했을 때 이동한 거리의 3배가 된다.</u> 이전 문단의 마지막에 제시된 $w+400=3\times720=2160$이 문제의 답이다. 따라서 $w=2160-400=1760$야드이다. 러드 문제의 강의 너비는 정확히 1마일이다.

그러면 잠시 동안 무시했던, 10분의 휴식시간은 어떻게 취급할 수 있는가? 이 설명을 잘 읽어보았다면, 승하차 시간은 단순히 우리의 생각을 복잡하게 만드는 것이었음을 알았을 것이다. 위에서 밑줄 친 중요한 관찰이 여전히 성립하므로, 심지어 동일한 승하차 시간을 제공함으로써, 그들이 다음에 만났을 때 각각의 페리호는 그들이 처음으로 마주친 후 세 배의 거리를 운행한 것이다. 승하차 시간의 길이에 상관없이 각각의 페리호에 동일하게 적용된다면 이러한 결론은 항상 성립한다.

미지수 w에 대해 유도한 방정식은 실제로 아주 간단하다. 그러나 그것을 정당화한 논법은 언제나 상당히 난해했다.

약 4천 년 전 메소포타미아 시절부터 바빌로니아인들은 실용적인 가치는 별로 없어 보일지라도 러드의 수수께끼 같은 문제를 해결하기 위한 독창적인 방법을 기록하기 좋아했다. 오늘날까지 계속되고 있는 전통에서 수수께끼를 만들어내는 사람들은 독자들이 친숙하게 느끼는 상황 — 예를 들어서 일반적으로 시장에서 거래하는 것이나 토지의 영역을 결정하는 것과 같은 — 을 만들어왔고, 그리고 종종 극단적으로 조작된 질문에 대한 답을 요구하곤 한다. 물론 중요한 점은 문제나 답이 아니라 문제의 풀이 방법을 발견하는 것이었다. 수학은 종종 실생활에 적용되는 것보다 훨씬 앞서간다. 교육을 위해 수학적 원리를 쉽게 이해할 수 있게 만드는 것은 그 자체로써 하나의 예술이다.

기초 대수학의 정점은 이차방정식을 푸는 것이다. 이차방정식은 미지수 x에 관련된 식으로 미지수의 제곱의 형태 x^2을 포함하는 문제를 다루는 것을 말한다. 메소포타미아 사람들은 그런 문제를 즐겼지만 양수 근들만이 의미 있는 값이라고 생각했다.* 그들은 넓이와 둘레가 주어진 전형적인 문제, 예를 들어 넓이가 36제곱 단위이고 둘레가 30단위인 직사각형의 크기를 알아냈다. 이 문제에 대한 접근법은 직사각형의 변을 미지수 x와 y라 하고, 주어진 정보를 한 쌍의 방정식으로 표현하는 것이다. 하나의 미지수를 다른 것으로 치환하면 x에 대한 이차방정식이 만들어져서 이를 풀면 크기가 12×3인 직사각형임을 알게 된다.** 메소포타미아 학자들에게는 대수 기호들이 없었기 때문에 항상 가까운데 있는 특정한 문제에 관한 것을 풀었다. 문제 풀이 방법은 그 문제에 적용되는 요리법처럼 언제나 제시되었는데, 3장에서 다룬 '수 짐작하기' 방법에서 청중에게 주는 지시 목록과도 같았다. "이렇게 해라. 그러면 풀릴 것이다."라고 학

---

* 방정식에서 완전히 음수가 나오는 첫 번째 경우는 1500년경에 쉬케(N. Chuquet)가 쓴 저서 《수의 과학에 있어서의 세 부분(Triparty en la science des nombres)》에서 볼 수 있다. 4^1 egaulx a $\overline{m.2.^0}$ — 이 말은 $4x = -2$라는 뜻이다.

** 방정식들은 $x+y=15$와 $xy=36$이다. 두 번째 방정식의 y를 $15-x$로 대체하면 $x^2-15x+36=(x-3)(x-12)=0$을 얻는다. 그러면 $x=3, y=12$ 또는 $x=12, y=3$이 된다.

생들에게 말한다. 그러나 그들은 '이렇게'가 무엇인지를 설명하는 분명한 방법을 갖고 있지 않았다. 한 가지 예제는 일반적인 방법을 명확히 하기에는 충분하지 않다. 그래서 그들은 문제를 제기하고, 풀고, 유사한 문제를 여러 개 만들어서 학생들이 해결하는 요령을 터득하도록 했다.

그런 문제풀이 단계가 어디서 나오게 되었는지의 설명을 애타게 기다리는 학생을 쉽게 상상할 수 있다. 설명 방식이 숫자를 난데없이 끌어다 쓰는 것처럼 보이기 때문이다. 실제로 학생들은 자신에게 잘 설명해주는 선생님을 원했을 것이다. 사실 근본적인 접근법은 아주 정확했는데, 바빌로니아인들은 우리가 완전제곱 꼴로 만들기라고 부르는 방법을 사용해서 이차방정식을 풀었다. 그 이름은 유클리드의 《원론(Elements)》에 나오는 기하학적 표현에서 비롯되었다. 오늘날 근의 공식의 기초가 되는 것이며, 어린 학생들이 외워야 하는 가장 복잡한 대수학 공식이다.

일차방정식을 푸는 문제는 어떤 지적인 사람이 특별히 수학적 훈련을 받지 않고도 자신의 수학적 눈썰미를 사용해서 풀 수 있는 수준이다. 그들은 적어도 영리해야 하며 또한 어떻게 답을 얻었는지를 설명하는데 어려움을 겪을 수는 있지만, 그들 모두 문제를 해결할 수 있었다. 그와는 대조적으로 어떻게든지 완전제곱 꼴로 만드는 기법을 사용하지 않고 일반 이차방정식을 풀 수 있는 방법은 없다. 이것은 모든 사람이 스스로 발견할 수 있다고 합리적으로 기대할 만한 수준이 아니다. 진짜로 어려운 대수의 첫 번째 과제이다. 잘 알려진 이차방정식의 근의 공식은 이미 내재되어 있는 방법이다. 문제를 푸는 사람이 그 공식이 만들어진 대수적 기법을 몰라도 답을 발견할 수는 있지만, 그가 문제를 푸는 배경에는 여전히 근의 공식에 관련된 기본 아이디어가 내재되어 있다. 이러한 소박한 아이디어가 수학으로 발전되지만 수학자들은 그들의 업적을 늘 인정받는 것은 아니다. 수학의 상당한 부분이 사람들의 일상생활에 소프트웨어로 이미 내장되어 있어서, 많은 사람들이 살아가는데 도움이 되도록 보이지 않는 곳에서 역할을 하고 있는 것이다.

삼차방정식의 해법

16세기 초반에 걸쳐, 현대적인 산술과 대수학을 향한 시험적 진보가 프랑스, 독일 그리고 이탈리아의 여러 수학자들의 연구에 의해 시도되었다. 예를 들어 16세기로 접어드는 시점에 독일의 슈티펠(Michael Stifel, 1487-1567)은 음의 정수들의 계산에 대한 감각을 보여주었다. 그는 그것들을 '불합리한 수(numeri absurdi)'라고 부르면서 공식을 조작하는 데 유용할 수는 있지만, 그것들이 존재하는 것처럼 생각하는 점은 수용할 수 없다고 했다. 이러한 고무적인 징후에도 불구하고 가장 어려운 대수 문제는 여전히 이차방정식에 관한 것이었다. 이차방정식은 지난 4000년 동안 가장 최고봉의 영역으로 간주되어 왔다. 당연히 미지수의 세제곱 혹은 네제곱까지 올라가는 삼차 그리고 사차방정식들은 여전히 전혀 손을 댈 수 없는 문제들이었다. 실제로 12세기 초에 하이얌(O. Khayyam)은 삼차방정식을 대수적으로 풀 수 없다는 견해를 보였으며, 그래서 그 근들은 곡선의 교차점들을 사용해서 기하적으로만 표현할 수 있다고 했다.

이런 비관적인 고정관념이 완전히 뒤집힌 것은, 1545년에 일반 삼차, 사차방정식의 근의 풀이방법이 카르다노(G. Cardano)의 유명한 저서 《아르스 마그나(Ars Magna)》에 발표되었을 때였다. 이 갑작스럽고 예기치 않은 도약은 심리적으로 타격을 줄 정도여서 1545년은 근대 시대의 시작점 — 수학의 신세계의 발견 — 으로 여겨지게 되었다.

그가 책에서 여러 차례 언급했듯이, 카르다노는 그 기술을 발견한 사람이 아니었다. 임의의 사차방정식을 삼차방정식으로 줄이는 치환 방법은 카르다노의 수제자였던 페라리(L. Ferrari, 1522-1565)가 발견했다.* 적어도 어떤 형태의 삼차방정식에 적용할 수 있는 방법을 처음으로 발견한 사람은 델 페로(S. del Ferro, ca. 1465-1526)였는데, 그는 유럽에서 가장 역사가 깊은 볼로냐(Bologna) 대학의 수학 교수였다. 델 페로에 대해서는 자신이 가진 기술의 비밀을 신뢰하던 학생 피오르(A.M. Fior)**에 남겼다는 점 이외에는 알려진 것이 거의 없다.

그러나 삼차방정식 풀이에 대해 자신이 원조라고 서로 주장하는 두 명의 연구 주역들은 카르다노(Cardano)와 타르탈리아(N. Tartaglia, 1500-1557)이다. 타르탈리아는 카르다노와 서신을 주고받은 후에, 마지못해 어떤 삼차방정식의 근을 찾는 자신의 방법을 카르다노에게 알려주었다. 집요하고도 귀찮게 만든 편지로 인해 벌어진 일이었다. 카르다노는 그 방법을 비밀로 지키고 결코 발표하지 않을 것을 편지에 단단히 맹세하였다. 그 당시 사람들은 자신이 갖고 있는 뛰어난 지식을 실연하여 그 명성을 인정받지만, 풀이과정은 공개하지 않는 것이 일반적이었다.*** 최고의 과학자 또는 의사에게는 여전히 대제사장의 역할과 같은 어떤 요소가 있었다. 타르탈리아는 자신이 연구한 삼차방정식에 대한 결과 발표를 완강히 거부했다. 그렇게 하지 않는 것이 자신의 이익을 위해 가장 좋은 것이라고 생

---

* 일종의 '아버지의 영광'이라고 주장하면서, 카르다노는 이 기술은 "나의 요청에 의해 페라리(L. Ferrari)가 개발한 것이다."라고 썼다.

** 1923년 보르톨로티(E. Bortolotti)가 볼로냐 대학 도서관에서 델 페로의 논문을 재발견하였다. 그가 발견한 날짜는 오늘날 1515년으로 기록되었는데, 이전에 생각했던 것보다 약 10년 정도 늦은 연도이다.

*** 1535년에 피오르는 타르탈리아에게 삼차방정식을 기반으로 한 문제 해결 대회에 공개적으로 도전하였는데, 자신보다 뛰어난 수학자에 의해 창피를 당하는 것으로 끝났다. 많은 사람들이 도전했지만 처참히 깨졌다.

각했던 것으로 보인다. 타르탈리아가 꺼려하는 것을 끝내 이해하기 어려웠던 카르다노는 결국 인내심이 바닥나버렸고, 그가 가지고 있는 것을 발표해버렸다. 타르탈리아와 카르다노의 관계는 언제나 껄끄러웠지만, 이번 배신으로 인해 되돌릴 수 없는 사이가 되었다.

그러나 여기서 분명히 짚고 넘어가야 할 것은 타르탈리아 역시 비난받을 일이 없는 것은 아니라는 점이다. 이는 그가 이전에 다른 주제에 대해 연구했던 업적보다 더 많은 명성을 기대했기 때문이다. 실제로 그는 다른 출처로부터 삼차방정식을 풀 수 있는 방법을 조금씩 알아챘을 가능성이 있다. 최소한 그는 삼차방정식 문제가 결국은 대수적으로 풀릴 수 있다는 소문을 들었을 것이다.

수학사학자들은 비교적 최근까지 카르다노의 행동에 대해 신랄하게 비난해왔다. 그러나 최근에는 맹세와 같은 행동들이 예전만큼 심각하게 생각되지 않기 때문에, 이러한 성격의 사람들에 대한 평가가 덜 비판적이 되었다. 또한 그들에 대한 태도는 호불호를 갖게 되었다. 저술을 통해 카르다노는 타르탈리아보다 더 호감 가는 사람으로 다가오며, 예전보다는 더 좋게 평가된다. 분명한 것은, 카르다노는 이러한 새로운 기술을 발표하여 수학 공동체에 호의를 베풀었다. 델 페로는 우리가 잘 알지 못하는 사람이지만 그의 개척적인 공헌으로 인해 오늘날 존경받는 사람이 되었다.

이 사건에 연루된 사람들은 모두 개인적으로 큰 어려움을 경험했던 복잡한 성격의 소유자들이었다. 타르탈리아의 실제 이름은 폰타나(Fontana)였다. 오늘날 우리가 알고 있는 그의 이름은 말더듬이라는 뜻이다. 1512년 브레시아(Brescia)가 프랑스와의 전쟁에서 패배했을 때 어린아이였던 그가 기병대의 채찍에 맞아 생긴 후천적 장애였다. 페라리는 불같이 급한 성질의 사람이었다. 싸움에 연루되어 손가락 몇 개를 잃어버렸고, 그의 돈을 상속받기를 원하는 여동생에 의해 아마도 살해되었다고 한다. 카르다노 그 자신도 모친이 낙태하고자 했으나 낙태 실패로 인해 태어난 사생아였다. 그는 결국 사람들이 많이 찾는 외과의사가 되었으며, 스코틀랜드에서 세인트 앤드류 대주교를 성공적으로 치료하기도 했다.(불행히도 그의 환자는 나중에 교수형에 처해졌다.) 그는 다양한 주제에 대해 수백 권의 책을 썼고, 그중 《일반적으로 사용되는 약의 나쁜 관행에 대하여(On the bad practices of medicine in common use)》와 같은 책은 그를 공공의 적으로 만들었다. 그는 그가 좋아했던 동물들과 골치 덩어리 자녀들에 둘러싸여 살았다.

카르다노가 삼차방정식을 풀기 위해 단지 어느 정도 복잡한 형태의 2차 근의 공식과도 같은 공식을 발표했다고 독자들이 쉽게 상상할지도 모른다. 그러나 이것은 정확한 설명이 아니다. 무엇보다도 현대적인 대수 표기법이 아직 개발되지 않았었고, 문제를 푸는 방법들이 대부분 언어(단어)로 설명되었다.* 심지어 x나 a 등과 같은 단순한 기호로 미지수를 표현하는 아주 기본적인 장치조차도 사용되지 않았다. 실제로 논의하는 대상을 표현할 적절한 단어조차 존재하지 않았다. — 미지수는 주로 코사(cosa)라고 불렀는데, 이것은 단순히 어떤 것(thing)을 의미하는 이탈리아어이다. 이런 연유로 인해, 대수를 종종 Cossick Art라고 불렀다. 모든 것이 수사적으로 묘사되었다. 그러므로 타르탈리아가 카르다노를 위해 쓴 삼차방정식에 대한 시적인 문장은 특별히 이상한 것으로 여겨지지 않았을 것이다.

그러나 문제를 그토록 장황하게 만든 것은 단지 언어만은 아니었다. 음수를 자유롭게 사용함으로써, 삼차방정식을 하나의 표준 형태로 표현할 수 있게 되었고, 만일 우리가 원한다면 일반적인 표현을 평범한 언어로 완전히 나타낼 수 있게 되었다. 그러나 16세기에

---

* 대수(Algebra)라는 단어는 알콰리즈미(al-Khawarizmi)의 저서 《Al-jabr wa'l muqabalah》라는 책에서 사용되었다. 오늘날 절차적 순서도를 설명하는 알고리즘이라는 단어는 알콰리즈미의 이름에서 나온 것이다. 그럼에도 불구하고 고전적 아랍어 저서에는 대수적 기호가 없다.

는 미지수의 계수들(그 '것(thing)'의 승수)은 반드시 양수이어야 한다고 생각되었고, 그래서 방정식의 좌변 또는 우변에 특정한 항이 나타나는지에 따라 여러 경우가 발생했다. 각각의 경우는 특별한 예시를 들어 예전 형태를 따라 설명해야 했다. 그러나 그 예는 그 경우를 완전히 대표하는 것으로 간주되었다. 예를 들어 카르다노는 '어떤 수의 세제곱과 그것의 여섯 배를 더한 것은 20과 같다고 하자'라고 썼다. 오늘날 표현에 의하면 $x^3+6x=20$을 말하는 것이다. 카르다노의 근을 찾는 방법은 '세제곱과 어떤 값의 합이 하나의 숫자와 같다'는 형태의 방정식을 위한 표준 형태를 의미한다. 그러나 방정식 $x^3=6x+20$은 다른 성질을 가진 것으로 생각될 수 있고, 이 유형에 대한 근을 찾는 것은 다른 곳에서 나타날 수도 있다.

카르다노는 음수를 완전히 무시해버리지는 않았지만, 그것들을 허구로 취급했다. 양수 근만 흥미로운 것으로 여겼고, 계산 과정에서 나오는 음수는 '허구의 수(numeri ficti)'라고 불렀다. 현대 수학에서조차도 방정식의 근을 찾을 때 미리 규정된 조건에 맞는 근만 찾는 것을 타당하게 여긴다. 그런 점에서 종종 언급하는 주제는 디오판토스 방정식(diophantine)이다. 3세기경의 디오판토스의 이름을 딴 것으로서, 그는 각 문제에서 하나의 유리수 근을 찾는 독창적인 방법을 소개했다. 더욱이 여러 수학적 응용의 면에서는, 단지 양수 근만이 의미를 갖는다. 그러므로 문제의 맥락에서 의미가 있는 근을 찾을 수 있도록 범위를 제한한다. 더 넓은 영역에서 계산할 수는 있지만 수학적 편의를 위해 '관계 없는' 근들은 버리게 된다.

그러나 16세기 수학자들에게 이것이 전부는 아니었다. 삼차방정식 중 많은 경우들은 완전히 다른 다양한 시나리오를 가진 것처럼 보였다. 어떤 것은 상당히 골치 아파서 이것을 잘 이해하려면 이차방정식이 다양한 패턴의 근을 갖고 있음을 반추해볼 필요가 있었다.

$x^2-3x+2=0$와 같은 방정식은 두 개의 정수근 1과 2를 갖는

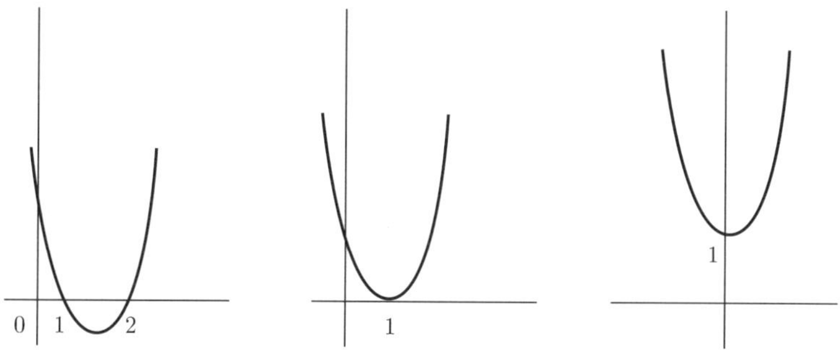

▶ **그림 9.1** 세 개의 이차곡선 그래프 ◀

다. 임의의 이차방정식은 예컨대 잘 알려진 근의 공식을 사용하여 많아야 두 개의 근을 갖는 것을 알 수 있다.(*39) 방정식 $y=x^2-3x+2$의 그래프를 그려서 확인할 수도 있다(그림 9.1 (a)). 위의 방정식의 근은 곡선이 x축과 교차하는 위치에 있는데, $y=0$을 대입한 값에서 근을 갖는다. 그러나 예를 들어서 $x^2-2x+1=0$과 같은 이차방정식은 단 하나의 근을 갖는데, 이 경우 1이 근이다(그림 9.1 (b)). 이것은 x축의 한 점에서 접하는 그래프에 해당한다. 다른 이차방정식은 $x^2+1=0$과 같은 종류인데, 대응되는 그래프가 x축 위에 위치하기 때문에 실근이 존재하지 않는다(그림 9.1 (c)).

이와 같이 서로 다른 유형은 근의 공식에서 어떻게 나타나는가? 첫 번째 경우에, 공식에 의해 두 개의 근 $x=(3\pm\sqrt{1})/2$을 얻을 수 있다. 덧셈부호일 때 2가 근이 되고 뺄셈부호일 때 1이 근이 된다. 두 번째 경우에, 근의 공식에 의해 $x=(2\pm\sqrt{0})/2$이 근이 되는데, 덧셈이든 뺄셈이든 어느 것을 택하든 답은 동일하며, 유일한 값은 1이다. 세 번째 경우의 방정식은 근이 없다. 그러나 이 경우에 만일 근의 공식을 적용한다면, 답은 $x=\pm\sqrt{-1}$이 된다. 음수 1의 제곱근이 없기 때문에 이것은 약간 신경이 쓰이는 결과이다. 그러나 차라리 무시해버리는 것이 안전해보이는데, 왜냐하면 이 공식은 이차방정식에, 음수를 포함하여, 모든 실근을 제공하는 역할을 하기 때문이다. 그것을 적절한 영역이 아닌 곳에서 적용하면, 무의미한 근이 생성되는 것처럼 보인다. 이런 경우는 근이 없기 때문에 그다지 놀라운 일이 아니다. 근이 없는 것이 분명함에도 불구하고 근이 있다고 주장하는 수학은 오히려 허접해 보인다. 근이 존재하는지 더 찾아보라고 강요하는 것은 없다. 그 공식의 목적은 주어진 이차방정식의 모든 해를 찾는 것이며, 그 역할을 충분히 감당한 것이다.

그러나 카르다노와 그의 동시대 사람들이 직면했듯이, 삼차방정식의 문제로 넘어오면, 음수의 제곱근이 아주 끈질기게 발생하는데 이 문제를 해결하기가 어려웠다. 이차방정식의 경우 양수이거나 음수 또는 0인 다른 실근이 없을 때, $\sqrt{-1}$을 나타내기 위해 기호 i를 만들어냄으로써 표준적인 기법이 시작된다. 그러나 카르다노는 삼차방정식의 근이 양의 정수라는 것을 아는 경우에조차도, 자신의 방법에 의하면 그 근이 i로 표현되는 것을 알았다. 예를 들어 $x^3 = 15x + 4$와 같은 방정식은 단 하나의 양의 근 4를 갖는다. 카르다노는 방정식 한쪽 변의 모든 항이 다른 변의 항들보다 높은 차수를 갖는 이러한 종류의 방정식은 양의 근만을 갖는다는 것을 알아차렸다. 그러나 그의 방법에서 미지수를 표현하다보면 어쩔 수 없이 음수의 제곱근이 나오게 된다. 보다 일반적으로, 그는 주어진 방정식이 세 개의 실근을 갖는 기약다항식인 경우가 문제라는 것을 알았다. 왜냐하면 그의 방법은 음수의 제곱근을 포함하여 복잡하게 표현되기 때문이다. 실제로 제시된 근의 형태는 대부분의 목적에서 쓸모없는 것이었다.*(＊40)

* 봄벨리(R. Bombelli, 약 1526-1573)는 카르다노의 표현방법을 적극적으로 받아들였다. 그는 오늘날 켤레복소수라고 불리는 것을 사용하여 카르다노의 공식이 이미 알려진 근과 일치한다는 것을 보였다. 그러나 계산을 해내기 위해 그는 근이 무엇인지를 미리 알아야 했다. 결국 카르다노의 방법을 사용하여 대수적으로 근을 찾으려는 시도는 처음 시

그렇게 중대한 수학적 발견이 여러 면에서 거짓이 될 수 있다는 것은 놀라운 일이다. 중요한 일이었지만, 우리가 예상했던 이유 때문은 아니었다. 그 방법은 실제 계산에서 거의 사용되지 않았다. 사실 1세기 전, 사마르칸트(Samarkand) 도시에 살았던 알 카시(al-Kashi)는 삼차방정식을 풀 수 있는 효과적인 방법을 개발했다.* 삼차방정식은 실생활에서 발생하며, 호너(Horner)법과 같은 수치적 기법으로 해결되었다. 이러한 방법에서는 잘 선택된 초깃값으로부터 시작해서 계산에 계산을 거듭하여 근에 대해 더 정교한 근삿값들을 발견하게 된다. 예를 들어 바커(Barker)의 방정식은 로켓 발사를 위한 시간과 각도를 결정한다. 비행 방향을 결정하는 각도의 절반의 탄젠트 t에 대한 삼차방정식이 된다. 이것은 큰 수의 미세한 차이와 관련된 매우 민감한 방정식이다.** 이러한 이유 때문에 아폴로(Apollo) 계획을 성공시키기 위해 특별한 수학적 이론을 잘 마련하여, 1969년도에 사용되던 초기의 컴퓨터가 반올림을 축적하는 것과 같은 오류를 범하지 않도록 해야 했다.***

더 나아가, 만일 그 방정식이 정수근을 갖는다면 카르다노 방법은 정수근을 잘 드러나지 않는 방식으로 제시할 수 있다. 그러나 방정식이 적어도 하나의 유리수 근을 갖는 경우에, 방정식의 모든 근들을 찾을 수 있는 간단한 기술이 있다.(＊41) 이것이 오늘날 수학을 배우는 학생들에게 카르다노 접근법보다는 더욱 보편적으로 가르치는 것이다.

작했던 동일한 방정식 유형으로 다시 되돌아오게 된 것이다.

* 오늘날에는 호너(Horner)법이라고 알려져 있는, 알 카시(al-Kashi)의 반복적인 방법은 중국에서 사마르칸트(Samarkand)로 전해진 것으로 보인다. 그 방법은 중국에서 fan fa라고 불렸는데, 13세기 수학자 주세걸에 의해 발명되었다.

** 역자주: 바커 방정식 $\tan^3\frac{1}{2}f+3\tan\frac{1}{2}f=2B$

*** 역자주: 아폴로 계획은 1961-1972년까지 미국 항공우주국에 의해 이루어진 일련의 유인 우주 비행 탐사 계획

물론 이것은 모든 사람들의 상상력을 사로잡는 이론적인 진보였다. 그러나 여기서조차도 제시된 새로운 방향은 출구가 없는 막다른 골목으로 드러났다. 페라리는 사차방정식을 독창적인 치환법을 사용하여 삼차방정식으로 줄이는 방법을 보여주었다. 그의 기술을 확장하여 5차방정식에 적용함으로써 근을 찾을 수 있기를 기대하는 것은 자연스런 일이다. 5차방정식을 사차방정식으로, 그리고 더 차수를 줄여서 근을 찾도록 사용될 수 있는 유사한 기술을 분명히 찾을 수 있을 것으로 생각되었다. 이러한 관점으로부터, 임의의 다항식을 한 차수 작은 다항식으로 줄일 수 있는 일반적인 치환 기법이 있을 것으로 기대할 수 있을지도 모른다. 그렇게 되면 이론적으로는 임의의 n차 다항식을 n제곱근까지 사용하는 대수적 표현으로 풀 수 있을 것이다. 이와 같은 자연스런 기대감은 수세기 동안 지속되었지만 완전히 잘못된 것으로 판명되었다. 일반적으로 사차보다 차수가 높은 방정식은 기존 방법으로 해결되지 않는데, 이러한 사실이 19세기 초가 되어서야 입증되었다.* 아마도 삼차방정식의 해법의 가장 큰 유산은 전혀 기대하지 못했던 허수(imaginary number) i가 수학 세계에 등장한 사건일 것이다.

---

* 노르웨이의 천재 수학자 아벨(N. Abel, 1802-1829)이 19세의 나이에 입증하였다. 그러나 그의 방법은, 젊은 나이에 요절한 갈루아(E. Galois, 1811-1832)의 연구에 의해 대체되었다. 갈루아 이론은 현대 대수학의 중요한 초석 중 하나가 되었다. 5차방정식이 근을 갖지 않음을 증명한 첫 번째 의미 있는 연구 결과는 1799년에 루피니(P. Ruffini, 1765-1822)에 의해 발표되었다.

10장

허수에서 복소수로의 여정

16세기 후반은 수학이 무척 빠른 속도로 의심할 여지 없이 발전했던 시기로 기록된다. 이 무렵부터 현대적인 주제의 발전은 과학자들의 기대와 함께 본격적으로 요동치게 되었다. 많은 면에서 실제적인 진전이 있었고, 오늘날까지도 계속되고 있다. 1500년대 후반이 되자 십진법이 완전하게 사용된 것과 더불어, 네이피어(S. Napier, 1550-1617)에 의해 로그가 출현되었다. 이것은 25년 전까지 과학 분야에서 사용된 실용적인 주요 도구였다. 로그는 지수법칙을 이용하여 복잡한 형태의 곱셈과 나눗셈을 덧셈과 뺄셈으로 변경시켰고 로그 계산자는 이를 눈으로 확인할 수 있게 해주었다. 비록 로그표가 오늘날에는 조금 어색하고 시대에 뒤떨어진 것처럼 보이지만, 17세기에 천문학자들이 달의 궤도를 추적하는 데 큰 도움이 되었고, 1969년에는 우주인이 달 위를 걸을 수 있는 기반이 되었다.

덴마크의 관측 천문학자인 브라헤(T. Brahe, 1546-1601)가 했던 계산에 대한 소식을 들은 네이피어는 자신이 갖고 있던 아이디어를 구체화하려는 열망을 갖게 되었다. 덴마크 학교(프라하로 장소를 이전하도록 강요된 상황에서)에서는 곱을 합으로 변환시키는 삼각함수 방정식을 사용하여 곱셈을 덧셈으로 전환하는 프로시타파레시스(prosthaphaeresis) 방법을 사용했다.* 이 아이디어의 발단은 11세기의 중세 아랍 천문학자들에게로 거슬러 올라간다. 그러나 유럽에 널리 퍼지는데 무려 500년의 세월이 걸렸다.**

복잡한 계산이 빈번히 나오기 때문에 대수학이 출현하게 되었다. 여기서 프랑스의 비에트(F. Viete, 1540-1603)가 큰 역할을 했는데, 그는 오늘날 사용하는 형태의 대수적 규칙에 따라 조작된 대수적 미지수를 도입하였다. 이로써 기하적 형식을 사용하는 형태로부터 대수를 독립시켰다. 그러나 비에트의 대수는 여전히 현대적 표기와는 약간의 거리가 있다. 일례로 그는 A^3 대신에 A세제곱이라고 썼다.

대수학은 일반수학을 연구하는 중요한 도구로 빠른 속도로 자리잡아갔다. 이는 다이어그램과 관련된 상수가 필요하지 않았고, 넓이와 부피로 표현되는 물리적 해석에 의존하지 않고도 많은 것을 해낼 수 있었기 때문이다. 더욱이 산문체로 표현된 수학으로부터 기호적 표현으로 넘어간 것은 단순히 간결하다는 것보다 더 중요한 장점을 가지고 왔다. 대수적 기호는 단어로는 할 수 없는 방식으로 조작되어, 표현의 보편화를 이루었다. 사실, 이것은 수학이 번성하도록 이

---

* 역자주: prosthaphaeresis 방법은 $\cos x \cos y = \frac{1}{2}(\cos(x+y) + \cos(x-y))$와 같이 삼각함수들의 곱셈을 덧셈을 표현하는 방법을 말한다.

** 네이피어의 로그 함수는 결과적으로 가장 표준이 된 10을 기저로 하는 로그가 아니었다. 숫자 e를 포함하는 자연대수와 본질적으로 더 가깝다. 기저 10인 로그의 아이디어는 옥스퍼드의 브릭스(H. Briggs)의 아이디어와 함께 형성되었는데, 브릭스는 1617년에 상용로그표를 처음으로 편집한 사람이다. 곱셈을 덧셈으로 변환하는 또 하나의 간단한 기술로서 제곱4등분 규칙이 있다. [역자주: $xy = \left(\frac{x+y}{2}\right)^2 - \left(\frac{x-y}{2}\right)^2$을 제곱4등분 규칙(Quarter Square Rule)이라고 부른다.]

끈 중요한 돌파구였는데, 대수학이 출현하기 전까지는 전혀 가능하지 못했던 방식이었다. 모든 고등 수학은 대수적 조작을 지속적으로 사용하는데 크게 의존했으며, 대수 조작 없이는 불가능했다.

기하학에서 좌표는 데카르트(R. Descartes, 1596-1650)의 업적으로 널리 알려져 있지만, 1630년대의 페르마(Fermat)와 데카르트가 연구 활동하던 시대부터 사용되었다. 기하 문제를 대수적 계산으로 변화시키는 경향이 시작되었으며, 오늘날에도 대부분의 중·고등학교 및 대학교에서 배우는 방식이다.

수학의 기하적 해석은 피타고라스, 유클리드 그리고 고대 그리스인들에게로 거슬러 올라가는 서구 전통에 중심이 있으며, 현대적 사고에서도 여전히 지속적으로 중시되고 있다. 유럽의 수학은 종종 시각적인 것을 추구하며, 내용과 표현방식에서 기하적 성질이 강하다. 아시아인들, 특히 인도 수학자들은 그다지 편협하지 않아서 때때로 훨씬 더 대수적인 경향을 보여왔다. 고전적인 그리스 수학의 탁월성이 유럽 수학과 대수의 발전에 억압이 되는 요인으로 작용했을 수도 있다는 것은 아이러니하다. 이러한 문화적 치우침은 여전히 지속되고 있다. 서양 수학자들은 눈으로 볼 수 있는 수학을 선호하기 때문에, 기하학보다 대수학이 우세해지는 것을 그다지 반기지 않았다. 그와는 대조적으로, 아마도 20세기의 가장 위대한 인도 수학자는 라마누잔(S. Ramanujan, 1887-1920)인데, 그는 브라마굽타(Brahmagupta, 7세기)와 바스카라(Bhaskara, 12세기) 시대의 인도의 조작하는 계산 방식에 상당히 능숙한 사람이었다. 수학자들은 여전히 라마누잔의 천재성에 경탄하는데, 그가 어떤 방법으로 수학에 접근할 수 있었는지를 상상하기는 쉽지 않다. 그가 생각하는 패턴이 무엇이었든 간에 기하적인 것은 아니었다.

1500년 초에 쉬케는 허수근을 배척하면서 그것들을 '쓸모없는 허구'라고 치부했다. 반면 카르다노는 진심을 다해 고민했지만, 문제를 해결할 방안을 만들지 못했다. 그에게 허근은 '난해하고 쓸모없는 것'이었다. 봄벨리는 그것들을 다루는 데 어느 정도 성공을 거두었지만, 자신의 노력을 단순히 '세련되지 못한 생각' 정도로 치부했다.

그 다음으로 주목할 만한 사건은 1629년의 암스테르담에서였는데, 지라드(A. Girard)의 저서 《Invention nouvelle en algebre》이 출판된 것이다. 간단한 일차방정식은 유일한 근을 갖지만, 이차방정식은 일반적으로 그것을 만족하는 두 개의 숫자가 있다고 고대 시대부터 이미 알려져 있었다. 지라드는 방정식의 근의 개수가 방정식의 차수와 같다는 것을 인지한 최초의 사람인 것처럼 보인다. 그래서 삼차방정식은 세 개의 근을 가지며 사차방정식은 네 개 등등이 된다고 알았다. 그러나 이 간단한 진술은 음수근과 허수근이 잘 설명이 된 경우에만 사실이다. 허수근을 허용함으로써, 방정식의 근을 구성하는 일반적인 원리와, 방정식의 계수와 근의 관계는 모든 경우에 적용되는 구체적인 형태로 공식화할 수 있다. 지라드는 허수를 구체적인 틀로 삼아 이질적으로 보이는 사례들에 의해 숨겨져 있던 일반 규칙을 밝혀냈다.

그러나 지라드는 아직 수학적 기반이 무르익지 않은 방향으로 연구하였으며, 허수라는 주제는 곧 거의 망각되어 애매모호한 상태로 되돌아갔다.

17세기 후반기는 혁명적인 방식으로 수학을 물리학에 적용시켰던 뉴턴(I. Newton, 1643-1727)에 의해 지배되었다. 그러나 뉴턴만 그렇게 한 것은 아니었다. 유럽 대륙의 라이프니츠(G. Leibniz, 1646-1715)는 미적분학의 방법을 발명하였으며, 그것들을 사용하여 훌륭한 결과를 만들었다. 그럼에도 불구하고 모든 사람들은 음수 1의 제곱근인 허수 단위원 i를 향해 여전히 경계의 눈초리를 보내었다. 라이프니츠는 1690년대에 이 아이디어를 재해석했고, 허수 인수를 이용한 양수의 인수분해를 포함해 몇 가지 놀라운 계산 공식을 만들어냈다. 이것은 사람들의 눈살을 찌푸리게 했는데 심지어 라이프니츠조차도 허수를 성령과 비교하면서 자신의 수학 연구 영역으로부터 거리를 두었다. 존재하는 것과 존재하지 않는 것 사이의 그림자 같은 즉 유령의 세계를 차지하고 있다고 생각했던 것이다.*

허수의 세계로

18세기의 가장 위대한 수학자는 스위스 태생의 오일러(L. Euler, 1707-1783)였다. 긴 생애를 살아오면서 오일러는 일생동안 매우 생산적인 연구를 했는데, 수학의 모든 방향에서 중요한 결과를 만들어냈다. 친절하고 관대한 성격을 지닌 오일러는 후세 사람들에게 사랑받았다. 세월이 변하는 추세로 볼 때, 어떤 한 사람이 오일러가 했던 방식으로 수리과학 전 분야에서 성과를 내는 일이 더 이상 가능하지 않을 것이다. 바로 이러한 이유로 인해 오일러의 명성은 결코 반복되지 않을 것이며, 수학자들은 오일러를 다른 위대한 인물들과는 확연히 차별되는 모습으로 애정을 갖고 기억하고 있다.

숫자 π, e 그리고 음수 1의 제곱근의 기호 i는 오일러에 의해 만들어졌다. 허수와 관련된 계산은 다른 형태로 나타나기 시작했는데, 음수의 로그를 계산하는 것이었다. 오일러는 허수를 포함하는 형식적인 방정식을 도입하였으며, 허수는 이 분야를 연구할 때 진정으로 유용하다는 것이 입증되었다. 18세기 말에는 허수가 상당히 널

* 수학의 신비주의를 시간 낭비 또는 퇴보로 비난하는 것은 당연한 일이다. 그러나 수학자 개개인은 초자연의 본질에 대한 환상을 통해 수학적 발견을 이어갔다고 주장한다. 일반 상대성 이론에 나오는 아인슈타인 방정식에 대한 괴델(K. Godel)의 해법과 인공 지능에 대한 튜링(A. Turing)의 빛나는 연구는 이러한 견해에 대한 두 가지 사례이다.

리 사용되었다.

그런데도 약간의 망설임은 계속되었다. 결국, 허수(상상의 수)라는 단어 자체는 우리의 마음속 깊은 곳에 이 숫자가 실제로 존재하지 않는다고 믿게 만들었다. 다른 한편으론 십진법으로 표현될 수 있는 모든 수를 실수, 즉 실제 수라고 부름으로써 이러한 심리적 차이를 더 확고하게 만들었다. 실제로 '상상의'라는 형용사는 다소 유감스럽다. — 흥미로운 이름이기는 하지만, 어떤 학생들의 생각에 그 용어가 너무 고착되어 개념을 정확히 파악하지 못하게 만들기도 한다.

모든 일반 실수와 허수 i를 포함하는 수의 체계를 갖추기 위해, 관련된 모든 수의 덧셈과 곱셈 연산을 정의해야 하는데, 이는 즉각적으로 복소수의 개념으로 이어진다. $z = a + bi$에서 a, b는 실수인데, a는 복소수 z의 실수부분이며 b는 허수부분이라고 부른다. 1797년에 베셀(C. Wessel, 1768-1818)은 숫자 z를 좌표 평면 위에 점 (a,b)로 자연스럽게 표현하였다. 복소수의 덧셈과 곱셈 연산은 일반 기하에서 아주 당연한 형태로 정의된다(다음 절에서 설명). 지금까지 베일에 가려져 있던 허수와 복소수를 눈으로 볼 수 있게 함으로써, 그것들을 사용하는 것이 마침내 해결될 수 있다는 예고편이 된 것이다. 평면의 모든 점은 복소수를 표현하는 것으로 생각할 수 있으며, 그 역도 성립한다. 이리하여 19세기 초에 복소수는 마침내 수학적 아이디어의 목록에 당당한 일원으로 환영을 받게 되었다.*

가우스와 다른 사람들의 연구에서 매우 믿을 만한 결과 중 하나

---

* 자세한 역사는 좀 복잡하다. 1806년에 아르강(J. R. Argand)은 복소수를 그래프로 표현하는 법을 출판했으며, 복소수를 표현한 평면은 종종 아르강 평면이라고 불린다. 그러나 베셀(Wessel)과 아르강의 계산은 수년 후에 위대한 수학자들인 코시(A. Cauchy, 1789-1857)와 가우스(K. Gauss, 1777-1855)가 대중화할 때까지 전반적으로 주목받지 못했다. 지라드는 이미 일차원적인 수직선의 개념을 도입했으며, 17세기 영국의 수학자 월리스(John Wallis)는 실수축에 수직인 선으로 순 허수가 표현될 수 있다고 제안했다.

는 복소수 집합이 완전하다는 것을 알게 된 것이다. 이전의 다른 수 체계에서는 볼 수 없었던 성질이다. 수에 관한 이야기는 숫자를 셈하는 것으로부터 시작되었지만, 이것들은 심지어 아주 평범한 산술에도 부적절하다. 실제로 뺄셈과 나눗셈과 같은 두 연산은 사람들을 정수 체계에서 끌어내서 유리수를 구성하는 데까지 이르게 했다. 그 체계는 일반적인 산술에 적합하지만, 피타고라스가 증명했듯이, 사람들은 여전히 제곱근을 만들기에 충분한 숫자체계를 가지고 있지 못했다. 더욱이 미적분의 토대인 극한 연산은 대수적 숫자의 영역에서 벗어나 실수 체계로 넘어가게 하였다. 실수 집합은 십진법으로 표현할 수 있는 모든 숫자의 집합이다.* 이것은 유리수에는 해당하지 않는데, 실제로 유리수의 극한값은 무리수일 수도 있다. 예를 들어 $\sqrt{2}$에 더 가까이 접근하도록 유리수 수열 1.4, 1.41, 1.414, 1.4142, ⋯ 을 쓸 수 있지만, 이 수열의 극한값이 유리수인 것은 아니다.

그럼에도 불구하고 실수 체계는 제곱근에 대하여 닫혀있지 않기 때문에 여전히 부적절했다. 따라서 수학이 자연스런 경로를 따를 수 있도록 하기 위해 복소수 집합으로 확장해야 했다. 그러나 복소수 집합 C에 이르게 되면, 마침내 예전의 부적절한 패턴이 반복되지 않는 상황에 도달한다. 실수와 함께, 복소수의 모든 산술 연산은 복소수 집합 C 내부에서 이루어져서, 집합 C가 닫혀있게 된다. 더욱이 수렴하는 복소수 수열의 극한은 복소수이다. 덧붙여서 복소수의 제곱근은 그 자체로 복소수이며, 더 일반적으로 차수 n인 다항식은

---

* 실수에 관한 이러한 방법은 상당히 자연스럽지만 실질적인 단점이 있다. 실수 체계의 일관된 형식은 19세기 후반에 데데킨트(J. W. Dedekind, 1831-1916)에 의해서야 완성되었다. 소위 데데킨트 절단(Dedekind cut)이라고 불리는 〔나중에 러셀(B. Russell)에 의해 단순화됨〕 것이 문제점을 해소했다. 실직선은 완전히 이산적인 숫자로 구성되어 있지만, 그럼에도 불구하고 연속체이다.

n개의 (복소)근을 갖는데, 그 근들을 표현하기 위해 새로운 수 체계를 찾아 나설 필요가 없다. 이제 우리가 필요로 하는 모든 숫자를 갖게 된 것이다. 수학은 자연스런 환경을 최종적으로 발견한 것이다.

게다가 복소수를 단지 실수의 쌍으로 간주하면, 즉 임의의 복소수 $z = a + ib$를 순서쌍 (a,b)로 표현하면 많은 유익을 누릴 수 있다. 이 방법으로 인해 괴상한 새로운 기호 i를 언급해야 할 필요가 없게 된다. 만일 그 기호가 불편하다면 말이다. 실수는 이 큰 집합에 포함되는데, 실수 a는 순서쌍 $(a,0)$으로 표현되기 때문이다. 허수 i 역시 그 안에 있으므로 좌표는 $(0,1)$이 된다.

다시 말하면 새로울 것이 없다는 것이다. 반대로, 정수에서 유리수로 넘어가는 과정은 이와 유사한 단계를 거치는데, 우선 숫자를 택하여 순서쌍을 만들어서 새로운 것을 형성한다. 예를 들어서 분수 $\frac{2}{3}$는 순서쌍 $(2,3)$으로 간주하는 것이다.*

복소수의 계산은 복소수 평면에서 아주 훌륭하게 표현될 수 있지만, 한두 가지 특이한 점이 있다. 덧셈은 아주 간단하다. 두 개의 복소수 $z = (a,b)$와 $w = (c,d)$를 더할 때, 첫 번째와 두 번째 성분을 각각 더해서 $z + w = (a + c, b + d)$가 된다. 만일 기호 i를 사용한다면 $(2 + 3i) + (4 + 5i) = 6 + 8i$로 쓸 수 있다.

이것은 평면에서 벡터 덧셈으로 알려진 것과 동일하여, 유향선분의 하나의 종점에 다른 벡터의 시점을 더하는 것과 같다. 이 경우 원점 $(0,0)$에서 시작하여 점 $(2,3)$까지 연결하는 첫 번째 화살표를 그린다. $(4,5)$로 표시된 숫자를 더하려면, $(2,3)$에서 시작하여 수평 방향(실수축 방향)으로 4만큼 이동하고, 수직 방향(허수축 방향)으로 5만큼 이동하여 화살표를 그린다. 좌표 $(6,8)$에서 그 지점이 끝난

* 분수 표기법은 처음에 그리스인들이 사용했다. 처음에는 분모가 위에 있었다. 그 후에 현대식으로 사용되었지만 분리 막대는 없었다. 그러나 $\frac{1}{n}$ 형태의 단위분수 표현에 대한 선호는 유럽에서 2천년 간 잘 지속되어 왔다.

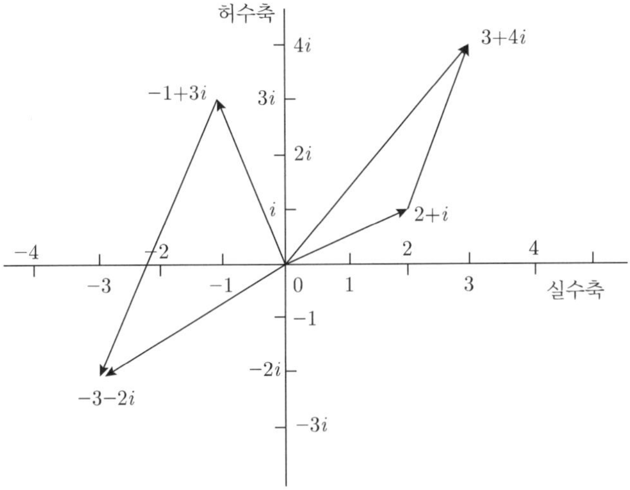

$(2+i)+(1+3i)=3+4i$　　　$(-1+3i)+(-2-5i)=-3-2i$

▶ **그림 10.1** 복소수 평면에서의 덧셈 ◀

다. 거의 같은 방식으로 복소수의 뺄셈을 실수부와 허수부의 뺄셈으로 정의한다. 예를 들어서 $(5+7i)-(1+2i)=4+5i$이다. 이것은 벡터 (5,7)로 시작하여 벡터 (1,2)를 빼내면, 점 (4,5)에서 끝내는 것으로 나타낼 수 있다. 복소수 평면에서 덧셈의 예를 그림 10.1에서 볼 수 있다.

곱셈은 전혀 다른 상황이다. 형식적으로 보면 이것은 쉬운 일이다. 괄호를 전개하여 곱하는 것으로 두 개의 복소수를 곱할 수 있다. 다만 $i^2=-1$임을 기억하면 된다.(*42) 이렇게 하여, 순서쌍을 곱하는 방법의 규칙을 $(a,b)(c,d)=(ac-bd, ad+bc)$와 같이 쓸 수 있다.* 이것은 완벽한 규칙이지만 그다지 흥미로워 보이지 않는다. 왜냐하면 매우 어색할 뿐만 아니라 의미가 없기 때문이다. 하지만

* 이러한 방식으로 복소수의 곱셈이 처음으로 제시된 것은 해밀턴(W. Hamilton)이 1833년에 아일랜드 아카데미에 보낸 논문에서였다.(*43)

잊어버리기 전에 분수의 연산에 똑같은 종류의 설명이 적용된다는 것을 알아야 한다. 두 개의 일반 분수 $\frac{a}{b}$와 $\frac{c}{d}$를 택하여, 이것들을 비교하기 위해 순서쌍 (a,b)와 (c,d)의 형태로 표시해보자. 그리고 그것들의 덧셈과 곱셈의 규칙을 살펴보자.

이 경우, 곱셈 규칙이 매우 자연스럽고 쉬운 반면, 덧셈 규칙은 상대적으로 복잡하다는 것을 알 수 있다. 곱셈에서 $(a,b)(c,d)=(ac,bd)$이 성립한다. 한편 두 개의 분수의 덧셈에서 우선 분모를 통분하여 bd를 만들어 덧셈을 하면 $(a,b)+(c,d)=(ad+bc,bd)$이 된다. 이 규칙은 분수 덧셈을 상당히 여러 번 경험한 후에야 이해할 수 있는데, 그때만 규칙이 일어나는 상황을 간파할 수 있기 때문이다. 그러나 학생들이 분수 덧셈의 방법을 이해하는 한, 그것을 암기할 필요가 없다.

비슷한 방법이 복소수의 곱셈 연산 규칙에도 똑같이 적용된다. 괄호를 틀리지 않게 잘 곱할 수 있으면 규칙을 외워야 할 필요는 없다. 그러나 복소수 곱셈을 쉽게 이해하고 그것에 의미를 부여해주는 자연스러운 해석은 아직 없다.

극좌표계

계몽은 관점이 바뀔 때 일어난다. 복소수 평면의 좌표계를 직교좌표인 데카르트 좌표계로부터 극좌표계(polar coordinates)로 바꾸면 복소수의 곱셈은 더욱 의미 있는 형태로 설명된다.*

이 좌표계에서 한 점 z는 다시 한 번 숫자의 순서쌍으로 표시되는데, 여기서는 (r,θ)로 나타낼 것이다. 숫자 r은 원점 O에서 점 z

* 뉴턴(I. Newton, 1642-1727)은 평면상의 점들을 여덟 개의 서로 다른 좌표계로 설명했는데, 그 중 일곱 번째 좌표계가 극좌표계이다.

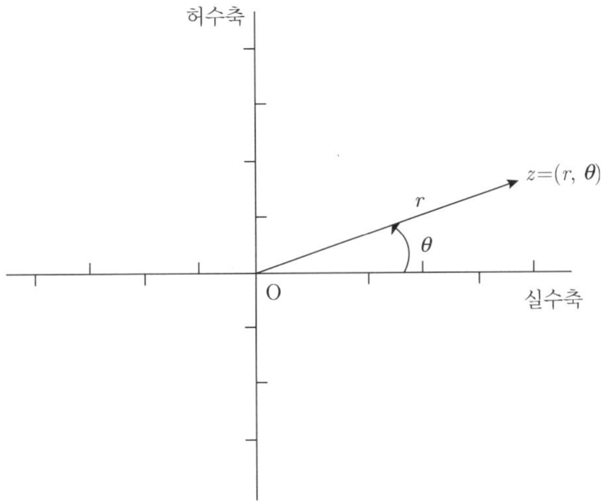

▶ **그림 10.2 복소수 평면에서 점의 극좌표** ◀

까지의 거리(distance)이다.[여기서 원점 O를 극(pole)이라고 부른다.] 따라서 r은 음이 아닌 양의 값이고, r 값이 같은 모든 점은 극을 중심으로 반지름 r인 원을 만든다. 이 원 위에 점 z를 지정하기 위해 두 번째 좌표 θ를 사용하는데, 그림 10.2와 같이 실수축으로부터 선분 OZ까지 반시계 방향으로 측정한 각(angle)을 θ로 표시한다. 숫자 r은 z의 절댓값(modulus, 복수형으로 모듈 moduli)이라고 불리며, θ를 z의 각도라고 부른다.*

이 체계가 갖는 약간의 결점은 극 자체가 갖는 특별한 성질 때문에 극좌표는 유일하지 않다는 것이다. 실제로 θ를 어떤 값으로 택하는지와 상관이 없이 점 $(0,\theta)$은 원점 O를 나타낸다.

이제 두 개의 복소수 z와 w가 있어서 각각의 극좌표를 (r_1,θ_1)와 (r_2,θ_2)라고 가정하자. 그것들의 곱 zw의 극좌표는 무엇인가?

곱셈의 규칙은 보통의 언어로 잘 표현될 수 있다. 곱 zw의 절댓

* 보통 z의 편각(argument)이라고 부른다.

값은 z의 절댓값과 w의 절댓값의 곱인 반면, zw의 각도는 z의 각도와 w의 각도의 합이다. 기호로 쓰면, zw의 극좌표는 $(r_1 r_2, \theta_1 + \theta_2)$가 된다.(＊44)

실수의 곱셈은 좀 더 일반적인 곱하기와도 잘 일치한다. 예를 들어 양의 실수 r은 극좌표 $(r,0)$로 표현되며, 다른 극좌표 $(s,0)$을 곱하면 $(rs,0)$가 되는데, 이것은 실수 rs에 해당한다.

복소수 곱셈의 여러 특징은 이 해석을 통해 더 잘 드러난다. 복소수 단위 i의 극좌표는 $(1,90°)$이다.* 임의의 복소수 $z=(r,\theta)$를 택하여 $i=(1,90°)$를 곱하면 $zi=(r,\theta+90°)$가 된다. 다시 말해서, i를 곱하는 것은 복소수 평면의 중심에 대한 90도 회전에 해당한다.

물론 피타고라스는 이것에 대해 어떤 암시도 하지 않았지만, 이러한 사실의 중요성을 분명히 인식했을 것이다. 기하에서 가장 기본 개념인 직각을 숫자로 나타낼 수 있게 된 것이다.

실제로 복소수 평면의 주어진 영역에 있는 모든 점에 하나의 복소수 z를 곱하거나 더하는 효과는 각각 기하학적으로 나타낼 수 있다. 평면에서 원하는 영역을 생각해 보자. 만일 선택한 영역 안의 모든 점에 z를 더한다면, z에 의해 표현되는, 우리가 통상 벡터라고 부르는 화살표에 의해 결정되는 동일한 거리와 방향으로 각각의 점이 단순히 평행이동하게 된다. 다시 말하면, 그 영역이 평면 안의 다른 지역으로 옮겨졌다는 말이고 그 결과 모양과 크기가 정확히 유지된다는 것이다. 이것은 영역에서 회전이나 반사가 일어나지 않았음을 의미한다. 한편 선택한 영역 안의 모든 점에 $z=(r,\theta)$를 곱하면

---

* 일반적으로 말하면, 각도는 도(degree)로 측정되는 것이 아니라 라디안(radian)이라는 수학적 단위로 측정된다. 하나의 원에는 2π라디안이 있기 때문에 1라디안을 회전하는 것은 원점을 중심으로 하는 단위원의 둘레를 따라 1단위 움직인 것에 해당한다. 1라디안은 57°보다 조금 큰 값이다.(역자주: 원의 중심각은 360도인데, 이것은 2π 라디안과 같다. 따라서 1라디안은 $360/(2\pi)=360/(2\times3.14)=57.32$ 정도의 값이 된다.)

두 가지 효과가 있는데, 하나는 r 때문이며 다른 하나는 θ 때문이다. 영역의 각 점의 모듈은 r의 곱만큼 증가하므로, 영역의 모든 크기도 r 곱만큼 증가한다.(따라서 그 넓이는 r^2의 인수가 곱해진다.) 물론 만일 $r<1$이면, 이 '확장'은 오히려 축소라는 용어로 더 잘 설명된다. 새로운 영역은 원래의 것보다 작아질 것이기 때문이다. 그러나 영역의 모양은 그대로 유지된다. 예를 들어 삼각형은 이전 것과 동일한 각도를 갖는 합동인 삼각형이 된다. 위에서 설명한 것처럼 θ의 영향은 원점을 기준으로 반시계 방향으로 각도 θ만큼 영역을 회전시키는 것이다. 그러므로 선택한 영역의 모든 점에 z를 곱한 최종의 결과는 극을 중심으로 영역을 회전시키고 확장시킨 것이 된다. 새로운 영역은 여전히 이전과 같은 모양을 갖지만 크기가 달라지며, 회전 각 θ에 의해 결정되는 다른 형태가 될 것이다.

가우스 정수

a와 b가 정수인 복소수 $z=a+bi$들은 복소수 평면에서 격자 패턴을 형성하는 것으로서, 보통 가우스 정수(gaussian integers)로 알려져 있다. 가우스 정수가 다른 가우스 정수들의 곱(단, ± 1, $\pm i$은 제외)으로 분해되지 않을 때 그것을 소수(prime)라고 부른다. 보통 정수의 소인수분해가 유일하다는 산술의 기본정리와 유사 결과가 잘 성립한다. 임의의 가우스 정수는 i의 거듭제곱($i^2=-1$, $i^3=-i$, $i^4=1$)들과 양의 가우스 소수들의 곱으로 유일하게 인수분해된다. 여기서 양의 가우스 소수는 실수부가 적어도 허수부만큼 큰 것을 의미한다.

보통의 소수들은 가우스 정수의 측면에서 볼 때 더 이상 소수가 아니다. 예를 들어서 $2=(1+i)(1-i)$이고 $5=(2+i)(2-i)$이므로

2와 5는 소수의 목록에서 지워야 한다. 실제로 두 개의 제곱수의 합으로 표현되는 양의 정수 n은 가우스 소수가 될 수 없는데

$$n = a^2 + b^2 = (a+bi)(a-bi)$$

이기 때문이다.

홀수인 소수가 제곱수 두 개의 합으로 표현될 필요충분조건은 그 홀수가 $4n+1$ 형태인 것이라는 사실을 증명할 때, 가우스 소수가 사용될 수 있다. 이것은 두 개의 제곱수의 합이 되는 숫자들의 특성을 보이는 디딤돌이다. 어떤 수의 소인수분해가 $4n-1$ 형태인 소수의 홀수 거듭제곱을 인수로 포함하지 않는다면, 이러한 성질을 갖는다. 가우스 소수를 사용함으로써, 어떤 숫자가 두 개의 제곱수의 합으로 표현되는 모든 방법을 찾을 수 있다. 또한 그러한 표현 방법이 몇 개나 있는지도 세어볼 수 있다.

복소수를 사용하면 각각이 두 제곱수의 합이 되는 두 수의 곱셈은 이러한 형태의 또 다른 모습임을 자연스럽게 볼 수 있다. 예를 들어서, $x = a^2 + b^2$와 $y = c^2 + d^2$라고 하고, 각각 대응되는 가우스 정수를 $z = a + bi$와 $w = c + di$라고 하자. z의 켤레복소수(complex conjugate)는 $\bar{z} = a - bi$ 인데, 이것은 z를 실수축으로 대칭시킨 것이며, 앞서 본 것처럼 $z\bar{z} = a^2 + b^2$가 된다. 쉽게 증명될 수 있지만, 주목할 만한 복소수의 성질로서, 켤레복소수들의 곱은 곱한 것의 켤레복소수가 된다는 것을 알 수 있다. 즉 $\bar{z}\bar{w} = \overline{zw}$이 성립한다. 이 식의 양변에 zw를 곱하고 순서를 약간 조정하면 $(z\bar{z})(w\bar{w}) = zw\overline{zw}$가 된다. 특별히 두 제곱수의 합으로 표현되는 두 수의 곱셈은 또 다른 두 제곱수의 합이 된다. 실제로 $zw = (ac - bd) + i(ad + bc)$를 사용하여 다음과 같이 명확히 표현할 수 있다.

$$(a^2 + b^2)(c^2 + d^2) = (ac - bd)^2 + (ad + bc)^2$$

예를 들어서 $29 = 2^2 + 5^2$이며 $52 = 4^2 + 6^2$인 두 수를 생각해보자. 위의 식으로부터 $508 = 29 \times 52$을 두 개의 제곱의 합으로 표현할 수 있게 된다. 이 경우에 $a = 2$, $b = 5$, $c = 4$, $d = 6$가 되어 우변으로부터 $(8-30)^2 + (12+20)^2$를 얻게 되어, 결국 $1508 = 22^2 + 32^2$이 된다.

확실히 하기 위해 위의 항등식은 켤레복소수의 연산을 하지 않고도 쉽게 검증되지만, 가우스 정수를 사용하면 자연스럽게 결론에 도달할 수 있다. 또한 일반화가 가능하다는 것을 암시한다.

특히 주목할 만한 증명을 포함하고 있는 잘 알려진 결과는, 임의의 양의 정수 n은 네 개의 제곱수의 합이라는 것이다.

더 많은 결과 엿보기

복소수를 극좌표로 표현하면, $z = (r, \theta)$의 거듭제곱이나 거듭제곱근을 찾는데 아주 편리하다. 임의의 양의 정수 n에 대해 절댓값을 n번 거듭제곱하고 θ를 n번 더해서 $z^n = (r^n, n\theta)$를 쉽게 얻을 수 있다. 동일한 방법이 분수뿐만 아니라 음수 거듭제곱에도 적용되어, 오늘날 드 므와브르(De Moivre, 1667-1754) 정리라는 이름으로 불린다.(＊44)

여기서 우리는 아직까지 복소수의 나눗셈에 대해서는 언급하지 않았다. 실수와 마찬가지로 복소수 z로 나누는 것은 그 역수인 $w = \frac{1}{z}$를 곱하는 것을 의미한다. 그러나 숫자 w는 무엇인가? 주어진 $z = (r, \theta)$에 대해 숫자 w는 $zw = (1, 0)$, 즉 1이 되는 성질을 갖는다. 그러면 반드시 $w = \left(\frac{1}{r}, -\theta\right)$이어야 하는데, $zw = (r, \theta)\left(\frac{1}{r}, -\theta\right) = \left(r\frac{1}{r}, \theta - \theta\right) = (1, 0)$이 되어 원하는 성질을 만족하기 때문

이다. 역수와 나눗셈은 또한 소위 켤레복소수라고 불리는 아이디어를 사용하여 직교좌표로 표시할 수 있다.(＊43)

요약하자면 복소수의 덧셈과 뺄셈은 직교좌표를 사용하여 쉽게 표현되는 반면, 곱셈과 나눗셈, 거듭제곱 그리고 거듭제곱근들은 극좌표를 이용하는 복소수 평면으로 접근하면 더 확실히 볼 수 있다.

심지어 기초 수준에서도 복소수를 응용할 수 있다. 직교좌표와 극좌표 표현 사이의 상호작용은 삼각함수를 놀랍도록 유익한 방향으로 이끌어낸다. 예를 들어 학생들이 하는 기본적인 연습문제 가운데 중요한 항등식의 미분이 있다. 이것은 자연스럽게 나오는 것으로서 단위 절댓값($r=1$)을 갖는 임의의 복소수를 선택하고 직교좌표와 또한 극좌표를 사용하여 거듭제곱을 계산하는 것이다. 두 가지 형태의 답을 항등식으로 놓으면 삼각방정식이 나온다.

모든 것이 빠른 속도로 깊이 있게 발전을 하였다. 수학에서 가장 유명한 공식 중 하나인 $e^{i\pi}=-1$은 오일러가 만든 놀랍도록 간단한 방정식이다. 1748년에 발간된 교재《무한소 해석의 입문(Introduction to infinite analysis)》에 나와 있는데, 이것은 세상에서 가장 신비한 네 개의 숫자들을 연결시킨다. 사실 오일러의 방정식은 원적문제(squaring the circle)가 불가능하다는 것을 마침내 증명할 수 있게 되는 중요한 성질이 되었다(1882). 이 방정식의 증명은, π는 초월수로서 유리수 계수를 갖는 어떤 다항방정식의 근도 될 수 없다는 것을 포함하고 있어 유명하다. 결과적으로 아주 오래된 문제, 즉 어떤 원이 주어졌을 때, 자와 컴퍼스만 사용하여 원과 동일한 넓이를 갖는 정사각형을 작도할 수 있는지에 대한 답은 부정적인 것으로 밝혀졌다. 그렇게 작도할 수 없다는 것이다.

그리고 훨씬 더 많은 결과들이 나오게 되었다. 복소수를 사용하여 지수함수나 멱함수 그리고 겉으로 보기에는 관련이 없어 보이는 삼각함수들 사이의 관계가 드러났다. 음수 1의 제곱근이란 관문을 통과하지 않으면, 그 관계를 어렴풋이 알 수는 있었겠지만, 이해되지 않을 것이다. 소위 쌍곡함수는 지수함수의 짝함수(또는 우함수) 부분과 홀함수(또는 기함수) 부분을 취하는 것으로부터 만들어진다. (＊45) 각각의 삼각항등식에 대응되는, 아마도 부호를 제외하고는, 쌍곡함수의 항등식이 있다. 그러나 각각의 특정한 항등식들은 쉽게 검증될 수 있지만, 그것이 왜 일어나야 하는지에 대한 질문이 남는다.* 한 부류의 함수들의 성질이, 완전히 다른 형태로 정의되어서 아주 다른 성질을 갖는 함수들과 유사한 형태로 반영되는 것은 무슨 이유일까?

쌍곡함수를 삼각함수와 유사하게 기하적으로 설명할 수 있다. 다시 말하면, 삼각함수를 정의할 때 기본적으로 도입되는 원 대신에 쌍곡선이라고 불리는 다른 종류의 곡선으로 대체함으로써 쌍곡함수를 정의하는데, 이것이 이와 같은 이름이 나오게 된 이유이다. 그러나 이 기하적 관계는 엄밀하게 대응되는 형태를 보여주지 않는다. 이러한 애매한 점을 해결하는데 오일러가 만든 공식 $e^{i\theta} = \cos\theta + i\sin\theta$이 사용된다. 지수함수와 삼각함수가 긴밀히 연결되어 있음을 보여주는데, 단, 허수 단위 i를 사용해야만 한다.** 일단 이 공식을 안다면, 오일러 방정식에 의해 제공되는 두 개의 다른 표현을 사용하여 계산을 수행하고 실수부와 허수부를 각각 같게 놓음으로써 위에 나온 결과들이 필연적이라는 것을 알 수 있다. 그러나 이 공식이 없으면 모든 것은 여전히 미스터리로 남아 있게 된다.

19세기에 복소변수 함수론은 코시(Augustin Cauchy, 1789-1857)에 의해 그 자체가 하나의 연구 주제로 형성되었다. 코시는 여러 면에서 이상한 사람이었다. 그에 대해 러셀(Bertrand Russell)이

---

* 대응의 정확한 성질은 오스본 법칙(Osborne's Rule)이라고 알려진 것에 의해 결정된다.(＊46)

** 다른 사람들, 예를 들어서 베르누이(J. Bernoulli, 1667-1748) 같은 사람들도 이런 관계를 잘 알고 있었다.

제공할 수 있는 가장 관대한 묘사는 그가 매우 독특한 원칙을 가졌고 그 원칙을 고수하며 살았다는 것이다. 그러나 코시는 매우 위대하고 왕성한 연구를 한 수학자였다. 오늘날 수학의 중요한 영역 중 하나인 복소함수론의 창시자였다.

복소수의 연산 그 자체는 아주 놀라운 것인데, 그 중 몇 가지는 이미 위에서 언급되었다. 실수 변수와는 대조적인 복소수 변수를 갖는 미적분학 전체를 재조직함으로써 새로운 수학의 세계가 열리게 되었다. 예를 들어 복소수 이론이 주는 첫 번째 보상 중 하나는 코시의 유수 정리(Residue Theorem)이다. 이것은 놀랍고 비범하고 아주 강력한 결과이다. 변수가 실직선의 궤도를 벗어나 복소수 평면 위를 자유롭게 돌아다닐 수 있게 함으로써, 일반 실변수에 의해 정의된 곡선의 넓이에 관계된 어려운 문제가 갑자기 풀리게 된다. 사물의 본성은 이와 같이 시야를 넓힐 때에 비로소 분명해진다.

복소수 변수의 응용은 너무 광대해서 여기서 정의하기는 쉽지 않다. 예를 들어 원자 규모에서의 물질 분석은 X선 회절을 통해 연구된다. 기본 그림은 전자기파가 대상과 마주 칠 때 흩어지는 방식에서 발견된다. 복구 과정은 푸리에 변환(Fourier transform)의 작용에 의존하는데, 여기서 중요한 것은 변수가 실수가 아니라 복소수라는 점이다. 전체 주제는 이러한 기술에 달려 있다 — 복소수는 수학적인 추상화가 아니라 '실제'이며 그것들이 잘 적용된다는 것이다.

복소수 평면의 진정한 가치는 모든 수학적 작업을 단일 숫자 영역에서 마침내 수행할 수 있다는 것이다. 그러나 더 이상 나아갈 수학적으로 절박한 어려움이 없을지라도, 복소수 평면을 지나 더 넓은 숫자 영역으로 들어갈 수 있는 가능성이 있는지를 물어볼 수 있다. 우리는 결국 실수 순서쌍을 기반으로 한 2차원 벡터의 숫자 체계를 갖고 있다. 따라서 세 순서쌍의 숫자들을 기본으로 하는 숫자 체계를 구축하는 방법이 있는지를 자연스럽게 물어볼 수 있다. 복소수 체계의 순서쌍에서 실수가 첫 번째 성분이 되는 것처럼 세 순서쌍의 숫자 중 처음 두 개의 성분은 복소수가 되도록 고안된 숫자 체계를 물어보는 것이다. 대답은 참으로 놀랍다. 그것은 삼차원에서는 불가능하지만, 오히려 사차원에서는 가능하다.

해밀턴(W. Hamilton, 1805-1865)은 10년 동안 $a+bi+cj$ 형태의 세 순서쌍에 기초한 숫자 체계를 개발하는 문제에 몰두했다. 여기서 $a+bi$는 복소수이고, c는 실수이며 j는 어떤 새로운 종류의 단위이다. 그는 아내와 길을 걷다가 번개처럼 스치는 영감을 얻었다. 그의 연구는 $a+bi+cj+dk$ 형태로 확장하는 데로 이어졌다. 그러나 곱셈은 더 이상 교환법칙을 만족하지 못한다. 실제로 연산은 다른 규칙들과 비슷하지만 $i^2=j^2=k^2=-1$, $ij=k$ 가 되어야 한다. 그래서 그는 자신의 천재성에 감동되어서, 자신이 발견한 방정식을 더블린의 로열 운하(Royal Canal)를 가로지르는 브로엄(Brougham) 다리에 낙서로 새겨놓았다. 1843년 10월 16일에 사원수(quaternion)가 탄생했다.

해밀턴은 남은 생애 동안 자신이 발견한 것을 무척 좋아했다. 사원수 숫자의 크기[보통 노름(norm)이라고 부른다.]는 제곱의 합인 $a^2+b^2+c^2+d^2$의 제곱근임을 알아냈다. 두 사원수의 곱셈은 노름의 곱셈이기 때문이다. 이것은, 만일 두 개의 정수 각각이 네 개의 제곱수의 합이면, 그것들의 곱도 마찬가지라는 오일러의 견해와 동일하다. (이 성질을 증명하는 첫 단계는 모든 수는 네 개의 제곱수의 합이라는 사실이다. 왜냐하면 그 성질은 주어진 문제를 단지 소수에 대해서만 풀면 되도록 단순화시키기 때문이다.) 이것은 복소수 z의 노름의 제곱의 형태인 $z\bar{z}$를 사용하여 앞서 가우스 정수에서 추론한 두 개의 제곱에 해당하는 결과이다. 그러나 사원수 노름이 발견 될 때까지 오일러의 항등식은 마술과 같은 결과를 만들어 왔다.* 이제 해밀턴은 그것에 의미 있는 해석을 줄 수 있게 되었고, 이는 증명에

1500	1545	1585
산술 기호 및 음수 사용이 가능해짐	카르다노, 타르탈리아, 페라리가 삼차방정식의 해법을 제시함. 허수 개념에 대한 최초의 암시	십진법 산술. 비에트와 스티븐에 의해 현대적 대수기호가 도입됨
1629	1687	1748
지라드는 허수를 사용하여 다항식의 근의 개수를 분류함	뉴턴의 《프린키피아》에서 행성 운동을 설명함. 뉴턴과 라이프니즈는 시험적으로 복소수를 사용하는 미적분 개발함	오일러와 베르누이에 의해 복소수의 형식적 조작이 실제로 사용됨
1806	1850	1880
복소수의 그래픽 표현으로 인해 복소수가 완전히 자리 잡히게 됨	가우스와 코시에 의해 복소해석학의 발전이 이루어짐. 해밀턴의 사원수	실수와 복소수의 본질이 분명해짐. 칸토어는 무한과 관련된 숫자를 고안함

▶ **그림 10.3 유럽 수학의 숫자 사용 연대표** ◀

도달하는 자연스러운 길로서 자신의 새로운 아이디어의 가치를 더 확신할 수 있게 되었다.(전체 개관은 그림 10.3 참조)

그러나 사원수는 복소수의 일반화이기는 하지만, 복소수만큼 중요한 것으로 드러나지는 않았다. 그럼에도 불구하고 사원수의 발견은 19세기 수학에 엄청난 영향을 미쳤다. 모든 대수 법칙을 만족하는 것은 아니지만, 대부분을 만족하는 모순 없는 대수가 만들어질 수 있다는 가능성을 시사했기 때문이다. 그러므로 이 법칙들은 모두

* $4^e(8k+7)$의 형태가 아닌 숫자 n은 세 개의 제곱수의 합으로 쓸 수 있다. 예를 들어 7은 세 개의 제곱수의 합이 아니다.(＊47)

가 예상했던 것처럼 변하지 않았다. 수학은 새로운 대수학 구조를 탐구할 수 있는 기회가 주어졌으며, 행렬 이론은 수치적 대상물과는 매우 다른 것으로서 이제 주목받게 되었다. 150년 동안 행렬을 기본 주제로 하는 선형 대수의 이론은 수학의 모든 이론 중에서 가장 활발히 응용이 되는 주제 중 하나가 되었다.

1867년에, 헨켈(Hankel)은 복소수의 대수는 일반적인 산술의 법칙을 모두 만족하는 가능한 가장 일반적인 대수임을 증명했다. 실제로 길이가 2보다 큰 벡터 열을 복소수의 확장처럼 작용하게 만드는 것은 아주 제한적이다. 해밀턴의 사원수계와는 별개로 케일리(Cayley)의 팔원수(octonian)를 제외하고는 일반 나눗셈이 가능한 것이 없었다. 곱셈의 결합법칙이 성립하지 않아서 곱셈에서 먼저 곱하는 순서를 달리하면 다른 결과가 나온다. 요약하면, 복소수계를 넘어서는 숫자 시스템이 가능하기는 하지만, 거기서 발생하는 대수의 성질은 덜 구조화되어 있으며, 일반적으로 그다지 중요해 보이지 않는다.* 복소수의 평면은 수학의 발견 중 가장 중요한 것의 하나로 언제까지나 남아 있을 것이다. 그러나 다음 질문은 여전히 계속될 것이다.

사람들은 새로운 유형의 수를 계속 만들 수 있을까?

수-형태의 시스템은 수세기에 걸쳐 확실히 확장되었다. 처음에는 단지 1,2,3,…와 같이 세는 수 또는 자연수가 있었고, 그 후 어떤 적절한 순서로 분수, 0, 음수 등이 생겨 오늘날 유리수 집합이 만들어지게 되었다. 그러나 피타고라스 시대부터 분수는 모든 수치적 현상을 설명하기에 충분하지 않았다. 앞서 언급했듯이 $\sqrt{2}$는 분수가 아니다. 이것은 실수로 발전되었는데, 모든 가능한 형태의 소수들의

---

* 이러한 일반화의 방향은 결코 불모지가 아니다. 예를 들어 아원자 물리학(subatomic physics)에서 중요한 클리포드 대수(Clifford algebras)는 이러한 필요성을 따라 개발된 것이다.

모임이라고 생각할 수 있다. 그러나 수학 자체의 성질은, 처음에는 내키지 않았지만, 실수를 넘어 허수와 복소수 영역까지 발전해 나갔다. 더욱이 현대의 수학자들은 한 종류 이상의 무한히 많은 수들과 사원수, 팔원수 그리고 행렬을 다루는 데까지 나아갔으며, 이런 것들도 숫자의 또 다른 일반화로 간주될 수 있다.

이처럼 수의 유형을 점점 더 많이 만들어가는 것은, 수학자들이 정당한 이유 없이 새로운 숫자를 기발한 방식으로 발명하는 데에 시간을 낭비한다는 잘못된 인상을 남길 수 있다. 그러나 전혀 그렇지 않다. 각각의 경우에 새로 확장된 숫자 체계는, 일반 대수 법칙을 모두 따르는 것은 아니더라도 대부분의 방식을 그대로 유지하는 선에서 기존의 수 체계와 통합된다. 이러한 기대는 새로운 수 유형이 더 존재할 가능성에 심각한 제한을 가한다. 게다가 복소수 평면은 수 작업을 위한 충분한 영역으로 밝혀졌기 때문에, 그 이상의 영역으로 나아가야 할 필연성이 크게 감소되었다.

비교하자면, 언제나 새로운 언어를 발명하여 의사소통에 사용하거나 혹은 컴퓨터 프로그래밍에 사용할 수 있다. 그러나 그 새로운 발명품이 더 좋거나, 더 빠르거나 혹은 재미있는 것들을 표현하거나 이해하는데 도움이 되지 않는다면, 어느 누구도 새로 만들어진 언어에 관심을 갖지 않을 것이다. 위에 언급된 모든 새로운 숫자의 유형은 이러한 기준을 충족하므로 현대 수학의 일부가 되었다. 새로운 숫자 유형에 대한 진정한 관심은 수시로 발생하지만, 전혀 발생하지 않을 수도 있다.

11장

현미경으로 본 수직선

실직선에 유리수와 무리수가 어떻게 조밀하게 혼합되어 있는지를 7장에서 보았다. 만일 유리수 점이 파란색이고 무리수 점이 빨간색이라면, 무엇이 보이는가? 모든 파란색 점 사이사이마다 항상 빨간색 점이 있으며, 모든 빨간색 점 사이마다 항상 파란색 점이 있다. 그래서 아마도 전체적으로 하나의 균일한 보라색 정도로 보일 것이라고 예상할 수 있다. 반면에 단지 파란색 점들만이 가산 집합을 형성하며 측도(measure) 0이 된다. 남아 있는 빨간색 점들과 비교하면 빨간색 점들의 효과가 분명히 파란색 점들을 흡수하여 보이지 않게 한다. 보통 말하는 극한의 성질에 접근할 수 있는 물리적 실험이 없기 때문에, 어떠한 방법으로도 정확하게 설명하기 어렵다. 그 직선을 오직 그 자체로만 생각해야 한다.

실직선의 구조가 무엇이든 간에, 단위구간 $I=[0,1]$를 복사한 것이 반복된다. (I는 0부터 1 사이의 실직선의 부분이다.) 그러므로 수들이 이 구간 내에 어떻게 자리 잡고 있는지를 설명할 수 있다면, 전체 직선의 구조가 어떻게 서로 결합되어 있는지 완벽한 그림을 볼 수 있다. 기본 단위구간 I 가 균등하게 반복하여 존재하기 때문이다.

구간 I 에서 가장 접근하기 용이한 수는 유리수들이며, 그 중에서도 작은 분모를 가진 유리수들이 (그리고 작은 분자도 마찬가지이다.) 가장 그렇다. 그 수들이 바로 그 구간 안에 어떻게 위치하는지를 질문할 수 있다. 따라서 작은 수 n을 선택하고, n보다 크지 않은 수를 사용하여 구간 I 안에 존재하는 모든 분수를 살펴보자. 예를 들어 $n=7$이라고 하면, 분수를 오름차순으로 다음의 수열을 생각해 볼 수 있다.

$$\frac{0}{1},\frac{1}{7},\frac{1}{6},\frac{1}{5},\frac{1}{4},\frac{2}{7},\frac{1}{3},\frac{2}{5},\frac{3}{7},\frac{1}{2},\frac{4}{7},\frac{3}{5},\frac{2}{3},\frac{5}{7},\frac{3}{4},\frac{4}{5},\frac{5}{6},\frac{6}{7},\frac{1}{1}$$

이 수열은 일곱 번째 페리(Farey) 분수 수열이라고 불린다. 페리 수열은 대수와 기하에서 놀라운 성질을 가지고 있다. 예를 들어서, 수열의 각 항들은 양쪽의 두 항에서 분모는 분모끼리, 분자는 분자끼리 더하는 것과 같다. 일례로 $\frac{1}{6}$은 $\frac{1+1}{7+5}=\frac{2}{12}$와 같다. 이와 유사하게 $\frac{3}{4}$ 역시 좌우의 항으로부터 $\frac{5+4}{7+5}=\frac{9}{12}$로 만들어진다. 주목할 만한 또 다른 특징은 두 개의 연속한 분수에서 분자와 분모를 각각 엇갈려 곱하면 그 차이는 항상 1이다. 예를 들어서 $\frac{2}{5}$와 $\frac{3}{7}$에서 분모와 분자를 서로 엇갈려 곱하면 $2\times7=14$과 $3\times5=15$인데, 그 차이는 1이다.*

다른 한편, 이 수열을 적어 내려가는 방법은 그렇게 명확하지는 않다. 어떤 n이 주어져 있을 때, n번째 페리 수열의 모든 분수를 적

---

* 이 수열은 페리(Farey)의 이름을 딴 것이다. 그는 이 주제에 관한 글을 쓰면서 첫 번째 성질은 증명하지 않았다. 두 결과는 페리가 언급하기 약 14년 전인 1802년에 아로(C. Haros)가 최초로 언급하고 증명한 것으로 보인다.

을 수 있으며(그러나 소거법의 불규칙한 성질로 인해, 1이 되는 것이 몇 개나 되는지는 불분명하다.(＊48)), 그리고 크기를 비교한 후, 결과적으로 그것들을 크기 순서로 나열할 수 있다. 그러나 더 좋은 방법이 있다. 그 수열에서 하나의 분수가 주어져 있을 때, 그 다음에 오는 분수가 무엇인지 직접 계산할 수 있지만, 그다지 간단한 일은 아니다. [Hardy와 Wright의 저서 《기초정수론(An Introduction to the Theory of Numbers)》 참조].

구간 I 에 속하는 각각의 무리수 a가 페리 수열에 얼마나 근접한지를 확인임으로써 그 위치를 조사할 수 있다. 물론 a는 어떠한 페리 수열 F_n에도 속하지 않는다. 그러나 몇 개의 무리수는 다른 것들보다 F_n의 성분들과 더 가까운데 위치할 수 있다.

더 자세히 설명하면, 임의의 무리수 a를 원하는 만큼 가깝게 유리수들에 근접시킬 수 있다. 이는 a를 십진법 전개할 때 보통 하는 일이고, 전개를 따라가면서 마지막 수를 버리는 일을 한다. 이렇게 하면 주어진 수 a에 점점 가깝게 다가가는 유리수들의 수열이 만들어지는데 이 유리수들은 실수 전체에서 선택된 것들이다. 그러나 이러한 유리수들은 분수로 표현될 때, 매우 큰 분모를 가질 수 있다. 이런 경우에 a에 아주 가깝게 하려면, 페리 수열에서 상당히 큰 값 n을 사용하여 분수를 취해야 한다.

그런데 F_n은 $\frac{m}{n}$인 모든 수(m은 0부터 n까지)를 다 포함하므로 I 에 속하는 각각의 수는 F_n에 속한 하나의 수에 의해 정확도 $\frac{1}{n}$로 근사될 수 있다. 그러나 단위구간에 속하는 임의의 모든 무리수 a에 대하여 F_n의 어떤 수와 a의 차이가 $\frac{1}{n^2}$보다 작게 되는 무수히 많은 n의 값들이 존재한다는 사실이 증명되었다. 여기서 이것이 어떻게 나오는지 대략 살펴보면, F_n의 성분들이 a에 매우 근접하게 되는 점점 더 큰 n의 값이 존재한다고 말하는 것과 같다.

이것은 임의의 무리수에 대해서도 사실이다. 그러나 어떤 무리수들은 다른 무리수들보다 훨씬 일관되게 수렴한다. 어느 무리수가 유리수에 의해 이러한 방법으로 근사할 수 있을까, 혹은 그렇지 않은 무리수는 어떤 것일까? 예를 들어서 $\sqrt{2}$와 같은 간단한 대수적 숫자는 그 속성상 유리수에 가깝게 보인다. 반면 비대수적 원소, 즉 초월수는 유리수를 가까운 이웃으로 하지 않고 떨어져 있다고 생각할 수도 있다. 그러나 놀랍게도 사실은 반대이다. 한편으로는 유리수에 의해 잘 근사될 수 있는 임의의 무리수는 반드시 (초월적으로 만들어 질 수 있다는 점에서) 초월적 원소이어야 한다는 것이 증명될 수 있다. 실제로 이것은 어떤 숫자가 초월적이라는 것을 증명하는 기본 기법 중 하나이다. 유리수 근사라는 관점에서 볼 때, 최악의 것은 가장 간단한 무리수이다. $\sqrt{2}$와 같은 숫자와 황금비율(Golden Ratio) $\frac{1}{2}(1+\sqrt{5})$과 관련된 숫자들은 대략적으로 계산하기 어려운 것들이다. 왜 그런지를 보는 것은 단위분수로부터 시작되는, 그 자체로서 또 하나의 완전한 이야기가 된다.

이집트 시대로 회귀

만일 여전히 이집트의 심미학을 동경하고, 분자가 1인 분수를 선호한다면, 다른 일반 형태의 분수를 우리가 선호하는 형태로 바꿀 수 있는 방법이 있는지 알고 싶을 것이다. 예를 들어서 분수 $\frac{2}{7}$를 생각해보자. 분모와 분자를 각각 2로 나누면 $\frac{1}{3+\frac{1}{2}}$이 된다. 이것은 하나의 분수로서 그 안에 모든 분자가 1인 형태이다. 다른 예제로, 다음과 같은 것도 있다.

$$\frac{25}{91}=\frac{1}{3+\frac{16}{25}}=\frac{1}{3+\frac{1}{1+\frac{9}{16}}}$$

$$=\frac{1}{3+\frac{1}{1+\frac{1}{1+\frac{7}{9}}}}=\frac{1}{3+\frac{1}{1+\frac{1}{1+\frac{1}{1+\frac{2}{7}}}}}$$

$$=\cdots=\frac{1}{3+\frac{1}{1+\frac{1}{1+\frac{1}{1+\frac{1}{3+\frac{1}{2}}}}}}$$

이와 같은 작업은 언제나 가능하다. 그러나 동시에 이집트식(egyptianised) 분수에 가장 열광적인 사람들조차도 이 계산이 실질적으로 가치가 있다고 주장하는 사람은 없을 것이라고 생각할 것이다. 그러나 몇 가지 예제를 더 찾아본다면, 상당히 멋진 어떤 공통되는 특징이 나타나는 것을 알 수 있다. 가장 작은 수까지 소거된 기약분수(reduced fraction)로 시작해보자. 계산에서 중간 단계의 모든 분수들도 유사하게 기약분수로 만드는데, 이것은 항상 가능하다. 약분되지 않은 분수를 이집트식 분수로 바꾸면 어떻게 될까?

$$\frac{84}{105}=\frac{1}{1+\frac{21}{84}}=\frac{1}{1+\frac{1}{4}}$$

$$\frac{2058}{3675}=\frac{1}{1+\frac{1617}{2058}}=\frac{1}{1+\frac{1}{1+\frac{441}{1617}}}=\frac{1}{1+\frac{1}{1+\frac{1}{3+\frac{294}{441}}}}$$

$$= \cfrac{1}{1+\cfrac{1}{1+\cfrac{1}{3+\cfrac{1}{1+\cfrac{147}{294}}}}} = \cfrac{1}{1+\cfrac{1}{1+\cfrac{1}{3+\cfrac{1}{1+\cfrac{1}{2}}}}}$$

이 두 분수에서 분자와 분모의 최대공약수는 각각 21과 147이며, 이는 계산의 마지막 두 번째 단계의 분자에서 모습이 드러난다. 두 숫자의 최대공약수는 해당 분수를 이집트식 형태로 바꾸는 중에 발견된다. 왜 그렇게 되는 것일까?

여기서 우리에게 도움이 되는 것은 유클리드 알고리즘으로 알려진 것이다. 이것은 아주 간단한 아이디어이지만 대수학에서 가장 중요한 것 중의 하나이다. 아주 간단한 계산을 차례로 해나가는 것이다. a에서 b를 뺀 나머지를 r이라고 하면 $a-b=r$이 된다. 그러면 a와 b의 어떤 공약수도 r의 약수가 된다.* 실제로 두 숫자의 약수는 세 번째 숫자의 약수이다. 특히, a와 b의 최대공약수(highest common factor, hcf)는 또한 b와 r의 최대공약수이기도 하다. b와 r은 a보다 작기 때문에 이 둘의 최대공약수를 찾는 것이 a와 b의 최대공약수를 찾는 것보다 더 쉽다. 그리고 이제 그 과정을 반복한다. $b-r=s$라고 하고 순서쌍 r, s를 가지고 다시 계속 진행한다. 여기서 사용되는 모든 숫자들이 양수이며, 감소하고 있으므로 어느 단계에서의 두 숫자를 u, v라고 하면 둘이 같아질 때(즉 $u-v=0$이어서 더 이상 진행될 수 없을 때) 이 과정은 종료된다. 분명히 u와 자기 자신의 최대공약수는 u이므로 u는 원래의 a와 b 쌍의 최대공약수이다. 이것이 바로 주어진 두 숫자의 최대공약수를 찾는 유클리드 알고리즘이다. a와 b를 인수분해하지 않고 최대공약수를 구

---

* c를 공약수라고 하자. 그러면 $a=cd$이고 $b=ce$라고 하자. 그러면 $r=a-b=cd-ce=c(d-e)$가 되어 r은 c의 배수가 된다.

할 수 있게 해준다. 이것은 아주 중요한 방법인데, 두 숫자의 뺄셈을 하는 것보다 인수분해하는 데 훨씬 많은 계산이 필요하기 때문이다.

예를 들어 숫자 쌍 (3675, 2058)에 이 알고리즘을 적용하면 다음과 같은 순서쌍들이 차례로 생성된다.

$$(3675,\ 2058)\rightarrow(2058,\ 1617)\rightarrow\underline{(1617,\ 441)\rightarrow(1176,\ 441)\rightarrow}$$
$$\underline{(735,\ 441)}\rightarrow(441,\ 295)\rightarrow(294,\ 147)\rightarrow(147,\ 147)$$

그러므로 3675와 2058의 최대공약수는 147이다.

이 모든 것들이 이집트식 계산에서 대응되는 분수로 반영된 것을 볼 수 있다. 밑줄 그은 쌍과 관련하여 눈여겨볼 부분은 그 순서쌍들에서 작은 수 441이 세 번이나 연속되어 나온 것이다. 이것은 분수 표현에서 3에 해당하는 것인데, 중간 단계의 나머지인 441이 1617에 비해 상당히 작기 때문에 발생한 것이다. 한 번 이상의 뺄셈, 사실 세 번 뺄 수 있는 것이다. 실제로 이것이 바로 유클리드 알고리즘이 실행되는 방법이다. 예를 들어 224와 98의 최대공약수를 찾기 위해 유클리드 알고리즘의 응용과 이집트식 분수 대응의 형태는 다음과 같다.

$$224 = 2\times 98 + 28$$
$$98 = 3\times 28 + 14$$
$$28 = 2\times 14$$
$$\frac{98}{224} = \cfrac{1}{2+\cfrac{28}{98}} = \cfrac{1}{2+\cfrac{1}{3+\cfrac{14}{28}}} = \cfrac{1}{2+\cfrac{1}{3+\cfrac{1}{2}}}$$

이 경우 최대공약수는 14이다.

이 숫자를 이렇게 분수로 표현한 것을 표준 용어로 연분수(continued fraction)라고 한다. 두 개의 수에 유클리드 알고리즘을 적용할 때, 알고리즘의 각 식에 대해 연분수 안에 하나의 분수선이 있다. 특히, 두 개의 숫자의 최대공약수가 1인 기약분수를 가지고 시작한다면[이런 경우에 그 두 수가 공통인 소인수를 갖고 있지 않으므로 서로소(relatively prime)라고 부른다], 대응하는 연분수의 계산 과정에서 발생하는 모든 분수에 대해서도 마찬가지로 기약분수이다. 다른 것을 잠시 살펴본 후 이 문제로 다시 돌아오자.

동전 문제, 합과 차

저글링 문제나 물 붓는 문제는 어려운 수학보다는 수수께끼 같은 데에서 더 많이 볼 수 있다. 이와 관련해 19세기쯤에 잘 알려진 일화가 있다. 프랑스의 저명한 수학자 푸아송은 다음에 설명할 문제를 부딪치게 될 때까지 별로 성공한 수학자는 아니었다. 다른 사람들은 이 문제를 해결하는데 실패했지만 그는 쉽게 답을 찾음으로써 자신의 재능을 확인할 수 있었다. 푸아송의 문제는 다음과 같다.

> 두 명의 친구는 8리터짜리 와인 한 병을 가지고 있는데, 똑같이 나누고자 한다. 그들은 용량이 각각 3리터와 5리터 크기의 빈 용기 두 개를 갖고 있다. 어떻게 와인을 공정하게 나눌 수 있을까?

7단계만에 4리터 분량 두 개로 분배할 수 있다. 독자들은 자신의 방법을 푸아송의 해결 방법과 비교해 보라(그림 11.1). 와인이 8, 5 및 3리터 용기에 들어있는 초기 상황을 $(8,0,0)$으로 나타내자.

문제풀이는 다음과 같은 단계로 진행된다. 각 단계에서 다음 단계로 넘어가는 방법은 어렵지 않다.

$$(8,0,0)\to(3,5,0)\to(3,2,3)\to(6,2,0)\to(6,0,2)$$
$$\to(1,5,2)\to(1,4,3)\to(4,4,0)$$

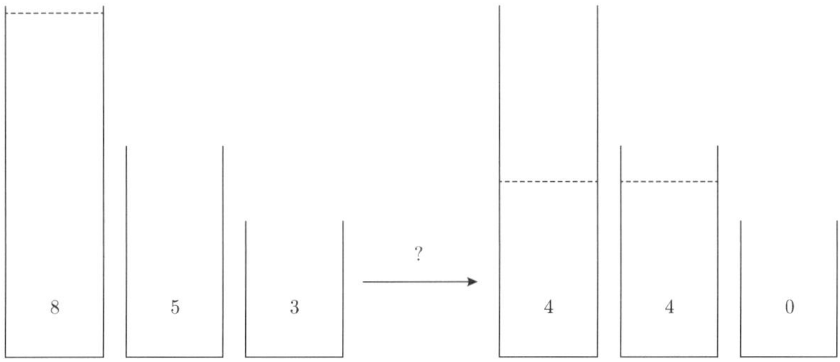

▶ **그림 11.1** 푸아송의 저글링 문제 ◀

유사한 유형의 또 다른 문제는, 차가 아니라 합에 관련된 것이다. 이 문제를 잠시 영국화폐(돈)로 바꾸어 생각하면 쉽게 설명된다. 단지 2펜스와 5펜스만을 사용하여 합하여 만들 수 있는 금액은 얼마인가?

4펜스와 5펜스의 합계가 가능하며, 또한 3보다 큰 임의의 숫자는 4펜스와 5펜스의 합계가 가능하고, 4펜스 또는 5펜스에서 시작하여 적당한 수 $2p$개를 더하면 3보다 큰 임의의 수를 얻을 수 있으므로, 1펜스와 3펜스의 명백한 예외를 제외하고는 모든 합계가 가능하다. 동전 문제(coin problem)로 알려진 조금 더 어려운 예제를 알아보자.

3과 8의 배수의 합으로 표현할 수 있는 숫자들은 무엇인가?

약간의 실험을 통해 다음과 같은 풀이를 생각할 수 있을 것이다. 둘 중 더 작은 수는 3이므로 답이 될 만한 수 중 연속된 수 세 개를 찾아보라. 그러한 세 개의 수로서 가장 작은 것은 14, 15, 16이다.

$$14 = 8 + 2 \times 3,\ 15 = 5 \times 3,\ 16 = 2 \times 8.$$

따라서 13보다 큰 임의의 수는, 경우에 따라 14, 15, 16을 먼저 만든 다음 적절한 개수의 3을 더해서 얻을 수 있다. 14보다 작으며 3과 8로부터 생성될 수 있는 수는 0을 포함하여 모두 일곱 개가 있음을 쉽게 확인할 수 있다. 그러므로 문제의 완전한 해답은 다음과 같다.

$$0,3,6,8,11,12,14,15,16,17,18,19,20,\cdots$$

그러면 일반적인 상황에서 무슨 일이 일어나는지 알아보자. m과 n을 두 개의 양의 정수라고 할 때, m과 n의 음이 아닌 배수의 합을 설명해보자. 또한 m과 n이 서로소(즉 최대공약수가 1)라고 가정할 수 있다. 왜냐하면 만일 최대공약수가 d이면 분명히 d의 배수만 만들 수 있기 때문이다. 예를 들어 3과 8 대신에 6과 16을 사용하면, 3과 8의 쌍에 대해 위와 같이 근을 찾고 그것에 두 배를 하여 답을 구할 수 있다. 일반적으로 최대공약수가 1이 되는 두 수 $\frac{m}{d}$과 $\frac{n}{d}$을 쌍으로 하여 답을 찾을 수 있다. 그 후 결과 값에 d를 곱하여 원래의 수 m과 n에 대한 답을 얻을 수 있다. 다시 말해, 1 대신 d를 단위로 다루게 되는 것이다.

m과 n이 서로소이면 위의 예제에서 본 것과 같은 패턴을 따른다는 것을 알 수 있다. $(m-1)(n-1)$부터 그 이후의 모든 수를 만들 수 있고 그 이전의 수는 불가능하다. 이 문제에서 $(m-1)(n-1) = 2\times 7 = 14$이므로 13은 가능하지 않다. 더욱이 0부터 시작해서 이와 같이 불가능한 마지막 수까지의 정확히 절반에 해당하는 수들이 생성될 수 있다. 이것은 실제로 예제에서 보았듯이 $0,1,2,\cdots,13$까지의 열네 개 수 중에서 일곱 개가 3과 8의 배수로 만들어진다.

분해의 유일성에 대해 궁금할 수 있는데, 가상의 상황으로 스포츠 경기의 점수를 생각해보자. 특별히, 미식축구 경기에서 대부분의 팀 점수는 $3m+7n$인 형태가 된다. 만일 터치다운의 2점 변환, 추가 포인트 누락 그리고 세이프티, 이 세 가지가 없는 경우를 가정한다면, 적어도 그렇다. 미식축구의 전문 용어에 익숙하지 않은 사람은 3점씩(필드 골), 7점씩(변환된 터치다운)을 점수로 한다는 것만 알면 된다. 위의 이론에 따르면, 이러한 규칙 아래서 $2 \times 6 = 12$점 이상의 점수는 가능하지만, 11점은 나올 수 없다. 그러나 어떤 상황 아래서 이 점수가 나올 수 있는 유일한 경우가 있다. 이 점수가 나올 수 있는 방법이 한 가지뿐일 때가 있다. 예를 들어 인디애나폴리스 팀이 2007년 플레이오프에서 볼티모어 팀을 15 대 6으로 이겼다. 이것은 7점과 3점 점수로 그 점수에 도달하는 다른 방법이 없기 때문에, 이 게임은 필드 골로만 구성된 경기였다. 다시 말해서, 최종 점수로부터 그 게임을 어느 정도까지는 분석을 할 수 있다는 말이 된다. 축구의 진정한 팬은 그 게임을 보지 않고도, 최종 점수를 통해 어떤 종류의 게임이었는지를 충분히 알 수 있다.

동전 두 개의 문제는 이런 유형의 문제의 처음이자 마지막으로 상당히 쉬운 경우이다. 그런데 동전 세 개를 사용하는 문제는 훨씬 어렵다.* 수학 문헌에서 이 방법으로 생성될 수 없는 첫 번째 숫자로서, 두 개 동전의 경우에 $mn-m-n$는 수치적 반군(semigroup)에 대응하는 프로베니우스 수(Frobenius number)라고 부른다.

그러나 만일 일반적인 정수 배수를 허용하고 또한 음수가 아닌 곱셈자라는 제한을 두지 않는다면, 숫자 생성 문제는 더 중요할 뿐만 아니라 더 쉽게 다룰 수 있다. 그 연결고리는 유클리드 알고리즘으로 분명해진다.

문제는 주어진 두 개의 정수 m과 n의 배수의 합으로 표현되는 정수는 어떤 것인가이다. 다시 한 번 m과 n의 최대공약수 d의 배수만이 가능하다는 것은 명백하다. 더 나아가 d를 $am+bn$의 형태

---

* 두 개의 동전 문제는 1884년에 실베스터(Sylvester)에 의해 처음 해결되었다. 세 개의 동전 문제에 대한 정확한 해법이 발견되었지만, 일반적으로 n개 동전문제는 NP 어려운 문제의 종류로서, 특별히 다루기 힘든 유형으로 알려져 있다.

로 표현할 수 있다면, d의 모든 배수들이 또한 가능해질 것이다. 실제로 kd를 얻으려면 간단히 $(ka)m+(kb)n$를 택하면 된다. 문제는 'd를 얻을 수 있는가?'이다.

대답은 '그렇다.'이고, 방법은 유클리드 알고리즘을 거꾸로 작동시키는 것이다. 예를 들어 $m=3$, $n=8$라고 하자. 알고리즘을 적용하면

$$8=2\cdot 3+2$$
$$3=1\cdot 2+1$$
$$2=2\cdot 1$$

이며, 여기서 두 수의 최대공약수는 1임을 알 수 있다. 이러한 방법은 알고리즘의 두 번째 줄부터 마지막 줄까지를 눈여겨보면, 거기서 처음으로 최대공약수가 나타난다. 이 방정식을 사용하여 앞의 숫자쌍의 관점에서 최대공약수(이 경우 1)를 나타낸다. 최대공약수가 원래 쌍의 결합으로 표현될 때까지 각 방정식을 계속 사용하여 중간 숫자를 제거한다. 이 경우 다음을 얻는다.

$$1=3-1\cdot 2=3-1\cdot(8-2\cdot 3)=3\cdot 3-1\cdot 8$$

쉽게 따라 해볼 수 있도록 순서쌍 $(516, 432)$을 사용하여 유사한 예제를 만들어보자. 유클리드 알고리즘에 의해 최대공약수가 12가 되고, 거꾸로 거슬러 가는 방법으로

$$12=6\times 432-5\times 516$$

로 표현할 수 있다.

최대공약수가 항상 이런 방식으로 표현될 수 있다는 사실은 이론적으로 큰 의미를 갖는다. 예를 들어 어떤 소수 p가 곱셈 ab의 약수이면 p는 a와 b 중 적어도 하나의 약수가 된다는 유클리드의 보조정리(Euclid's Lemma)를 증명하기 위해 사용될 수 있다.(＊49) 이것은 결과적으로, 어떤 정수를 소수들의 곱셈으로 유일한 형태로

인수분해할 수 있다는 '산술의 기본정리'(Fundamental Theorem of Arithmetic)를 증명하는 열쇠가 된다.

피보나치와 분수들

제4장에서 다룬 피보나치가 발견한 수열 1, 1, 2, 3, 5, 8, 13, 21, …를 기억해보자. 연속된 피보나치 수 한 쌍의 연분수 표현을 살펴보면 놀랄 만큼 간단한 형태가 드러난다. 예를 들어서 다음을 보자.

$$\frac{13}{8}=1+\frac{5}{8}=1+\frac{1}{1+\frac{3}{5}}=1+\frac{1}{1+\frac{1}{1+\frac{2}{3}}}=1+\frac{1}{1+\frac{1}{1+\frac{1}{1+\frac{1}{1}}}}$$

완전히 1로만 구성된 긴 분수가 생겼다. 그리고 피보나치 수들의 바로 전 항과의 각각의 비율은 이러한 계산을 통해 얻을 수 있다. 이것은 매번 발생해야 한다. 즉 피보나치 수가 정의된 그대로 각 피보나치 수의 두 배는 다음번 수보다 작다. 따라서 나눗셈의 결과는 몫 1이 나오고, 그 나머지는 바로 전 항 피보나치 수가 된다. 연속된 두 피보나치 수의 비율이 황금비 τ로 수렴한다는 것을 기억할 것이다. 따라서 τ는 완전히 1로 구성된 연분수의 극한값이라는 것을 의미한다.

이는 상당히 멋진 방법으로 확인할 수 있다. 만약 1로만 이루어진 무한 연분수의 값을 a라고 한다면, 관계 $a=1+\frac{1}{a}$가 성립함을 알 수 있다. 왜냐하면 첫 번째 분수의 아래 부분에 있는 것은 바로 a와 동일하기 때문이다. 이것으로부터 a가 이차방정식 $a^2=a+1$을 만족하므로 양의 근 $\tau=\frac{1+\sqrt{5}}{2}$를 얻는다. 이것은 피보나치 수를 황금비로 연결시킨 케플러의 최초의 관찰 결과를 입증한다.*

더구나 τ의 연분수 형태가 단지 1만으로 구성되어 있다는 사실은 그것을 유리수로 근사하기 매우 어렵다는 것을 보여준다. 이 예제는 무리수들을 유한 연분수(분명히 그것 자체가 유리수이다)에 의해서가 아니라 오히려 무한 연분수로 표현할 수 있을 것이라는 생각의 가능성을 열어주었다. 연분수 표현은 매우 어색해 보이는데, 여러 층의 분수를 사용해 나타내기 때문이라는 것이 부분적인 이유가 될 수 있다. 그럼에도 불구하고 그 행동 패턴이 유클리드 알고리즘의 형태를 따르기 때문에 수학적으로 매우 중요하다. 그러나 유리수에 대해 했던 것과 거의 같은 방식으로 임의의 수 $a>1$를 연분수로 표현할 수 있다.(＊50)(여러층의 분수로 표현하는 불편은 쉽게 해결할 수 있다.) 사용하는 모든 분자가 1이기 때문에, 어떤 연분수인지 알려면 나눗셈의 몫만 기록하면 된다. 예를 들어서 분수 $\frac{25}{91}$의 표현은 $[0,3,1,1,1,2]$로 간단히 할 수 있으며, 황금비 τ는 연분수로 표현하면 $[1,1,1,1,\cdots]$이 된다. 순환소수의 표기법을 연상시키는 방식으로 $\tau=[\overline{1}]$라고도 쓴다.

이 방법으로 무리수 τ는 연분수로 표현되는 점화식을 가지고 있음을 볼 수 있다. 실제로 연분수처럼 점화식 표현을 갖는 수들은 유리수들(그 표현은 유일하다)과 또한 이차방정식으로부터 만들어지는 것들(예를 들어서 τ와 같이)이다. 위의 예제에서 보았듯이 τ는 방정식 $x^2=x+1$의 하나의 근이며, $\sqrt{2}=[1,\overline{2}]$는 $x^2=2$의 근이다. 점화식의 형태를 다소 예측하기 쉽지 않은 예로서 $\sqrt{3}=[1,\overline{1,2}]$, $\sqrt{7}=[2,\overline{1,1,1,4}]$, $\sqrt{17}=[4,\overline{8}]$, $\sqrt{28}=[5,\overline{3,2,3,10}]$과 같은 것들이 있다. 그럼에도 불구하고 무리수 제곱근을 연분수로 표현하는 방법의 패턴에는 매우 특별하고 주목할 만한 특성이 있다. 연분수 표

* 스코틀랜드 수학자 웰(R. Well)이 1753년에 처음으로 증명했다.

현은 정수 r로 시작하며 반복되는 블록은 회문수열*의 형태인데 $2r$로 끝난다. 앞의 모든 예제에서 이러한 성질을 볼 수 있다. 실제로, $\sqrt{28}$에 대해서는 $r=5$이고, 회문수열은 3, 2, 3이고, 맨 마지막에 $2r=10$이 나온다.** $\sqrt{2}$와 $\sqrt{17}$의 경우, 회문수열 부분은 공집합이지만, 단순한 형태임에도 불구하고 패턴은 여전히 있다. 하나의 숫자의 연분수 표현이 유일하다는 것을 볼 수 있다. 다시 말해서 서로 다른 두 연분수는 서로 다른 수를 나타낸다.

유리수에 의한 무리수의 근사에서 연분수의 중요한 성질은 근사분수(convergents)에서 볼 수 있다. 이것은 원래 연분수의 유리수 근삿값인데, 연분수 표현의 어떤 자릿수에서 절단하여 대응하는 유리수를 계산한 결과이다. 또한 더 좋은 근삿값은 근사분수의 분모보다 더 큰 분모를 갖는다는 점에서 이것이 최적의 근삿값이다. 황금비의 근사분수는 피보나치 비율이다. τ의 연분수 표현에서 모든 항들이 1이므로 이 비율의 수렴은 가능한 한 가장 천천히 진행된다. 그런 이유로 인해, 유리수에 의한 근삿값을 계산하는데 τ보다 어려운 숫자는 없다. 그래도 피보나치 비율은 우리가 할 수 있는 최선의 것이다.***

몇몇 유명한 초월수들은 분모가 단지 1만으로 구성되지 않은 연분수 표현을 갖고 있다. 잘 알려진 식으로는 다음과 같다.(＊51)

$$e = 2 + \cfrac{1}{1 + \cfrac{1}{2 + \cfrac{2}{3 + \cfrac{3}{4 + \cfrac{4}{5} \cdots}}}}$$

---

* 역자주: 회문수열(palindromic sequence)은 대칭수열과 같이 역순으로 읽어도 똑같은 숫자들의 수열을 말한다.

** 역자주: 실제로 $\sqrt{28} = [5, \overline{3,2,3,10}]$이다.

*** 수렴의 분모가 q인 경우에 근삿값은 참값으로부터 $\dfrac{1}{\sqrt{5}\,q^2}$ 이내에 있다. 연분수의 근사분수는 그 연분수가 나타내는 수보다 커졌다 작아졌다를 교대로 반복한다.

e는 초월수이기는 하지만 이차무리수와 상당히 유사한데 이는 더 좋은 유리수에 의해 근사될 수 없기 때문이다. 유리수 근사를 통해 초월수임이 증명된 첫 번째 특별한 숫자는 루이빌 수(Louiville's number)라고 불리는 것이다. 그 숫자는 그 자체로 특별한 의미는 없는데, 루이빌의 논증에 적합하도록 만들어진 수이기 때문이다. 루이빌의 논증이란 십진법으로 전개할 때 (전개를 계속함에 따라 0이 아닌 수가 급속히 희박해져서 거의 0으로만 구성된 수로) 빠른 속도로 수렴하는 임의의 수는 반드시 초월적이어야 한다는 것이다. 왜냐하면 임의의 무리수인 대수적 수는 그렇게 효율적인 근사분수를 가질 수 없기 때문이다.

오래 전부터 알려진 π와 관련된 또 다른 예로는 다음의 식이 있다.*

$$\frac{4}{\pi}=1+\cfrac{1^2}{2+\cfrac{3^2}{2+\cfrac{5^2}{2+\cfrac{7^2}{2}+\cdots}}}$$

칸토어의 삼등분 중간집합

수직선을 구성하는 다양한 숫자들의 집합이 서로 어떻게 위치하는지에 대해 더 많은 아이디어를 갖게 되었다. 이제는 이러한 집합들의 크기에 대해 생각해보자. 이전 장에서 유리수는 가산집합이지만,

* 이것은 통상 월리스의 곱(Wallis product)이라고 불린다. 영국의 수학자 월리스(J. Wallis)가 17세기에 발견한 것으로서 π와 일치하는 무한 곱이다. 사인함수(sine function)의 연속적인 거듭제곱에 의해 결정되는 곡선 아래의 영역을 연구하면서 발견되었다.

수직선에 조밀하게 채워져 있다는 것을 보았다. 그와는 대조적으로, 칸토어의 삼등분 중간집합(Cantor's Middle Third Set)은 단위구간 I의 비가산 부분집합이다. 그럼에도 불구하고 희박하게 퍼져 있다.

0부터 1 사이의 모든 실수를 포함하는 단위구간 I로부터 시작하자. 칸토어 집합을 만드는 첫 번째 단계는 이 구간을 세 등분하여 가운데 부분, 즉 $\frac{1}{3}$부터 $\frac{2}{3}$까지가 되는 부분을 없앤다. 남아 있는 집합은 0에서 $\frac{1}{3}$까지와 $\frac{2}{3}$에서 1까지의 두 구간이다. 두 번째 단계에서는 이 두 구간을 각각 세 등분하여 중간의 구간을 제거하고, 세 번째 단계에서는 남은 구간에 대해 위와 같이 반복하고, 계속 동일한 일을 한다. 칸토어의 삼등분 중간집합에는 이 과정의 어느 단계에서도 제거되지 않은 I의 모든 점들이 있다 (그림 11.2).

이 집합 C의 측도는 얼마인가? 길이 1인 단위구간 I로 만들어진 집합 C_0로부터 시작해 보자. 각 단계에서 남은 집합의 길이는 이전 단계의 집합 길이의 $\frac{2}{3}$인데, 이는 전체 길이 중에서 $\frac{1}{3}$이 버려졌기 때문이다. 따라서 C_1은 두 개의 부분구간으로 구성되어 있으며 총 길이는 $\frac{2}{3}$이다. 다음 단계에서 집합은 네 개의 부분구간으로 구성되며 총 길이는 $\left(\frac{2}{3}\right)^2$이다. 그러므로 일반적으로 임의의 n번째 단계에서 집합 C_n은 모두 2^n개의 작은 부분구간으로 구성되며 총

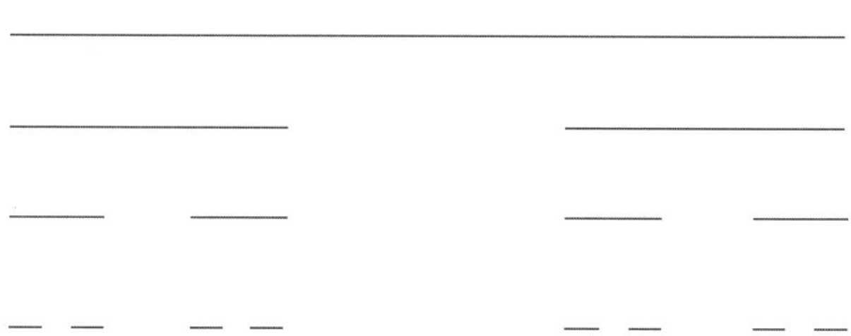

▶ **그림 11.2** 칸토어 삼등분 중간집합 4단계 ◀

길이는 $\left(\frac{2}{3}\right)^n$이다. 제거되지 않은 모든 점들의 집합을 칸토어 집합 C라고 정의하자. 그러므로 C는 모든 집합 C_n들의 교집합이다. 이제 집합 C_n은 점점 더 작은 집합들로 줄어드는 사슬의 형태를 갖는다. 그것들 안에 여전히 남아 있는 점들이 있을까?

분명히 칸토어 집합의 측도는 0이다. 측도에 대한 엄밀한 정의를 소개하지 않고도, 집합 C는 총 길이가 $\left(\frac{2}{3}\right)^n$인 구간의 집합에 포함되어 있음을 알 수 있다. n이 무한히 상당히 커지면, 이 분수의 거듭제곱은 0이 된다. 따라서 칸토어 집합 C의 측도는 양수 $a > 0$가 될 수 없는데, 총 길이가 a보다 작은 구간들의 집합 내부에 C가 포함되어 있기 때문이다. 집합 C에 적용될 수 있는 유일한 측도 값은 0이다. 따라서 일반적인 분수들의 집합과 마찬가지로, 칸토어 집합은 측도 0인 단위구간에서의 집합이다.

그러나 우리는 불필요한 것을 버리려다 중요한 것까지 모두 버렸다고 생각할 수도 있다.(목욕통의 목욕물을 버리다 아기까지 버렸다고 생각할 수도 있다.) 또한 C에 남아 있는 원소가 전혀 없다고 생각할 수도 있다. 삼등분 중간집합은 공집합인가?

대답은 단연코 그렇지 않다. C에는 무한히 많은 숫자가 남아 있다. 이를 보려면, 전체 구조가 3분의 1을 기반으로 하고 있기 때문에 삼진수를 기본 소수로 전환하는 것이 가장 쉬운 방법이다. 3을 단위로 할 때, $\frac{1}{3}$과 $\frac{2}{3}$는 각각 0.1와 0.2로 취급한다. 단위구간의 중간 3분의 1을 버림으로 인해, 삼진수 0.1로 시작하는 모든 숫자를 버린 것이 된다.(또한 $0.1111\cdots$과 동일한 0.2를 버렸다). 두 번째 단계에서 삼진법으로 전개할 때 0.01(1/3의 첫 구간의 중간부분)이나 0.21(1/3의 두 번째 구간의 중간 부분)로 시작하는 모든 수를 버렸다. 전체적으로 말해서, 두 번째 단계에서 0과 1 사이에서 삼진수 전개에서 첫 번째 구간이나 두 번째 구간에 1을 갖고 있는 모든 숫자를 버렸다.

n번째 단계 이후에 유사한 방법으로 구간 I의 처음 n개의 위치 어느 곳에든지 1을 포함하는 모든 삼진수가 제외되었다. 그러므로 칸토어의 삼등분 중간집합은 삼진수로 나타낼 때 모든 숫자들이 0 또는 2로만 구성된 단위구간의 숫자들로 구성된다. 예를 들어 $0.202020\cdots$ 는 C에 속한다. 십진법으로 이것은 분수 $\frac{3}{4}$에 해당한다.(∗52) 실제로 칸토어 집합에는 셀 수 없이 많은 원소들이 존재한다. 이를 보기 위해, C의 원소들과 단위구간 I 에 속하는 숫자들을 이진법으로 나타낸 것 사이에 일대일 대응이 존재하는 것을 알아두자. 실제로 C의 숫자들을 전개할 때 2를 1로 바꾼다. 예를 들어서, $\frac{3}{4}$은 이진수 $0.101010\cdots$에 대응된다. 단위구간의 각 숫자를 이진법으로 나타내는 방법은 유일하므로, 칸토어 집합 C와 단위구간 I 사이에 일대일 대응이 존재한다는 놀라운 결론에 도달한다. 다시 말해서, 전체 실직선에 있는 원소의 개수만큼 엄청나게 많은 원소들이 C에 존재한다. 그러므로 C는 측도가 0인 집합임에도 불구하고, 점의 개수라는 관점에서 C는 최대로 큰 집합이다.

더욱이 조밀함과는 아주 거리가 멀어서 C는 어느 곳에서도 조밀하지 않다(nowhere dense). 어떤 집합이 조밀하다는 것은 유리수 집합처럼 임의의 실수 a를 하나 택할 때마다, a를 포함하는 임의의 작은 구간에도 항상 유리수가 존재한다는 것을 의미한다. a를 포함하는 임의의 근방은 그 집합의 원소나 또는 유리수를 포함한다고 말할 수 있다. 칸토어 집합은 완전히 정반대의 성질을 갖고 있다. C에 속하지 않는 숫자는 그가 속한 영역을 국소적으로 충분히 작은 영역으로 제한한다면, C의 원소와 전혀 겹치지 않고 수직선 위에 존재할 수 있다. 이것을 보기 위해 C에 속하지 않는 원소 a를 생각해보자. 그러면 a는 삼진법으로 나타낼 때 적어도 하나의 1을 포함하여 $a=0\cdots1\cdots$의 형태로 표시되는데, 여기서 1은 n번째 위치라고 하자. a를 둘러싼 충분히 작은 구간에 대해, 그 구간에 속하는 원소 b는 a의 삼진법 표현과 n번째 이후부터는 완전히 일치하는 3진 전개를 갖게 된다. 그러면 b는 집합 C의 원소가 되지 않을 것인데, 그것들의 3진 전개는 적어도 하나의 1을 포함하게 될 것이기 때문이다.

반면에, 칸토어 집합의 어떤 원소 a도 완전히 고립된 것처럼 보이지는 않을 것이다. 수직선에서 a를 포함하는 임의의 구간 J를 볼 때, 그것이 얼마나 작은지에 상관이 없이, a는 집합 C의 원소를 포함하기 때문이다. C에 있는 J의 원소 b가 다음의 성질을 갖도록 지정할 수 있다. b의 삼진수 전개가 a의 삼진수 표현과 상당히 많은 자리에서 동일하며, 1은 갖지 않도록 한다. 실제로 J에 속하는 C의 원소들이 셀 수 없이 많이 있다. 그러나 위에서 언급했듯이, C에 속하지 않는 숫자는 수직선에 계속 남아 있으며, 아주 먼 거리를 바라보지 않는 한, C의 원소는 결코 보이지 않을 것이다.

결론적으로, 칸토어의 삼등분 중간집합 C에는 존재할 수 있을 만큼 많은 원소가 있으며, C 집합의 원소들의 주변에는 항상 거기 속한 다른 원소들이 있다. 그러나 C 집합에 속하지 않은 원소들에게 C는 거의 존재하지 않는 것처럼 보인다. C의 어떤 원소도 C의 외부에서는 거의 보이지 않으며, C의 측도는 0이다. C의 외부의 원소들에게는 C는 거의 없는 것이나 마찬가지이다.

12장

수의 응용: 코드와 공개키 암호

무역에서 알려져 있는 비밀 코드나 암호는 사람들, 특별히 어린이들의 상상력을 유발시킨다. 어린아이에게는, 어른들이 절대로 손대지 못하고 마음대로 빼앗아갈 수 없는, 자신만의 것으로 소유할 수 있는 것이 거의 없어 보인다. 다른 사람은 전혀 이해할 수 없는 방법을 사용하여 서로 신뢰할 수 있는 한두 명의 친구끼리 의사소통하는 것은, 어린 아이에게 부모가 관여할 수 없는 세상에서 어른처럼 행동하고 우월감을 느낄 수 있는 흔치 않은 기회가 된다.

코드는 상당히 최근까지 군대에서 중요하게 적용되어왔다. 그러나 오늘날에는 정보를 전송하는데 여러 가지 형태의 코드가 사용된다. 개인 정보의 전송과 같은 내용들은 여전히 비밀리에 보호되어 있다. 그러나 대중적으로 사용되는 대부분의 코드는 비밀이 목적이 아니라 전 세계에서 데이터를 자유롭게 전송하는 것을 의미한다.

역사에서 보는 예

군대에서 최초로 진지하게 사용된 코드는 아마도 카이사르(Caesar) 암호일 것이다. 이 암호의 목적은 글로 작성한 메시지를 어느 정도의 보안을 유지하면서 군대 지휘관들에게 단순히 전달되도록 한 것이다. 메시지를 전달하는 사람이 잡힌다 하더라도 전달자가 내용을 읽을 수 없기 때문에 메시지의 내용을 누설하지 못할 것이다. 심지어 메시지 자체가 적군에 넘어간 경우에도, 적어도 전쟁터에서는 적들이 그 내용을 알아낼 수 없다. 그러나 메시지의 정당한 수신자는 신속하고 정확하게 해독할 수 있어야 하므로, 암호를 알고 있는 사람들은 쉽게 해독할 수 있었을 것이다.

카이사르가 고안한 이 암호는 실제로 알파벳의 위치를 3자리 이동시킨 것과 같은 아주 간단한 방법이다. 메시지는 신속하게 읽힐 수 있으며, 특별히 다음과 같이 표를 만들면 눈으로 쉽게 해독할 수 있다.

A B C D E F G H I J K L M N O P Q R S T U V W X Y Z
D E F G H I J K L M N O P Q R S T U V W X Y Z A B C

이러한 카이사르 암호에서 CROSS THE RUBICON(이것을 평문 메시지라고 함)라는 메시지는 FURVV WKH UXELFRQ(암호문 메시지라고 함)로 암호화된다. 이 암호는 적어도 처음에는 적을 혼란시키기에 충분해 보인다. 그러나 그다지 안전하지 않다. 암호가 알파벳 위치 이동을 기반으로 만들어졌다는 것을 적군이 알거나 혹은 추측이라도 한다면, 이와 같이 짧은 메시지를 가로채서 단지 1~2분 안에 암호 내용을 쉽게 알아낼 수 있다. 실제로 단 하나의 문자가 암호화 된 형식을 정확히 추측할 수 있게 되면, 전체 코드가 다 드러나게 된다. 이는 알파벳이 어떤 순서로 순환 이동되었는지가 누설

되었기 때문이다. 예를 들어서, 암호화 과정에서 A가 D로 바뀌었다고 가정을 하면, 그리고 그 암호가 간단한 카이사르 이동을 기반으로 한 것임을 알고 있다면, 암호의 핵심 열쇠는 모두 드러난 것이다.(*53)

좀 더 복잡한 암호는 각 문자를 다른 패턴으로 바꾸는 것이다. 이러한 방식으로 만일 I 나 A와 같은 문자를 암호화한 형태를 추측할 수 있다면(이 두 경우는 단 하나의 문자만으로 단어가 만들어지는 유일한 경우여서 종종 쉽게 추측될 수 있다.), 암호문의 나머지 부분에 대한 규칙을 쉽게 발견할 수 없는데, 실제로 존재하지 않기 때문이다. 임의로 치환하는 성질은 코드 사용자에게는 불편할 뿐만 아니라 암호를 구성하는 방법을 기억하기도 어려울 수 있다. 비밀 암호를 종이에 쓰지 않는다면 실수를 저지를 수 있으며, 만일 종이에 기록을 남긴다면 원하지 않는 사람의 손에 쉽게 넘어갈 수 있다. 이것과 관련한 지혜로운 방법은 각 문자를 다른 문자로 바꾸지 않고 단순 패턴으로 그린 다른 기호로 대체하는 것이다. 암호에 대한 지식을 잘 사용할 수 있는 사람들은 필요에 따라 다이어그램을 다시 만들고, 그 후 그것을 없애버리면 된다. 우리가 어릴 때 많이 보았던 패턴이 그림 12.1에 있다.

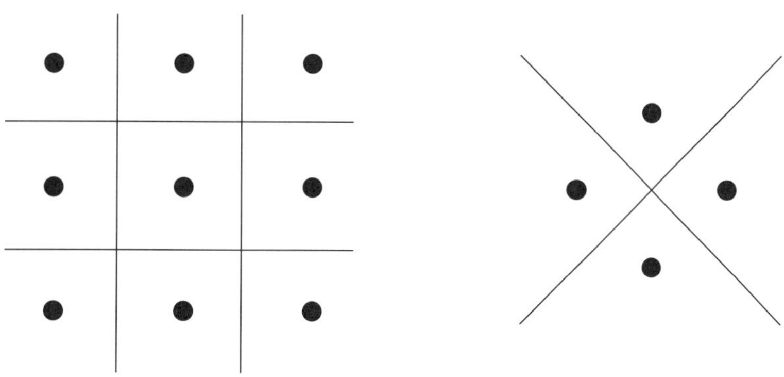

▶ **그림 12.1** 간단한 치환 암호의 형태 ◀

기호는 다음 그림과 같이 자연스럽게 만들어진다.(그림 12.1 (a))

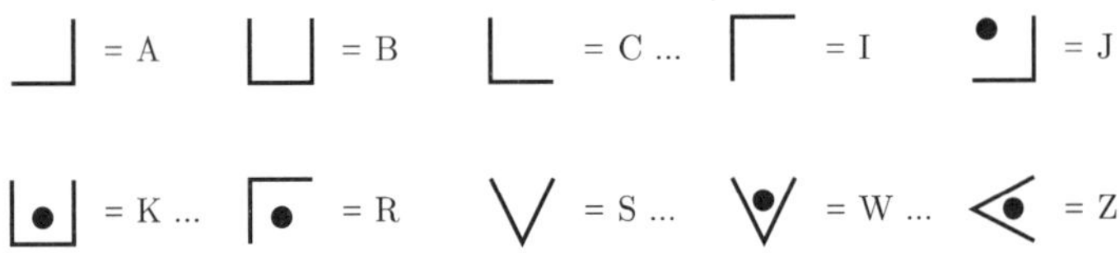

▶ **그림 12.1 (a)** ◀

이 아이디어는 유명한 셜록 홈즈의 《댄싱 맨(The Dancing Men)》 이야기의 토대가 되었다. 그 이야기에서 비밀 사교클럽의 회원들은 이와 같은 치환 암호를 사용하여 (그러나 지팡이 모양의 그림을 사용했다.) 서로를 위협하고 강요했다. 불길한 메시지가 모든 장소에 등장하여, 여자 주인공을 거의 정신이 나갈 만큼 두렵게 만들었다. 그러나 홈즈가 코드를 해독하고 악당들에게 역습을 가하는 데는 오랜 시간이 걸리지 않았다. 그는 출현 빈도를 분석하고, 각 패턴을 대응시켜 모든 정체가 드러날 때까지 여러 차례 분석을 거듭했다.

상당히 긴 문장이더라도 간단한 치환 암호로 작성된 메시지를 가로챈 경우는 그 내용을 정확히 알아내는 것은 어려운 일이 아니다. I와 A에 대한 기호는 단독으로 나타나기 쉽고, E와 T와 같은 문자들은 동등한 빈도의 정도로 각각을 나타내는 기호로 대체될 것이다. 이로부터 짧은 단어들은 쉽게 짐작될 수 있어 암호문의 더 많은 부분을 해독할 수 있는 단서를 제공하여 비밀은 금방 알려지게 된다. 홈즈의 적들은 속임수를 쓰기 위해 미끼를 던졌지만, 이런 방식의 메시지 분석으로 인해 곧 덜미를 잡히고 말았다.

그럼에도 불구하고 16세기경까지 이런 기본적인 아이디어들은 암호의 열쇠를 가진 사람들에 의해서는 쉽게 해독되지만 그렇지 않으면 난공불락으로 여겨져서 그 당시에는 군사 코드를 만드는 데 사용되었다. 수세기 동안 도전이 된 주요한 형태의 암호로 비제네르(Vigenere) 암호가 있다. 이 암호의 가치는 암호의 열쇠가 되는 것이, 예를 들어서 LIBERTY와 같은 단순한 단어라는 것이다. 허가받지 않고 중간에서 암호문을 가로챈 사람이, 심지어 그 암호가 비제네르 암호를 사용하여 구성된 것임을 알고 있다 하더라도 비밀 코드 단어를 알지 못한 채 암호를 풀어내는 것은 무척 어려운 일이었다. 사실 이러한 코드를 깨는 것은 실제적으로 불가능하며, 그러므로 직접 시도할 가치조차 없다는 것은 이미 널리 알려져 있다. 유일한 희망은 어떻게든 비밀 코드 단어를 손에 넣는 일이다. 이것은 완전히 무작위로 만들어진 문자열일 수 있어서, 세심하게 관심과 주의를 기울여 사용하는 사람들에게 이 시스템은 완벽하게 안전한 것으로 보였다.*

이 암호가 작용하는 방식은 다음과 같다. 수직 방향으로 쓴 키워드의 각 문자는 간단한 카이사르 암호의 첫 문자가 된다. 그런 다음 첫 번째 암호를 사용하여 메시지의 첫 번째 문자를 암호화하고, 두 번째를 사용하여 메시지의 두 번째 문자를 암호화하는 방법으로 반복한다. 키워드의 끝에 도달하면 카이사르 암호를 다시 시작한다. 예를 들어 일반 평문 메시지가 다음과 같다고 하자.

A MAN A PLAN A CANAL PANAMA **

LIBERTY를 키워드로 사용하면, 메시지의 발신자와 합법적인 수신자는 그림 12.2와 같이 암호표를 만들게 된다.

메시지의 첫 문자 A가 L로 암호화된다. 단어 MAN은 두 번째 행의 열세 번째 문자를 사용하여 암호화되고, 세 번째 행의 첫 번째 문자, 또한 네 번째 행의 열네 번째 문자로 각각 암호화되어, 최종적

* 이 아이디어는 피렌체의 알베르티(Leon Battista Alberti)가 1460년대 바티칸을 방문했을 때 처음 구성한 것으로 보인다.

** 복잡한 회문의 유명한 예제이다. - 거꾸로 읽어보아라.

1	2	3	4	5	6	7	8	9	10	11	12	13	14	…	25	26
L	M	N	O	P	Q	R	S	T	U	V	W	X	Y	…	J	K
I	J	K	L	M	N	O	P	Q	R	S	T	U	V	…	G	H
B	C	D	E	F	G	H	I	J	K	L	M	N	O	…	Z	A
E	F	G	H	I	J	K	L	M	N	O	P	Q	R	…	C	D
R	S	T	U	V	W	X	Y	Z	A	B	C	D	E	…	P	Q
T	U	V	W	X	Y	Z	A	B	C	S	E	F	G	…	R	S
Y	Z	A	B	C	D	E	F	G	H	I	J	K	L	…	W	X

▶ **그림 12.2** LIBERTY를 키워드로 한 비제네르 암호 ◀

으로 UBR로 암호화된다. 이 방식으로 계속하면 그림 12.3과 같이 전체 암호화 메시지가 만들어진다.

각 문자를 암호화하기 위해 7자리 이동한 것을 기억하면서 위의 평문에 있는 키워드를 반복한다.

암호해독가가 어떤 새로운 장애물을 만나는 것은 분명하다. 단독으로 쓰인 문자가 단어 A 또는 I를 나타내는 것을 가정하는 기본 기술은 여전히 유효하다. 그러나 이 예제에서 문자 A의 세 경우가 모두 다르게 암호화되어 암호해독가의 마음에 혼란을 야기하는 것을 알 수 있다. 단순 빈도수 분석도 필요하다. 실제 빈도수는 메시지 전체에 걸쳐 암호 키워드의 본성에 따라 위장되어 나타난다. 이렇게 까다로운 암호를 해독할 방법이 있을까?

L	IBE	R	TYLI	B	ERTYL	IBERTY
A	MAN	A	PLAN	A	CANAL	PANAMA
L	UBR	R	IJLV	B	GRGYW	XBRRGY

▶ **그림 12.3** 평문과 암호화 메시지 ◀

실제로 이 암호들을 깰 수 있다고 보여준 최초의 사람이 영국의 수학자 배비지(Charles Babbage, 1791-1871)이다. 오늘날 배비지는 최초의 '계산기'를 설계한 사람으로 더 잘 알려져 있다. 증기기관을 동력으로 사용하여 난해한 천문학적 계산을 하고자 했던 그의 열망은 '미분기'를 설계하는 데까지 이르렀다. 그는 자신이 고안한 것을 제작 하기위해 영국 정부에 재정지원을 요청했다. 실제로 거대 전함 두 척을 건조하기에 충분한 액수의 정부 보조금을 투입했으나 헛되이 낭비하게 되었다. 그러나 19세기의 기술은 그 과제를 실현할 만큼의 수준이 아니었고, 그 프로젝트는 실패하고 말았다. 배비지의 존경받는 명성은 그 당시에 가장 뛰어난 암호해독가였다는 점에 부분적으로 기인한다.

비제네르 암호를 다루는 배비지의 능력은 다소 엉뚱한 방식으로 드러났다. 브리스틀(Bristol)에 살고 있던 스와이트(J. Thwaites)라는 사람이 변형된 비제네르 암호를 재발견하여 그 아이디어를 발표하면서 특허로 등록하기를 원했다. 이 이야기를 들은 배비지는 이러한 유형의 암호는 이미 수백 년 전부터 있어왔으며, 책에서도 찾아볼 수 있다고 다소 경멸적으로 설명했다. 이 말에 상처받은 스와이트는 배비지에게 코드를 해독해 보라고 요구했다. 이 도전은 자존심이 상한 데서 나온 것이었다. 배비지는 스와이트가 제시한 암호를 해독할 수 있다고 주장하지는 않았고, 단지 그 아이디어는 새로운 것이 아니라고 했을 뿐이다. 그럼에도 불구하고 배비지는 임무를 완성했고 암호를 깨뜨릴 수 있는 기술을 개발했다. 무슨 이유에선지 그는 자신의 연구결과를 발표하지 않았다. 아마도 영국 정부는 그가 사실을 발표하지 못하도록 설득하여, 얼마 후에 군사적 정보를 얻어낼 수 있기를 기대했을 것이다. 그 대신 모든 공식적인 공로는 프러시아 육군 장교인 카시스키(F. Kasiski)에게로 돌아갔다. 카시스키는 독자적으로 동일한 기술을 개발했고 1863년에 발표했다.

비제네르 암호를 공격하는 방법을 알아내는 것은 그렇게 어렵지는 않다. 그것은 결국 카이사르 암호의 순환 고리이며, 빈도를 분석함으로써 쉽게 해결된다. 실제로 비제네르 암호에서 키워드의 길이를 알거나, 적어도 추측해본다면, 이미 암호를 해독할 수 있는 틈새를 발견한 것이다. LIBERTY 암호에서 순환 고리의 길이는 7이며, 이는 암호화된 메시지가 7개 카이사르 암호의 순환 고리로 구성된 것임을 의미한다. 따라서 $1, 8, 15, \cdots, 1+7k, \cdots$ 위치에 있는 글자에 초점을 맞추어, 단순한 카이사르 암호처럼 다루면 된다. 이 수열에서 e 또는 t와 같이 자주 발행하는 문자 하나를 식별할 수 있다면, A가 L, B가 M 등등과 같이 이동되었음을 곧 알게 된다. 포함되어 있는 다른 순환 고리도 같은 방식으로 공격함으로써, 핵심 단어 LIBERTY를 발견할 수 있다. 그렇게 되면 바로 이 시점에서 비밀 암호 전체가 드러나게 된다.

물론 비밀 코드 단어의 길이를 모를 수도 있으므로 일반적으로 훨씬 많은 작업이 필요하다. 그러나 이 초보적인 분석은, 짧고 간단한 단어는 비제네르 암호를 아주 취약하게 만들 것이라는 점을 암호 분석가에게 보여주기에 충분하다. 한 글자인 비밀 코드 단어를 갖는 암호는 단순한 카이사르 암호에 해당하며, 짧은 키워드를 사용하는 암호가 믿을 만한 안정성을 확보하기 위해서는 너무 많은 반복을 하게 된다. THE, AND, IT 등과 같은 짧은 단어를 공통적으로 많이 포함하고 있는 대화체의 긴 문장은 암호해독 분석가에 노출되어 악용될 만한 단서를 남길 것이 명확하다.

불편하기는 하지만, 암호 사용자가 긴 키를 사용하는 것이 너무 어려워서 기억하지 못할 정도는 아니다.

CARRYTHELADTHATWASBORNTOBEKING

는 30자리인데도 쉽게 기억할 수 있는 키이다. 물론 분석가들은 매우 긴 비밀 코드 단어를 가진 비제네르 암호에서 일반 언어의 형태를 볼 수 있기 전에 상당히 많은 양의 메시지를 손에 넣어야 할 필요가 있다.

그러나 가로챈 긴 암호문은 비밀 코드 단어의 길이에 대한 흔적을 결국 남기게 된다. 예를 들어 '런던(London)'이라는 이름이 적군의 계획에서 여러 번 사용되었다고 가정해보자. 여러 다른 방법으로 암호화되었지만, 결국 런던이라는 이름은 같은 방식으로 두 번 이상 인코딩된다. 그래서 암호를 중간에서 가로챈 사람은 중복된 암호문을 볼 수 있게 될 것이다. 예를 들어 LIBERTY 암호를 사용하고, 코드 단어의 첫 글자부터 시작하여 '런던(London)'을 WWOHFG로 암호화하자. 암호를 가로챈 사람이 이상하게 생긴 문자열 WWOHFG에서, 예를 들어 첫 번째 문자열의 시작 부분에서 두 번째 문자열까지 스물한 개의 기호로 구분된 두 개의 사례를 발견했다고 가정해보자. 이것은 무엇을 나타내는 것일까?

완전히 우연의 일치이다. 완벽히 다른 두 개의 단어가 서로 다른 카이사르 암호를 사용하여 암호화될 때 동일한 문자로 바뀌질 수 있기 때문이다. 이것은 분명히 많아야 세 개의 기호로 된 매우 짧은 문자열에서 발생할 수 있지만, 긴 문자열에서는 점차적으로 거의 발생하지 않을 것이다. 이와 같은 여섯 글자 열이 반복되는 것은 암호를 가로챈 사람을 상당히 기대감에 젖게 만들 것이다. 그 스파이가 만일 WWOHFG가 동일한 단어의 두 경우를 나타내는 것으로 가정한다면, 암호문에서 이 암호화된 단어의 두 경우를 분리하면 비밀 코드 단어의 길이의 배수이어야 한다. 이 간격이 21칸이기 때문에, 비밀 코드 단어의 길이가 3 또는 7(올바른 값) 또는 21이라고 추리할 수 있다. 이것은 진정한 돌파구가 된다. 이제 문자열의 모든 세 번째, 또한 모든 일곱 번째, 그리고 필요한 경우 모든 스물한 번째 기호의 빈도분석을 사용하여 암호문의 해독작업을 시작할 수 있다.

만일 제법 긴 암호문 샘플을 손에 쥐고 있다면, 길이가 7인 주기를 찾을 때 비밀 코드 단어가 곧 나온다. 이 방법으로 비제네르 암호의 취약성이 밝혀졌으며, 이제는 중요한 암호문을 전송하는데 사용하기에는 너무 취약한 것으로 생각된다.

풀 수 없는 코드

절대로 풀 수 없는 아주 안전한 코드를 만드는 게 가능할까? 간단히 답하자면 가능하다. 물론 이 긍정적인 답에는 한두 가지 '만일'이란 단서가 들어갈 필요가 있긴 하다. 사실 이는 비제네르 암호의 기본적인 아이디어를 따라 자연스럽게 이를 수 있는 결론으로서 실현 가능하다. 이것이 미국 암호업무를 담당하던 마보안(Joseph Mauborgne)이 제1차 세계대전 무렵에 했던 일이다.

이미 지적했던 것처럼 비제네르 암호의 취약점은 키(key)가 되는 단어의 길이가 너무 짧아 쉽게 인식할 수 있다는 것이다. 그렇다면 해결책은 그 단어를 인식할 수 없도록 길게 만드는 것이다. 그러나 얼마나 길게? 당신이 보내려는 메시지보다 더 길게, 또 인식할 수 없게 하려면 그 단어를 완전히 무작위로 만들어야 한다. 이러한 접근법의 결과가 일회용패드 암호로 알려져 있다.

송신자나 수신자가 동일한 일회용패드를 필요로 하는데 이 패드는 알파벳 가운데서 완전히 무작위로 선택한 글자들로 이루어진 긴 문자열이다. 그들만 이 슈퍼 키워드(super keyword)를 소지해야 한다. 비제네르 방식에서는 이 일회용패드를 어떤 방식이든 편리한 대로 이용하여 비밀 메시지를 만들어 보낸다. 이 키워드는 절대로 끝나지 않으므로(혹은 좀 더 정확하게는 보내는 메시지보다 길이가 짧을 수는 없으므로) 암호의 주기는 없다. 키워드의 각 글자는 무작위로 선택되어 다른 글자들과 아무 연관이 없어 그 자체가 완전한 임의의 문자열이다. 메시지가 전달되면 보낸 사람은 그 패드를 파기하고 받는 사람도 해독한 다음 그 패드를 파기한다.

귀찮긴 하지만 이 방법은 안전하다. 암호화된 메시지는 전달과정에서 누가 가로채어도 일회용패드가 없으면 소용이 없다. 그 메시지가 얼마나 긴지만 알 수 있을 뿐이다. 각 단어들의 길이조차도 다르게 위장할 수 있다. 문장부호나 띄우기도 알파벳에 기호를 추가하여 나타낼 수 있다. 그러면 일회용패드는 이 늘어난 알파벳들로 된 임의의 문자열이어서 전달되는 메시지에 들어 있는 문법적 구조마저 완전히 숨길 수 있게 해준다.

원칙적으로 메시지는 이진코드(binary code)로 쓸 수 있다. 그러면 그 메시지는 0과 1로 된 숫자열이다. 여기에 일회용패드의 완전히 임의로 된 이진수들을 더하여 암호화한다. 만일 메시지의 한 글자가 a이고 그에 해당하는 패드의 글자가 b이면 a+b가 전달될 것이고, 이 합은 2로 나눈 나머지, 즉 0+1=1+0=1, 0+0=1+1=0으로 계산된다. 예를 들어 만일 메시지가 1이 열 개인 숫자열 1111111111이고 일회용패드의 처음 열 개의 숫자가 0111011011이면 전달되는 숫자열은 1000100100이다. 이를 중간에 가로챈 사람은 그 자체만으로는 아무 의미 없는 임의의 숫자열을 갖게 된 것뿐이다.

중간에 가로챈 사람이 메시지의 일부를 안다고 하여도 가로챈 숫자열은 그 메시지의 나머지 부분을 알아내는데 전혀 도움이 안 된다. 이는 전달된 숫자열의 나머지 부분과 메시지의 나머지 부분 사이에 아무 관련이 없기 때문이다. 둘 사이의 관련은 완전히 임의로 만들어진 일회용패드의 한 부분일 뿐이다. 그 패드가 없으면 더 이상 해독이 불가능하다.

완전히 안전하긴 하나 일회용패드는 최고의 기밀을 요구하는 첩보용으로만 사용된다. 패드를 여러 개 만드는 것이나 복사되지 않도록 주의하는 것 또는 의도하지 않은 수신자의 손에 들어가지 않도록 잘 취급하는 것 등등에 과도한 노력이 들기 때문이다.

매우 안전하면서도 큰 어려움 없이 만들 수 있는 암호는 책 암호(book cipher)이다. 이것은 쌍방이 아주 긴 텍스트, 심지어 한 권의 책이 될 수도 있을 정도의 텍스트를 공유하는 것을 의미한다. 그 책이 전체 암호의 키이고 이것은 비밀로 유지되어야 한다. 이런 이유에서 그 책은 코드 만드는 사람들이 쓰는 게 최선이다. 문학적인 재능은 필요하지 않으며 오히려 아무렇게나 써서 말이 안 될수록 더 낫다.

그 책의 단어들은 차례대로 1, 2, …으로 번호가 매겨진다. 만일 보내는 사람이 메시지 PAP를 암호화하려면 그 책에서 P로 시작되는 단어가 처음 나타날 때, 예를 들어 40번째 단어라면, P를 40으로 암호화한다. 그 다음 글자는 A이므로 A로 시작하는 단어를 찾아 그것이 8번이면 8로 암호화한다. 마지막의 P를 암호화하기 위해 P로 시작하는 다음 단어를 찾아서 그게 104번이면 전체 암호문은 40 8 104이다. 그 책이 없다면 긴 메시지를 가로채어도 해독하기는 거의 불가능한 코드이다.

최대한 안전하게 하기 위해 한 기호를 암호화한 후 다음 단어는 그 다음 단락에서 찾는 것이 좋다. 이렇게 하면 암호문을 만드는데 사용된 단어들이 그 책 안에서도 임의의 간격으로 떨어져 단어들 사이에 상관관계가 거의 혹은 전혀 없게 되기 때문이다. 그 책의 본문을 낭비하는 것 같지만 단어들은 쉽게 만들 수 있다. 책의 단어들의 첫 글자들을 모은 것을 알파벳으로 만든 임의의 문자열로 볼 때, 수신자가 받은 메시지를 해독하기 위해 이 문자열로부터 글자를 골라낸다는 점에서 책 암호의 기본적인 아이디어는 일회용패드와 유사하다.

책 암호를 사용한 가장 악명 높은 사례는 소위 빌 보물(Beale

Treasure)이라 불리는, 수백만 달러 가치가 있는 금광 위치를 묘사하는 것으로 추측되는 비밀 메시지이다. 이 메시지의 한 부분은 미국독립선언문(Declaration of Independence)을 활용해서 만든 책 암호로서 묻힌 약탈물에 대한 흥미진진한 이야기를 제공한다. 메시지의 나머지 부분은 다른 책 혹은 여러 책을 사용하여 암호화된 것으로 여겨진다. 그 메시지는 해독된 적이 없다.*

코딩의 신세계를 위한 새 코드

1970년대 초반까지 암호(비밀 코드)의 세계는 수천 년 동안 근본적인 변화는 없었다. 확실히 코드와 코드를 해독하는 자들은 급속하게 발전하였다. 독일의 암호 기계인 에니그마의 코드를 깬 영국 GCHQ**의 튜링(Alan Turing)과 암호 해독가들의 영웅적인 업적은 여전히 은밀한 책략들을 시도하게 하는 고무적인 이야기이다.*** 그러나 기본적인 아이디어와 그 기반이 되는 가정들은 내내 바뀐 적이 없다. 암호의 목적은 송신자가 그가 선택한 수신자에게 공공 영역을 지나는 동안 가로채일 만한 메시지를 암호화하여 전달하는 데 있다. 그러나 수신자가 해독할 키를 갖고 있지 않으면 전달해도 소용이 없다. 사실 모든 암호체계가 갖고 있는 공통적인 특징은, 도청의 위험이 있는 대화를 안전하게 주고받으려면 비밀리에 암호 키를 한번 교환해야 한다는 것이다.

암호의 키를 서로 교환해야만 한다는 것은 암묵적으로 코딩의

* 어쩌면 정교하게 날조된 것일 수 있다. 싱(Simon Singh)의 《코드 책》(The Code Book)을 보라.

** 역자주: Government Communications Headquarters(영국정보통신본부)

*** 예를 들어 영국의 TV 뉴스캐스터 팩스맨(Jeremy Paxman)은 도난당한 것으로 알려진 암호 기계인 에니그마(Enigma)를 누군가가 그에게 보낸 것을 받게 되었다.

원리로 알려져왔다. 그러나 1970년대에 수학자들이 이에 의문을 품기 시작했고 멋진 논증을 통해 이 원리가 근거 없다는 것을 보여주었다. 반례는 전형적인 수학적 논증이긴 하나 수학이 전혀 개입되지 않은 약간의 자유로운 사고일 뿐이다. 다음과 같은 시나리오를 생각해보자.

비밀 메시지 전달에 관련된 3명의 가상 인물의 이름은 관례적으로 앨리스, 봅, 이브로 불려져 왔다. 이브는 중간의 침입자로서 그들의 메시지를 가로채어 해를 끼치는 자이다. 아마도 이름 때문에 이브는 드라마에서 부당하게도 악인으로 그려진다. 앨리스와 봅이 나쁜 음모를 꾸미고 이브는 좋은 첩보원으로서 그들의 음모로부터 시민들을 보호하기 위해 노력하는 자일 수도 있지 않은가.

그렇다고 하더라도 앨리스가 봅에게 비밀 메시지를 전달하기 위해 암호 키를 교환하는 것이 꼭 필요한 것은 아니다. 왜냐하면 다음과 같이 할 수 있기 때문이다. 앨리스가 봅에게 보낼 평문 메시지를 써서 상자에 넣어 자물쇠를 단단히 채운다. 이 자물쇠의 열쇠는 앨리스만 갖고 있다. 그 다음 앨리스는 봅에게 상자를 보낸다. 봅은 물론 상자를 열 수 없다. 그러나 봅은 이 상자에 두 번째 자물쇠를 채운다. 그 자물쇠의 열쇠는 봅만 갖고 있다. 이 상자를 다시 앨리스에게 돌려보내면 앨리스는 자기의 자물쇠를 제거하고 그 상자를 다시 봅에게 돌려보낸다. 이번엔 봅이 그 상자를 열어 앨리스의 메시지를 읽을 수 있게 된다. 이브는 전달과정 중에 내용을 들여다볼 수 없다는 점에서 기밀이 보증된다. 이런 방법으로 비밀 메시지는 앨리스와 봅이 키를 교환하지 않아도 안전하게 보내진다. (물론 이브가 상자를 훔칠 수 있지만 그러면 그와 봅 둘 다 앨리스의 메시지를 알 수 없고 이는 앨리스와 봅의 소통매체에 대한 직접적인 물리적 공격에 해당한다.) 이러한 생각은 비밀 메시지를 주고받기 위해 키를 맞교환해야하는 것이 원칙은 아님을 말해준다. 자물쇠는 은유로 볼 수 있다. 앨리스와 봅의 자물쇠는 물리적 장치가 아닌, 예상되는 중간 침입자가 메시지를 알 수 없도록 하는 그들만의 암호화 방법일 수 있다. 이는 오래된 문제를 해결하는 새로운 방법이다.

키 생성

자물쇠 채운 상자 이야기는 흥미로운 수학 문제를 야기한다. 앨리스와 봅이 서로 만나지 않고도 혹은 제3자를 이용하지 않고도 안전한 암호를 만들 수 있을까? 결국 암호 사용을 처음부터 괴롭혀 온 실제적인 문제는 키 교환 관련 당사자 간에 먼저 암호 키를 교환하는 것이었다. 원리상으로는 해결 가능하다. 엉뚱한 사람의 손에 키가 들어가지 않게 조심해서 키를 교환하는 것이다. 그러나 실제로는 특히 상거래에 있어서는 수천의 사람들이 비밀이 보장된 상태에서 얘기를 나누길 원하는 데다가 시스템의 무결성 유지를 위해 암호 키들을 자주 교체할 필요가 있다. 실세계에서는 순전히 안전한 키 교환에 많은 노력이 요구될 뿐 아니라 광범위한 안전한 거래를 불가능하게 만들었다.

우리가 먼저 추진하려는 바는 자물쇠 채운 상자의 수학적 알고리즘을 만드는 것이다. 자물쇠는 암호화, 그리고 열쇠는 복호화의 은유이다. 앨리스는 평문 메시지 M을 선택하여 암호화한 메시지 A(M)를 봅에게 보낸다. 이브나 봅은 이걸 만들 수 없다. 봅은 자신의 비밀 암호를 사용하여 이를 또 암호화함으로써 자신의 자물쇠를 상자에 채워서 이중으로 암호화된 메시지 B(A(M))를 앨리스에게 돌려보낸다. 이브는 여전히 뭐가 뭔지 알 수 없는 것을 어쩌지 못하고 앨리스는 이중자물쇠가 채워진 상자를 받는다. 이제 앨리스에게 문제가 생겼다. 자신의 복호화 알고리즘을 적용하여 B(A(M))로부터

B(M)를 얻는 게 작동하지 않을 수 있다. 이는 앨리스와 봅이 암호화하는 순서를 바꾸어도 같은 결과가 나오게 되는가에 달렸다. 일반적으로는 같은 결과가 아닐 것이다.

대부분의 수학적 연산은 여기에서 필요로 하는 방식으로 교환이 가능하지 않다. 아주 간단한 예로서 평문 메시지가 수 6이라고 하자. 앨리스는 이에 4를 더하여 자신의 메시지를 암호화하고 봅의 암호는 2를 곱하는 것이라고 하자. 앨리스는 $6+4=10$을 봅에게 보낸다. 봅은 $2\times 10=20$을 앨리스에게 보낸다. 앨리스가 자신의 자물쇠를 없애기 위해 4를 빼는 연산을 시행하여 16을 봅에게 보낸다. 봅은 2로 나누어 복호화하면 $16/2=8$을 얻는데 평문 메시지는 6이므로 틀렸다. 문제는 두 암호체계, 즉 두 수학적 자물쇠는 서로의 연산을 방해한 것이다.

이것은 단순히 기술적 장애처럼 보인다. 서로를 쉽게 빠져나갈 수 있는 암호 체계를 발견하면 이를 피할 수 있다. 예를 들어 앨리스와 봅 둘 다 각각 자신만의 비밀 수(매우 큰 수일 수도 있다)를 더하는 것으로 암호화하는 것이다. 예를 들어 봅이 2를 곱하는 대신 2를 더한다면 문제는 사라진다. 앨리스는 자신의 메시지 6에 4를 더하여 10을 보내고 봅은 $10+2=12$를 앨리스에게 돌려보내면 앨리스는 자신의 비밀 수 4를 빼서 $12-4=8$을 봅에게 돌려보낸다. 최종적으로 봅은 자신의 비밀 수를 빼서 $8-2=6$을 얻게 된다.

그러나 이브가 있다는 사실을 잊어서는 안 된다. 당신이 이브라고 해보라. 이브는 이 모든 수를 가로채어 앨리스와 봅의 암호화가 비밀 수를 더하는 것임을 알아차리거나 아니면 적어도 짐작하게 된다. 앨리스가 봅에게 전달한 첫 번째 수 10을 엿보고 그 다음 봅이 응답한 12를 본다. 이브는 바로 봅의 암호가 $12-10=2$임을 알아낸다. 그 다음 앨리스가 봅이 보낸 12를 8로 바꾼 것을 보고 앨리스의 비밀 수가 $12-8=4$임을 관찰하게 된다. 두 암호를 다 해독했으므로 이브는 앨리스가 보낸 메시지가 10 − 4 = 6임을 알아내는데 전혀 어려움이 없다. 앨리스와 봅이 그들의 비밀 수를 아주 큰 수로 선택하더라도 이브는 같은 방법으로 그 수들을 알아낼 수 있다. 단순히 더하는 것은 암호체계의 기초로는 너무 단순해서 책략이 풍부한 이브를 당해낼 수 없다.

1970년대 중반 디피(Whitfield Diffie)와 헬만(Martin Hellman)은 안전한 키 교환을 위한 이중 자물쇠의 수학적 버전에 대해 좀 다른 아이디어를 제시하였다. 그들은 앨리스와 봅이 각자 보안이 된 자기 집에서 주문을 걸어 마술로 같은 키를 만들어내는 것이 가능할 것이란 생각을 하였다. 그러면 사악한 이브가 들을 수 없게 그 키를 사용하여 안전하게 대화할 수 있을 것이다.

키는 항상 숫자로 암호화될 수 있다. 사실 충분히 큰 수이면 한 개로 충분하다. 그러므로 그들은 앨리스와 봅이 안전한 환경에서 수로 된 키를 생성하기에 충분한 정보를 나눌 방법을 찾고자 하였다. 그 접근방법은 공개적으로 노출될 수 있는 과정을 포함하는 것이었다. 그러나 앨리스와 봅은 어느 누구에게도, 심지어 둘 사이에도 공개하지 않은 그들만의 비밀 요소를 갖는다. 어떻든 그들은 이후 보안상 안전한 정보전달의 토대가 될 키를 만들어 공유할 만한 충분한 정보는 교환해야 한다. 이브는 앨리스와 봅의 방법을 알고 있고 아직 보안이 이루어지지 않은 대화는 다 도청할 수 있으나, 그 많은 지적 자원과 맘껏 사용할 수 있는 계산 능력에도 불구하고 앨리스와 봅의 정보전달을 위한 키는 만들어내지 못 할 것이다. (이런 면에서 우리는 왜 세상의 정부들이 그런 좋은 암호체계에 접근 가능한 자들에게 별 관심이 없는지 이해할 수 있다.)

디피-헬만의 접근방법은 키를 만들기 위해 암호화만 하고 복호화는 필요 없으므로, 즉 잠그긴 하되 열지는 않으므로 그 과정의 복잡함이 반으로 줄어들어, 개념적으로 이중 자물쇠를 채운 상자보다 더 단순하다. 불가능하다고 생각할지 모르나 또 다른 단순한 비유를 하나 들어보면 너무 멀리 나간 것처럼 들리는 이 아이디어가 좀 더 그럴듯해 보일 것이다.

앨리스와 봅이 정확히 똑같은 색깔의 페인트를 그들의 비밀 키로 공유하려 한다.* 각자 1리터의 흰색 페인트에 자기들만의 비밀색 — 앨리스는 자신의 비밀 주홍색, 그리고 봅은 자기만의 독특한 청색 — 페인트를 1리터씩 섞는다. 페인트 통을 교환할 특별한 만남을 기획하여 앨리스는 봅에게 분홍색 페인트 2리터를, 그리고 봅은 앨리스에게 옅은 청색 페인트 2리터를 건넨다. 그들은 심지어 가차없는 대적 이브를 이 회합에 오도록 초청해서 그들이 나눈 것과 똑같은 색의 2리터짜리 페인트 두 통을 줌으로써 그녀를 조롱할 수도 있다. 그리고 앨리스와 봅은 각자의 집으로 돌아간다. 앨리스는 봅에게서 받은 통에 자신의 특별한 주홍색 1리터를 섞는다. 다른 한쪽에선 봅이 앨리스에게서 받은 통에 자신의 청색 1리터를 섞는다. 앨리스와 봅은 각각 흰색, 주홍색, 청색이 각각 1리터씩 섞인 3리터의 특별한 자주색 페인트를 갖게 되고 정확하게 같은 이 색깔이 그들의 암호의 비밀 키이다.

한편 이브는 두 통을 들고 어찌할 바를 모른다. 앨리스와 봅의 특별한 주홍색과 청색을 알아내기 위해 페인트를 분리해낼 수도 없다. 더 좌절하게 만드는 것은 2리터짜리 붉은색과 흰색, 푸른색과 흰색의 혼합물을 가졌지만 앨리스와 봅이 공유한 키인 흰색, 붉은색, 푸른색 비율이 1:1:1인 색깔의 페인트를 만들어낼 수도 없다는 것이다. (왜냐하면 그 두 통으로부터 어떻게 섞든지 항상 반은 흰색이기 때문이다.) 중요한 점은 앨리스와 봅이 복호화하지 않고 했다는 것이다. (그들은 페인트를 분리할 필요가 없었다.) 사실 그들이 만들어 공유한 키는 그들이 각자의 안전한 장소로 돌아가 마법으로 만들어

* 이 통찰력 있는 보기는 싱의 《코드 책》에서 가져왔다.

내기 전에는 존재하지도 않았다. 만일 앨리스와 봅이 그 페인트로 정보를 전달할 수 있었다면 키 교환문제는 정말 해결된 것이다.

디피와 헬만은 멋진 아이디어를 가졌지만 혼합페인트 교환에 해당하는 수학적 버전을 만들어내는 것은 어려운 과제였다. 결정적으로, 관계된 연산은 순서 교환이 가능해서 페인트를 섞을 때처럼 마지막 결과물이 사용한 색의 비율에만 의존하고 섞는 순서에 의존하지 않아야 한다. 이처럼 암호화 과정이 최후의 같은 결과를 만들어내기 위해 서로를 통과해 나갈 수 있어야 한다.

앨리스와 봅이 생각할 만한 한 가지 방법은 그들의 비밀 암호를 2의 거듭제곱에 기반을 두는 것이다(반드시 정수일 필요 없이). 예를 들면 앨리스는 그의 비밀 수를 $a=1.71$로, 봅은 $b=2.92$로 선택한다. 앨리스는 봅에게(이브에게도 갈 것이다) $2^a=3.2716082$를, 그리고 봅은 앨리스에게 $2^b=7.5684612$를 보낸다. 그 다음 앨리스와 봅은 2^{ab}를 기반으로 하는 비밀 암호체계를 만든다. 앨리스의 경우 봅에게서 받은 수에 a제곱을 하여 $(2^b)^a=2^{ba}=31.849526$을 만든다. 마찬가지로 봅도 앨리스가 준 수 2^a에 b제곱을 하여 $(2^a)^b=2^{ab}=31.849526$을 얻는다. 거듭제곱을 한 후 또 거듭제곱을 하는 연산은 교환이 가능하므로 앨리스와 봅은 그들의 암호 코드에 사용할 같은 키를 만들었다.

그러나 이브는 어떤가? 그녀는 2^a와 2^b의 값을 알아낸 다음 2^{ab}의 값을 찾아내어 앨리스와 봅이 미래에 교환하는 정보를 해독해 내고자 한다. 앨리스와 봅에겐 불행하게도 만일 이브가 어떤 종류의 수학자라면 a와 b의 값을 알아내어 2^{ab}를 쉽게 찾아낼 것이다.* 그럼에도 불구하고 디피와 헬만은 거듭제곱을 반복하는 아이디어를 사용하여 앨리스와 봅이 위와 비슷한 방법으로 외부인은 극도로 알아

---

* 알아낸 수 2^a가 c라면 이브는 $a=\log_2 c$를 얻는다.

내기 어려운 키를 만들어 공유하게끔 하는데 성공했다. 그들의 방법은 법 연산(modular arithmetic)을 추가적으로 활용하는 것이었다.

다시 한 번 앨리스와 봅은 밑수를 선택한다. 그것이 2라고 하고 앨리스와 봅이 각자 자기만 아는 수를 선택한다. 이번엔 양의 정수 중에 선택한다. 앨리스는 $a=7$, 봅은 $b=9$를 선택했다고 하자. 그러나 이번엔 추가적인 요소인 또 다른 수 p가 있는데 이는 공개되어 있다. $p=47$이라고 하자. 앨리스는 전처럼 2^a를 계산하되 이번엔 이 수를 p로 나눈 나머지를 봅에게 보낸다. 이 경우에 $2^7=128=2\times47+34$이므로 34가 보안이 불확실한 통로를 통해 봅에게 전달된다. 봅도 이와 유사하게 $2^b=2^9=512=10\times47+42$이므로 42를 앨리스에게 보낸다.

이제 앨리스가 안전한 자기 집에서 하는 일은 42^a를 p로 나눈 나머지를 계산하는 것이고 봅도 34^b를 p로 나눈 나머지를 계산한다. 앨리스와 봅은 둘 다 같은 수, 같은 키인 2^{ab}를 p로 나눈 나머지를 얻게 된다.(*54) 앨리스는 42^7을 47로 나눈 나머지 37을, 그리고 봅도 34^9를 47로 나눈 나머지인 같은 수를 얻는다. 앨리스와 봅은 이제 37을 공유 키로 만들어냈다.

한편 이브는 좌절하고 만다. 그녀의 수학적 문제는 a와 b는 모르고 47로 나눈 나머지가 42인 2^a와 34인 2^b를 안다는 것이다. 열쇠는 2^{ab}를 47로 나눈 나머지를 알아내는 것이다. 이는 법 연산을 포함하지 않은 이전 문제에 비해 훨씬 어렵다. 앨리스와 봅이 2의 거듭제곱을 교환한 처음 시도에서는 이브가 a와 b를 알아내는 데는 별 어려움이 없었다. $2^a=3.2716082$로부터 a가 1과 2 사이의 수임을 알 수 있고, 이브는 더 큰 수와 더 작은 수를 찾는 게임을 통해 a의 값을 점점 더 정확하게 알아낼 수 있다. $a=1.5, 1.6, 1.7, 1.8$을 테스트해볼 것이고 $2^{1.7}<2^a<2^{1.8}$임을 보고 $a=1.7\cdots$ 임을 발견

한다. 그 다음 소수점 이하 둘째 자리를 알아내기 위해 이를 계속하면 앨리스가 $a=1.71$을 사용했음을 알아낼 것이다. 같은 방법으로 이브는 곧 봅의 비밀 수가 $b=2.92$임을 알아내고 가버릴 것이다.

그러나 이와는 대조적으로 p로 나눈 나머지의 경우는 a의 지수를 점점 더 크게 하면 할수록 p로 나눌 때마다 불규칙적으로 변하여 위의 방법은 쓸모가 없게 된다. 실제로 모든 가능한 키를 다 테스트해 보는 것 외엔 별 다른 방법이 없다. 이브는 $2^1, 2^2, \cdots$ 을 계산하여 각각을 47로 나눈 나머지가 앨리스가 2^a를 47로 나눈 나머지와 같아질 때까지 찾는 것이다. 그러면 그녀는 앨리스가 한 것과 같은 방법으로 키의 값을 계산할 수 있어 앨리스와 봅의 암호를 해독하게 된다. 보기에서처럼 작은 수를 사용하면 이러한 접근법이 가능하지만 실제로 앨리스와 봅이 아주 큰 수를 사용하면 이 방법은 실행불가능하게 된다. 개략적으로는 이브가 앨리스나 봅보다 훨씬 더 강력한 컴퓨터를 사용할 수 있지 않는 한 아주 긴 시간 동안도 키를 찾아내지 못할 것이다. 그녀는 포기하고 다른 방법을 시도할 것이다.

그리고 이브가 생각할 만한 다른 사악한 것들이 있다. 화난 김에 그녀는 자신의 메시지를 마치 앨리스와 봅 서로에게서 온 것처럼 보내어 그들을 속일 수 있다.

트랩도어 열기: 공개키 암호

디피-헬만의 키 교환은 몹시 흥미로운 방법이긴 하지만 여전히 새로운 아이디어가 필요하다. 그 이유는 보안 코드가 사용되는 방식이(예를 들어 인터넷에서), 처음 볼 때는 분명하지 않을 수 있으나 전통적인 사용법과 매우 다르기 때문이다.

예를 들면 한 고객이 주소, 전화번호, 신용카드 번호 등등의 자신의 개인적인 정보들을 인터넷 공급자에게 맡길 때 이러한 정보들이 도중에 노출되거나 다른 데로 전송되지 않을 것을 확신할 수 있어야 한다. 민감한 정보의 안전한 전송은 암호화를 통해 이루어진다. 그러나 고객은 이 암호화에 대해 아무것도 모르니 어떻게 할 것인가? 이것이 고객을 대신해서 자동으로 이루어진다는 것은 별로 놀라운 일이 아니다. 소비자는 사용되는 코드에 대해 아무 지식이 없으며 심지어 그런 게 존재한다는 것조차 모를 수 있다. 이것이 큰 문제가 될 가능성이 있다. 전송하기 전에 암호화되어야 한다. 그렇지 않으면 의미도 없고 보안도 되지 않는다. 이것은 암호화 과정이 공개되어 있음을 의미한다. 고객에겐 바로 보이지 않을 수 있으나 일반인들이 접근할 수 있는 시스템 속에 있어서 안전한 것으로 여겨질 수 없다. 만일 파렴치한 일당이 암호화되어 전송되는 정보에 접근할 수 있다면 또한 메시지를 어떻게 암호화하는지 안다면 그 과정을 거꾸로 하여 원래의 메시지를 해독해 내는 것은 그리 어렵지 않을 것이다. 이는 큰 재해로서 모든 거래를 불안전하게 만들고 기밀을 요하는 인터넷 거래를 불가능하게 만든다.

예를 들어 만일 암호화 과정이 비제네르 암호 같은 것이면, 심지어 일회용패드라고 해도 그 암호화에 쓰는 패드를 볼 수 있으면 가로챈 자는 본래의 수신자만큼이나 쉽게 메시지를 해독해낼 수 있다. 이브가 메시지를 암호화할 줄 안다면 마찬가지로 복호화도 할 수 있고 시스템을 몰래 손상시킬 수도 있을 것이다. 이는 지금까지 소개한 모든 암호에 다 해당한다. 이 문제는 새로운 방법을 요구한다. 필요로 하는 것은 앨리스를 위한 암호를 고안하여 이것을 공개하여 누구든지 그녀에게 메시지를 보낼 때 사용하게 하되 그녀만이 암호화된 메시지를 해독할 수 있는 것이다. '공개키'는 잠글 수는 있으나 비밀을 담고 있는 용기를 열 수는 없는 것이다. 소위 말하는 공개키 암호체계는 이 문제의 해결책이 발견되기까지는 불가능하다. 그러나 그 해결책은 개인 정보의 안전한 전송에 있어서 새로운 시대를 약속한다.

1970년대에 여러 사람들이 이 아이디어를 생각해보고 그 잠재적인 중요성을 깨달았다. 그러나 그 아이디어가 실현되기 위해서는 트랩도어(trap door) 함수의 발명이 있어야 했다. 이 함수 f는 원칙적으로는 누구나 이용할 수 있어서 그 값 $f(x)$를 계산할 수 있어야 한다. 그러나 이 함수의 소유자인 앨리스는 함숫값 $f(x)$를 해독하여 x를 찾아낼 수 있게 하는 결정적인 뭔가를 알고 있어야 한다. 게다가 다른 사람들은 $f(x)$를 어떻게 계산하는지 알아도 아무리 열심히 노력해도 이 주요한 정보 x를 추론해낼 수 없어야 한다. 이는 터무니없는 주문 같았다.

그럼에도 불구하고 이는 1973년에 콕스(Clifford Cocks)가 첼튼엄(Cheltenham)에 있는 영국 첩보기관 GCHQ에 들어가자 곧 성취되었다. 그의 동료들에 의해 공개키 암호의 아이디어를 소개받은 후 그는 한 시간만에 적합한 시스템을 발명하였다. 그는 자신의 정수론 지식을 이용하여, x가 주어지면 누구나 $f(x)$를 계산할 수 있지만 그 구조의 비밀을 알지 않는 한 $f(x)$가 주어질 때 x를 찾아내는 것은 거의 불가능한 일방향(one-way) 성질을 갖는 적합한 트랩도어 함수를 고안하였다.

콕스가 사용한 수학은 그리 심오한 것은 아니었으나 순수 수학으로서 순수 수학자가 아니고서는 아무도 생각해낼 수 없을 법한 것이었다. 그의 방법은 오늘날 공개키 암호의 기초이다.* 그의 수학은 아래에 설명될 것이다.

---

* 안전한 키 교환과 공개키 암호는 밀접한 관련이 있는 아이디어이다. 실제로 영국에서는 미국과는 반대의 순서로 발견되었다. GCHQ에서 윌리엄슨(Malcom Williamson)은 콕스(Clifford Cocks)가 만든 공개키 암호체계의 결점을 찾아내려던 중, 디피-헬만의 키 교환 아이디어를 두 미국인들과 거의 동시대에 발견하였다.

불행하게도 콕스는 정부비밀기관을 위해 일했기에 그의 획기적이고 위대한 업적은 공개되지 않았다. 그 대신 수년 후 같은 아이디어들이 미국에서 일하는 6명의 수학자들과 컴퓨터 과학자들에 의해 우연히 개발되게 되었다. 공개키 암호의 발견 및 개발과 관련된 이름으로 대개 디피, 헬만, 머클(Mercle)과 더불어 리베스트(Rivest), 샤미르(Shamir), 아들만(Adleman)을 꼽는데, 이 세 사람의 이름의 첫 글자를 따서 RSA 암호의 명칭이 만들어졌다.

이미 얘기한 대로 트랩도어 함수 아이디어가 모든 것의 열쇠이긴 하지만 아이디어만으론 충분하지 않다. 적당한 트랩도어를 찾는데 빠져 있는 사람들은 그들의 성배(holy Grail)를 찾기 위해 온갖 형태의 기상천외한 방법들을 고안하며 사방으로 돌아다녀본다. 그러나 지금까지 고안된 후보 중 가장 강력하며 거의 모든 상거래용 암호화의 기초가 되고 있는 것은 콕스의 것이다. 이는 매우 큰 수의 소인수(prime factor)들을 찾아내는 것이 원칙적으로는 풀기 쉬운 문제이지만, 실제로는 엄청나게 어렵다는 관찰 결과에 의거한다.

RSA에서 앨리스의 비밀키의 주요 요소는 매우 큰 소수(prime number) 쌍 p, q이다. (실생활에서 이 수들은 200자리 수이다.) 그러나 앨리스의 공개키를 사용하기 위해 봅은 p, q를 알 필요는 없고 두 소수의 곱 n, 즉 $pq=n$만 필요하다. 이것이 이 암호체계의 첫 단계이다. 그러나 그 다음 단계는 n이 있으면 $f(x)$를 계산할 수 있지만 $f(x)$를 알아도 마법 같은 두 수 p, q를 모르면 x를 찾아내는 것이 실제로 거의 불가능한 트랩도어 함수 $f(x)$를 만드는 것이다.

실제 경험에 의하면 n으로부터 p, q를 찾아내는 것은 거의 있을 수 없을 정도의 계산 능력을 요했다. 그러나 적당한 함수 $f(x)$를 찾는 그 다음 단계는 악마 같은 교묘함과 정수론에 대한 지식을 필요로 하였다.

더 진행하기 전에 이 모든 것들이 얼마나 획기적인지 잠시 감상해 볼 만하다. 실생활에 응용할 만한 수학과는 거리가 먼 것으로 여겼던 분야에 속하기 때문이다. 순수정수론은 수학의 가장 쓸모없는 분야 중 하나로 여겨왔다. 사실 하디(G. H. Hardy)는 이 악명을 긍정적으로 즐겼다. 정수의 성질들은 실용적인 의미가 있을 수도 있지만 관련된 이론은 항상 아주 기초적이고 거의 수학적 상식 수준이었다. 그러나 콕스와 다른 이들이 사용한 수학은 오일러(Euler)의 ϕ-함수(totient function)로서 이는 수세기가 지났음에도 전혀 평범하지 않을 뿐 아니라 그 분야의 토대를 형성하고 있다(13장 주석 ＊48 참조). 오늘날 RSA 프로그램은 지상에서 가장 많이 사용되는 소프트웨어로서 유클리드, 페르마와 오일러의 아이디어와 콕스의 논증에 직접적으로 근거한다. 수학적 아이디어들은 가끔 그 시대보다 수세기를 앞서지만 때가 이르면 그 영향은 과히 혁명적이다.

앨리스와 봅이 법 연산으로 이브를 물리치다

이제 콕스가 어떻게 했는지 설명하고자 한다. 앞에서 설명한 것처럼 어떤 메시지이든 숫자열로 변환된다. 따라서 문제는 어떻게 이브가 값을 알아낼 수 없도록 봅이 앨리스에게 안전하게 특정한 수(그 메시지를 M이라고 하자)를 전달하는가로 귀착된다. 위에 언급한 것처럼 앨리스의 비밀키는 그녀만 아는 두 소수(prime number) p와 q에 기반을 둔다. 실제 상황을 잘 보여주는 다음의 보기에서는 장난감 같이 작은 소수 $p=23$, $q=47$을 사용할 것이다. 대중에게 공개된 것은 두 수의 곱 $n=23\times 47=1081$이다. 물론 실제상황에서는 p와 q는 매우 크며, 이런 일들은 늘 실존인물 봅과 앨리스 대신 막후에서 보이지 않게 진행된다.

그 접근방법은 M의 값을 법 연산을 사용하여 암호화하는 것이다. 이 경우 법 연산이란 $0, 1, 2, \cdots, n-1$ 이 쓰여 있는 시계의 산수라고 할 수 있다. 앨리스가 자기에게 메시지를 보낼 사람들이 암호화할 때 쓰도록 공개할 것은 n 및 또 다른 수 e이다. 봅이 앨리스에게 보내는 것은 M 자체(만일 그렇게 하면 이브는 도청할 수 있다)가 아니고 M^e를 n으로 나눈 나머지이다. 예를 들어 봅의 메시지가 $M=77$이고 앨리스가 사람들에게 말한 암호화 수 $e=15$이라고 하자. 봅은 그의 컴퓨터로 77^{15}를 $n=1081$로 나눈 나머지를 계산한다. 이 나머지는 646이다. (계산기로 이를 확인하려면 불쌍한 계산기는 그 수의 크기 때문에 심하게 불평할 것이다. 그러나 그 큰 수 77^{15}를 계산하지 않고도 그 나머지를 계산하는 간단한 묘수가 있다.(＊55)

그래서 봅은 앨리스에게 자기가 암호화한 메시지 646을 보낸다. 이브는 이 메시지를 엿볼 때 앨리스의 공개키가 $n=1081$이고 $e=15$임을 알고 있으며, 이들을 이용하여 봅이 암호화한 메시지가 646이란 것도 알고 있다. 그러나 원래의 메시지를 어떻게 알아낼 것인가?

$1081=23\times 47$임을 아는 앨리스에게는 아주 간단한 일이다. 왜냐하면 n의 소인수를 알고 있기에 복호화에 필요한 수 d를 p, q, e를 이용하여 찾을 수 있기 때문이다. 이 경우 복호화 키 $d=135$이다. 앨리스의 컴퓨터는 646^{135}를 $n=1081$로 나눈 나머지를 계산한다. 그 토대가 되는 수학은 그 답이 원래의 메시지 $M=77$임을 보증한다.

그 다음의 수학적 설명은 13장 주석 ＊55에 있다. 그러나 RSA의 주목할 만한 미묘한 점 몇 가지를 언급하고자 한다. 위에는 나오지 않았지만 이 방법의 주요 요소 하나는 $(p-1)(q-1)$ 값이다. 이는 $\phi(n)$으로 표기된다. 이 경우 $\phi(1081)=22\times 46=1012$이다. 앨리스가 공개키로 선택한 암호화 수 e는 완전히 임의의 수일 수는 없고 $\phi(n)$과 공통인수가 없어야 한다. 1012의 소인수는 2, 11, 23이고 e는 세 수의 배수가 아니어야 한다. 이는 매우 약한 제약조건일 뿐이며, 앨리스가 선택한 $e=15=3\times5$는 이 조건을 만족한다. 그러면 복호화 수 d를, 곱 ed를 $(p-1)(q-1)$로 나눈 나머지가 1이 되게 항상 선택할 수 있다.(＊56) 메시지인 수 M은 n보다 작아야 한다. 그러나 실제로는 이는 제약이 아닌 것이, 실제 상황에서는 n의 크기가 어마어마하게 커서 우리가 보내고자 하는 어떤 메시지도 다루기에 충분하여 모든 M을 다 수용할 수 있다.

이 모든 것이 작동하는 것을 보기 위해 위에 나온 것보다 좀 더 작은 수가 등장하는 보기를 보고자 한다. 예를 들어 $p=3$, $q=11$, $n=pq=33$, $\phi(n)=(p-1)(q-1)=2\times10=20$이라고 하자. 앨리스는 $n=33$을 공개하고 $e=7$을 선택한다고 하면 7과 20은 공통인수가 없으므로 허용된다. 숫자 d는 $ed=7$을 20으로 나눈 나머지가 1이 되도록 선택한다. 조사해보면 $d=3$은 $7d=21$이어서 해가 된다.

이제 앨리스는 그녀의 소형 RSA 체계를 다 만들었다. 만일 봅이 메시지 $M=6$을 보내려면 $M^e=6^7=279936$을 계산해서 이를 33으로 나눈 나머지 수 30을 공개된 경로를 통하여 보낸다. 앨리스는 봅이 보낸 30을 받아 $30^3=27000$을 계산하여 33으로 나누면 $27000=33\times818+6$이므로 나머지 6이 원래 의미, 즉 봅의 평문 메시지임을 해독해낸다(＊57).

당분간은 RSA 암호가 효과적이고 안전하나 여전히 이브가 혼동의 씨를 뿌릴 여지는 있어서 이에 대한 방어가 필요하다. 봅이 앨리스에게 그녀만 이해할 수 있다는 의미에서 안전하게 메시지를 보낸 것은 사실이다. 그러나 앨리스가 받은 메시지가 다른 협잡꾼이 아닌 진짜 봅에게서 왔는지 어떻게 알 수 있을까? 이브(우리가 그녀는 소름끼칠 정도의 정보처리 기능을 갖추고 있고 하루 종일 앨리스와 봅의 삶을 비참하게 만들 음모를 꾸미는 것 외엔 아무것도 하지 않는다고 가정하는)는 자신의 메시지를 마치 서로에게서 온 것처럼 쉽게 앨리스나 봅에게 보낼 수 있다.

그러나 봅은 자신의 비밀키를 사용하여 자신의 메시지를 앨리스에게 입증할 수 있다. 앨리스는 봅에게서 오는 것처럼 꾸민 어떤 메시지도 소위 전자서명(digital signature)을 포함하지 않는 한 신뢰해서는 안 된다. 봅은 다음과 같이 한다. 자기 집에서 앨리스에게 자신의 개인적인 메시지를 평문으로 쓰되 일종의 신분 증명을 넣는다. 예를 들어 I라고 하자. 이는 그의 이름 혹은 다른 개인 정보를 결합한 것일 수 있으며 이를 마치 뒤를 잇는 메시지인 것처럼 다룬다. 즉 I를 봅 자신의 비밀키로 복호화하여 말 같지 않은 문자열의 형태가 된 것을 $B^{-1}(I)$라고 하자. 이 기호는 봅이 정상적인 과정을 역행하고 있음을 나타내고자 한 것이다. 그 역행하는 과정은 I를 공개키로 암호화하는 대신 자신의 비밀키로 복호화하는 것이다. 반면 이는 안전하지 않다. $B^{-1}(I)$가 봅으로부터 온 것인지 궁금해하는 자는 누구도 봅의 공개키를 이용하여 이를 확인할 수 있기 때문이다. 그러나 이것이 전체 요지이다. 앨리스가 봅의 메시지를 받고 이 의미 없어 보이는 문자열에 봅의 공개키 B를 적용하면 $B(B^{-1}(I)) = I$가 된다. 봅만이 $B^{-1}(I)$를 만들 수 있기 때문에 앨리스는 그 메시지가 정말 봅에게서 왔음을 알 것이다.

자세히 말하면 봅의 컴퓨터는 봅 대신 다음 일을 수행한다. 봅의 평문 메시지 M과 그의 전자서명 $B^{-1}(I)$를 앨리스의 공개키로 암호화한다. 암호화된 메시지가 M을 해독해낼 유일한 사람인 앨리스에게 보내진다. 마지막으로 앨리스의 기계는 봅의 공개키로 I 를 찾아냄으로써 들어온 메시지를 보낸 자가 다른 이가 아닌 봅이 맞다는 것을 말해준다.

이브는 화난 채로 무력하게 남아 있다. 앨리스의 비밀 키가 없으므로 봅이 보낸 메시지를 확인할 수도 없고 봅이 인증을 위해 사용한 전자서명 $B^{-1}(I)$를 볼 수도 없다. 그녀는 앨리스의 공개키를 이용하여 앨리스에게 메시지를 보낼 수는 있으나 앨리스의 컴퓨터는 방심하지 않고 깨어 있어 봅의 서명이 없거나 앨리스의 막역한 친구가 아니기에 거부할 것이다. 이브는 앨리스와 봅 사이의 정보교환을 방해할 수 없고 그들 각자에게 정보를 보낼 수도 없다. 앨리스와 봅의 세계는 이브에게 굳게 닫혔다.

피타고라스의 격언 "모든 것은 수이다."가 안전한 정보교환 세상을 주권적으로 다스리는 듯하다. 그러나 이것은 일시적인 현상일까? 그럴지도 모른다고 의심할 만한 두 가지 이유가 있다. 하나는 암호를 만드는 자와 깨는 자 사이의 전쟁에서, 암호 만드는 자가 잠시 난공불락으로 보이지만 깨는 자가 극적으로 상황을 반전시키기 전까지일 뿐임을 보여주는 오랜 역사 때문이다. 문제에 내재된 모순이 그럴 여지를 제공하기에 우리는 이 주기가 반복될 것을 대비해야 한다. 그 모순이란 권한 없이 가로채는 자가 머리인지 꼬리인지 분간할 수 없는 것을 합법적인 수신자는 쉽게 해독할 수 있어야 한다는 것이다. 다른 한편 RSA는 안전할 듯하다. 이브는 확실히 그리고 아마도 곧 그녀의 계산 능력을 여러 배 향상시켜 현재의 비밀키들을 순식간에 알아낼 수 있게 될 것이다. 그러나 앨리스와 봅 또한 가만히 있지는 않고 더 큰 소수를 찾아내어(유클리드는 소수가 끝없이 많음을 보여주었다) 이브를 궁지에 빠뜨려 상대적으로 할 일 없도록 만들 것이다.

RSA가 경이롭게 느껴질지 모른다. 그러나 이를 전적으로 신뢰하는 것은 일반인들에게조차 마치 깨어지기 쉬운 상거래용 코딩 알들을 모두 한 바구니에 담는 것 같이 불안하게 느끼게 하는 수준이다. 만일 컴퓨터 계산 능력의 획기적인 돌파구와는 대조적으로 수학적인 돌파구가 있어서 그 시스템을 취약하게 만든다면 어떻게 될 것인가? 인터넷에 있는 모든 기밀성이 하룻밤 사이에 사라지고 그 결과는 경제적 대란일 것이다!

어떤 이들은 암호 만드는 자들의 권위에 호소하여 소인수분해 문제는 난제이어서 그 안정성은 수학적 사실임을 보장받았다고 말할 수도 있다. 그러나 이것은 그렇지 않다. 그런 절대적 확신은 제공되지 않았다. 오히려 반대로 2002년 세 명의 인도 수학자(Agrawal, Kayal과 Saxena)는 소수(primality)문제, 즉 어떤 수가 소수인지 아닌지 확인하는 문제가 다항식 시간 안에 풀릴 수 있음을 증명함으로써 수학계에 충격을 주면서 경고음을 울렸다. 그들의 증명 자체는 RSA에 곧 위협을 가하지는 않을 것처럼 보이지만 그것이 또 다른 조합 문제들에 응용된다는 점에서 이브가 RSA 암호를 깨는데 직면하는 문제가 절대적 의미에서 난제가 아닐 수도 있음을 보여준다. 현재의 RSA의 안정성은 환상일 뿐임이 입증될 때를 대비하여 또 다른 트랩도어 함수나 또는 한 가지 수학적 묘수에만 의존하지 않는 다른 키 교환 방법을 찾아보는 게 가치 있는 일일 것이다. 그러나 RSA가 일반적으로 사용되는 유일한 공개키 암호 시스템은 아니다. 예를 들어 미국 국립 보안기구(US National Security Agency)는 소위 타원곡선이라 불리는 것에 기반을 둔 암호들을 사용한다.

처음 볼 때는 암호해독이 수학의 고귀한 분야로는 합당치 않아 보인다. 왜냐하면 비밀 암호에 대한 욕구는 자연 세계로부터가 아닌 우리의 순수하지 않은 본성으로부터 나오기 때문이다. 그러나 그러한 판단은 피상적이다. 정보가 저장되고 보이지 않게 숨겨져서 전달되는 것은 본질적으로 흥미로울 뿐 아니라 자연에도 이와 짝이 되는 것이 있다. 이는 DNA가 우리의 체조직 정보를 지니고 있는 것과 같은 방식이다. 실제로 다수의 과학은 남아 있는 흔적으로부터 숨어 있는 정보들을 찾아내는 것과 관련이 있다. 일반적으로 수학은, 특히 수는 우리가 보는 것과 우리가 발견하려고 찾는 것 사이의 연결 고리이다.

13장

전문가를 위한 주석

마지막 장에서는 본문에서 제시된 몇몇의 주장에 관한 수학적 세부사항을 설명한다. 난이도와 내용을 이해하는데 필요한 지식은 항목에 따라 다르지만 대부분의 독자들은 이 장에서 무언가를 얻을 수 있을 것이다. 다른 장과 달리 이 장에서는 수학적 기호를 자유롭게 사용할 것이고, 어떤 내용에서는 독자가 수학의 한두 가지 면을 잘 안다고 가정하고 서술한다.

1장

*1. 8쪽, 리만 가설과 소수(prime number)

첫 번째 주석은 이 책이 소개하는 내용 중 가장 심오한 것이고 따라서 그에 관한 설명 또한 심도 있다. 리만 제타함수는 복소 변수

z에 대한 함수 $\zeta(z)$이다. 이 함수는 실수부가 1보다 큰 모든 복소수에 대해서 다음의 식으로 정의된다.

$$\zeta(z) = \sum_{n=1}^{\infty} \frac{1}{n^z}$$

짝수 정수에 대한 리만 제타함수의 값은 오래전부터 알려졌다. 예를 들면 $\zeta(2) = \frac{\pi^2}{6}$이고, 다른 짝수 정수에 대한 값은 π의 거듭제곱에 유리수를 곱한 형태이며 현재 베르누이 수라고 알려진 수가 이 함수의 값에 등장한다. $\zeta(3)$이 무리수임을 증명한 아페리(Apery)의 업적이 수학계를 놀라게 할 정도로 홀수 정수에 대한 제타함수의 값은 아직까지 알려진 바가 거의 없다. 제타함수는 감마함수와 밀접한 연관이 있다. 감마함수는 적분으로 정의된 함수로서 계승 함수를 실수까지 일반화한 것이다. 감마함수와 제타함수의 관계를 사용하여 $\zeta(z)$를 1을 제외한 모든 복소수에 대해 정의할 수 있을 뿐만 아니라 모든 양의 정수 n에 대해 $\zeta(-2n) = 0$임을 보일 수 있다. 이 영점들을 자명한 영점들이라고 부른다. 리만 가설은 제타함수의 자명한 영점을 제외한 모든 영점의 실수부가 $\frac{1}{2}$이라는 것이다. 이 영점들은 실수부가 0보다 크고 1보다 작은 임계 띠(critical strip)에 포함된다는 사실이 알려져 있을 뿐만 아니라 지금까지 발견된 모든 영점들은 실제로 임계 선(critical line) $Re(z) = \frac{1}{2}$ 위에 놓여 있다. (그리고 무한히 많은 영점들이 이 선 위에 있음도 알려져 있다.) 만약 150년 된 이 가설이 참이라면 소수의 분포에 대한 많은 것을 알 수 있을 것이다. 대부분의 수학자들은 언제나 리만 가설을 수학에서의 가장 위대한 미해결 문제로 여겨왔고, 심지어 페르마의 마지막 정리보다 더 높게 평가했다.(페르마의 마지막 정리는 결국 와일스(Wiles)가 1995년에 해결하였다.)

제타함수와 소수의 연관성은 오일러의 간단하지만 놀라운 논증을 통해 알 수 있다. $p_1,\ p_2, \cdots$를 모든 소수의 목록(무한한)이라고 하고 z를 단위원 밖에 있는 임의의 복소수(물론 실수도 포함된다)라고 하고 다음의 무한 곱을 생각하자.

$$\left(1+\frac{1}{p_1^z}+\cdots+\frac{1}{p_k^{kz}}+\cdots\right)\left(1+\frac{1}{p_2^z}+\cdots+\frac{1}{p_2^{kz}}+\cdots\right)$$
$$\cdots\left(1+\frac{1}{p_n^z}+\cdots+\frac{1}{p_n^{kz}}+\cdots\right)\cdots$$

각 괄호 안의 전형적인 기하급수의 합은 $\dfrac{1}{1-\dfrac{1}{p_n^z}}=\dfrac{p_n^z}{p_n^z-1}$이다. 한편 괄호들을 곱하여 전개하면 전형적인 항은 $\dfrac{1}{n^z}$의 형태를 가진다. 이때 n의 값은 어떤 소수의 거듭제곱을 선택하는지에 따라 정해진다(유한개의 인수만 1이 아니고 나머지는 모두 1이다).* 모든 자연수는 소수들의 곱으로 나타낼 수 있기 때문에 모든 자연수n에 대하여 $\dfrac{1}{n^z}$항이 나타날 것이다. 이때 중요한 것은 n의 소인수분해가 유일하기 때문에 무한 곱에서 $\dfrac{1}{n^z}$은 각각의 n에 대해 오직 한 번만 나타날 것이므로 위의 무한 곱은 $\zeta(z)$가 된다. 이것으로 소수와 제타함수 사이의 연관성을 보여주는 오일러 항등식 $\zeta(z)=\displaystyle\prod_{n=1}^{\infty}\frac{p_n^z}{p_n^z-1}$을 얻을 수 있다.

제타함수를 포함하는 어떤 간단한 비율들을 사용하여 제타함수를 정수론적 함수 $s(n)$(주석 ∗2 참조) 및 $\phi(n)$(주석 ∗48과 주석 ∗56 참조)과 연관시킬 수 있다.

---

* 역자주: 예를 들어 첫 번째 괄호 안의 $\dfrac{1}{p_1^z}$과 두 번째 괄호 안의 $\dfrac{1}{p_2^z}$, 그리고 나머지 괄호 안에서는 모두 1을 곱하여 얻는 항은 $\dfrac{1}{p_1^z p_2^z}$이고, 이때 $n=p_1p_2$이다.

*2. 11쪽, 약수의 개수와 합

어떤 정수 n의 소인수분해를 $n=p_1^{r_1}p_2^{r_2}\cdots p_k^{r_k}$로 놓고 $d(n)$과 $s(n)$을 각각 n의 약수들의 개수와 n의 약수들의 합으로 놓자. 이 함수들의 값은 다음과 같다

$$d(n)=(r_1+1)(r_2+1)\cdots(r_k+1)$$

$$s(n)=\frac{p_1^{r_1+1}-1}{p_1-1}\cdot\frac{p_2^{r_2+1}-1}{p_2-1}\cdots\frac{p_k^{r_k+1}-1}{p_k-1}$$

$k=1$이라면 위 공식의 증명은 쉽다. 그 다음은 d와 s가 곱셈함수(multiplicative function)라는 사실(자명하진 않은)로부터 나온다. 양의 정수에 대해 정의된 함수 f가 곱셈함수라고 하는 것은 m,n이 서로소일 때, 즉 그들의 최대공약수가 1일 때 $f(mn)=f(m)f(n)$이 성립함을 의미한다.

*3. 13쪽, 소수(prime number)는 무수히 많다

이 명제에 대한 여러 가지 증명 가운데 유클리드의 논증이 가장 뛰어나다. $p_1, p_2, \cdots, p_k$를 처음 k개의 소수라고 하고 숫자 $n=p_1p_2\cdots p_k+1$을 생각해보자. n은 소수이거나 자신보다 작은 소수로 나누어진다. n을 나누는 소수 p가 p_1, p_2, $\cdots$, p_k 중의 하나라면 $\frac{n}{p}$의 나머지는 분수 $\frac{1}{p}$이기 때문에 p는 p_1, p_2, $\cdots$, p_k 중의 하나일 수 없다. 이로부터 p_1, p_2, $\cdots$, p_k 보다는 크고 n보다 작거나 같은 새로운 소수 q를 얻을 수 있다. 따라서 모든 소수를 포함하는 유한한 소수 목록이 존재할 수 없으므로 소수들의 수열은 끝이 없다는 결론을 얻는다. 이와 유사한 논증을 사용하면 $4n+3$, $6n+5$, $8n+5$ 형태의 소수가 무한히 많음을 보일 수 있다. 주석 *17에서

$6n+5$ 형태의 소수를 다룬다.

지금까지 알려진 소수 중 가장 큰 소수는 메르센느 소수(Mersenne prime) 중 하나이다. 메르센느 소수는 2^p-1 형태의 소수이고 여기서 p는 소수이다. 유클리드는 모든 메르센느 소수에 대하여 짝수인 완전수를 찾을 수 있음을 보였는데 그 수는 $2^{p-1}(2^p-1)$이다. 그리고 18세기에 오일러는 모든 짝수인 완전수는 이 형태임을 증명하였다. 즉 유클리드와 오일러는 메르센느 소수들과 짝수인 완전수들 사이의 일대일 대응 관계를 찾아낸 것이다. 하지만 아직까지도 홀수인 완전수가 존재하는지, 메르센느 소수들이 유한개인지 밝혀지지 않았다(독자는 메르센느 소수가 무한개라고 추측할지 모르겠지만 그것을 어떻게 증명할 수 있을까?). 메르센느 수의 임의의 약수(모든 메르센느 수가 소수인 것은 아니다. 예를 들어 $p=11$을 대입해보라.)는 $2kp+1$ 형태이므로 메르센느 수는 자연스러운 소수 후보이다. 이 사실로부터 소수가 무한히 많이 존재함을 다시 알 수 있다. 왜냐하면 2^p-1의 가장 작은 소수인 약수가 p보다 크기 때문에 p는 가장 큰 소수일 수는 없다. 이 논리를 모든 소수 p에 적용할 수 있으므로 가장 큰 소수는 존재하지 않고 소수는 무수히 많다는 결론을 내릴 수 있다.

위와 비슷한 논증을 $2^{2^n}+1(n=0, 1, 2, \cdots)$ 형태의 수인 페르마 수에 적용하면 같은 결과를 얻을 수 있다. 페르마 수의 정의를 사용하여 처음 $n-1$개의 페르마 수의 곱은 n번째 페르마 수보다 2만큼 작다는 사실을 어렵지 않게 확인할 수 있다. 이로부터 임의의 두 개의 페르마 수 F_k와 F_n의 공약수는 2를 나누고 페르마 수는 홀수이기 때문에 공약수가 1일 수밖에 없음을 알 수 있다. 따라서 임의의 두 개의 페르마 수는 서로소이다. 이 사실로부터 페르마 수들의 서로 다른 소인수들이 무수히 많으며 이로부터 소수가 무수히 많다는 것을 알 수 있다.

19세기 가우스의 한 업적은 페르마 수의 중요성을 보여준다. 그는 어떤 정다각형이 유클리드 도구로 작도 가능한 것과 그 다각형의 변의 개수가, 2의 거듭제곱을 소수인 페르마 수들의 곱에 곱한 것과 동치임을 밝혔다. 예를 들어 $F_2 = 17$이기 때문에 정17각형은 눈금 없는 자와 컴퍼스로 작도 가능한데 유클리드는 이 사실을 전혀 몰랐던 것이다. 페르마 수는 $n = 4$까지 처음 다섯 개만 소수이고 나머지는 어느 것도 소수가 아닌 듯하다.(주석 ＊18 참조)

3장

＊4. 34쪽과 40쪽, 구거법(9를 제거하기)

임의의 수는 법 9에 대하여 그 수의 자릿수의 합과 합동이다. 이 주장의 결정적인 근거는 $10^n - 1 = 999 \cdots 999$($n$개의 9)로서 9의 배수라는 사실이다. 법(modulo) 기호를 사용하여 표현하면 $10^n - 1 \equiv 0 \pmod 9$이고 따라서 $10^n \equiv 1 \pmod 9$이다. 즉 9로 나눈 나머지를 다룰 때에는 10의 거듭제곱을 1로 대체할 수 있다는 것이다. (법 등식에서도 일반 등식에서처럼 양변에 더하고, 빼고, 곱하고, 거듭제곱을 해도 법등식($\equiv$)이 성립한다. 하지만 나눗셈을 할 때는 좀 더 주의를 기울여야 한다!) 이제 임의의 수 $a = d_k d_{k-1} \cdots d_0$(각각의 d_i는 자릿수)에 대하여

$$a = d_0 + 10d_1 + 100d_2 + \cdots + 10^k d_k \equiv d_0 + d_1 + \cdots + d_k \pmod 9$$

이므로 a는 자신의 자릿수의 합과 법 9에 대하여 같음을 볼 수 있다.

동시에 9의 배수판정법(divisibility test)의 정당성도 확인하였다. 임의의 수 a는 법 9에 대해 자신의 자릿수의 합 s와 같기 때문에 9

가 a의 약수일 조건은 9가 s의 약수일 조건과 동치이다. 그러므로 a 대신 a보다 작은 수 s가 9로 나누어떨어지는지 확인하여 a가 9로 나누어떨어지는지 확인할 수 있다. 만약 10^n-1이 m의 배수임을 안다면 위의 논증을 사용하여 앞의 판정법이 m에 대해서도 성립함을 알 수 있다. 위의 논증은 명백히 $m=3$일 때도 참이므로 단번에 3의 배수판정법의 정당성 또한 확인할 수 있다.

*5. 42쪽, 7, 11, 13의 배수판정법

$10\equiv-1 \pmod{11}$이므로 $10^n\equiv(-1)^n \pmod{11}$이라는 사실이 관건이다. 이제 법 9의 경우와 같은 논증을 사용할 수 있다:

$$
\begin{aligned}
a &= d_0+10d_1+100d_2+\cdots+10^k d_k \\
&\equiv d_0-d_1+d_2-\cdots+(-1)^n d_n \pmod{11}
\end{aligned}
$$

이로부터 a의 자릿수의 교대 합이 11로 나누어떨어질 조건과 a가 11로 나누어떨어질 조건이 동치임을 알 수 있다.

7에 대한 세 자릿수 블록 판정법 또한 유사하게 $1000\equiv-1 \pmod 7$이라는 사실에 기반을 둔다. 실제로 이 판정법은 $1000\equiv-1 \pmod m$을 만족하는 임의의 수 m에 대해 성립할 것이다. 11과 13이 이러한 수임을 쉽게 확인할 수 있다. 보너스로 $1000\equiv1 \pmod{37}$임을 확인할 수 있다.($999=27\times37$이기 때문에) 37에 대해서도 유사한 판정법을 얻는데 이때는 교대부호가 없으므로 더 간단하다. 예를 들어 $105+191=296=8\times37$이므로 105와 191은 37로 나누어떨어진다.

이와 관련된 수 패턴으로 놀라운 것은 $abcabc$ 형태의 수는 어떤 수이든 7, 11과 13으로 나누어떨어지며 그 결과는 항상 abc라는 사실이다. 예를 들어 이 사실은 749749 혹은 94094(이때 $a=0$으로 둔다)에 적용된다. 거꾸로 생각해 보면 그 이유를 알 수 있다. $7\times11\times13=1001$이고 세 자리 수 abc와 1001을 곱하면

$$\begin{aligned}1001\times abc&=1000\times abc+1\times abc\\&=abc000+abc=abcabc\end{aligned}$$

＊6. 45쪽, 마법수

n번째 삼각수는 $t_n=\frac{1}{2}n(n+1)=1+2+\cdots+n$이다. 일반 $n\times n$ 마방진(magic square)은 1부터 n^2까지의 모든 수를 포함한다. 따라서 각 줄의 합은 다음과 같다.

$$\frac{1}{n}t_n^2=\frac{1}{n}\cdot\frac{1}{2}n^2(n^2+1)=\frac{1}{2}n(n^2+1)$$

그러므로 처음 다섯 개의 마법수는 1, 5, 15, 34, 65이다. 그러나 $n=2$에 대한 마방진은 존재하지 않는다.

＊7. 46쪽, 보완 마방진(Complementary Magic square)

n^2+1에서 $1, 2, \cdots, n^2$을 각각 빼면 순서만 뒤바뀐 같은 수의 집합 $n^2, n^2-1, \cdots, 1$을 얻는다. 그러므로 보완 마방진에도 1부터 n^2까지의 수가 정확히 한 번씩 나타난다. 원래의 마방진의 한 줄에 있는 수를 $a_1, a_2, \cdots, a_n$이라고 하자. 주석 ＊6에 의해 a_i들의 합은 $\frac{1}{2}n(n^2+1)$이다. 그러므로 보완 마방진에서 대응되는 줄의 합은

$$(n^2+1-a_1)+(n^2+1-a_2)+\cdots+(n^2+1-a_n)$$

$$=n(n^2+1)-(a_1+a_2+\cdots+a_n)$$

$$= n(n^2+1) - \frac{1}{2}n(n^2+1)$$

$$= \frac{1}{2}n(n^2+1)$$

이고 이 수는 n번째 마법수와 같기 때문에 보완 마방진 또한 일반 마방진이다.

∗8. 47쪽, 각 행과 열에서 수를 뽑기

본문에 묘사된 과정에 의하면 선택된 모든 수는 전 단계에서 선택된 숫자의 행과 열이 아닌 다른 행과 열에서 선택된다. 각 단계에서 새로운 행과 열에 있는 수를 선택하면 총 n개의 수를 얻는데 이를 집합 S라고 하자. 각각의 행과 열에 대응되는 숫자를 정확히 하나씩 포함한다. 집합 S의 원소의 합이 주석 ∗6의 마법수와 같음을 보이고자 한다.

각 행의 첫 번째 숫자들은 다음과 같은 수열을 이룬다.

$$1,\ n+1,\ 2n+1,\ \cdots,\ (n-1)n+1$$

이로부터 집합 S는 $(rn+1)+k,\ (0 \le r,\ k \le n-1)$ 형태의 수로 구성된다는 것을 알 수 있다. 각각의 행과 열에서 정확히 한 개의 수를 선택하기 때문에 r과 k가 가질 수 있는 모든 값들이 정확히 한 번씩 나타난다. 그러므로 집합 S의 원소의 합은

$$\sum_{r=0}^{n-1}(rn+1) + \sum_{k=0}^{n-1}k = n \cdot \frac{1}{2}n(n-1) + n + \frac{1}{2}n(n-1)$$

$$= \frac{1}{2}n((n^2-n)+2+n-1) = \frac{1}{2}n(n^2+1)$$

이고, 이 수는 n번째 마법수와 같다.

4장

*9. 53쪽, 친화수(Amicable numbers)

9세기의 페르시아 수학자 타빝(Thabit)은 친화수 쌍을 찾을 때 사용할 수 있는 놀라운 방법을 기록으로 남겼다. 이것은 메르센느 소수로부터 짝수인 완전수를 만들 때 사용하는 유클리드 공식과 유사하다. $n \geq 2$일 때 만약 세 개의 수

$$p = 3 \cdot 2^n - 1,\ q = 3 \cdot 2^{n-1} - 1,\ r = 9 \cdot 2^{2n-1} - 1$$

이 소수라면 $2^n pq$와 $2^n r$은 친화수이다. 예를 들어 $n = 2$일 때 가장 작은 짝인 $220 = 4 \times 5 \times 11$과 $284 = 4 \times 71$을 얻는다.

*10. 56쪽, 산술 삼각형(Arithmetic triangle)의 행

n명의 사람들로부터 r명의 사람을 선택하는 방법의 수를 $C(n,r)$로 나타낸다면, 본문의 논증을 사용하여 다음 식이 성립함을 알 수 있다.

$$C(n, r) = C(n-1, r-1) + C(n-1, r)$$

또한 공식 $C(n,r) = \dfrac{n!}{(n-r)!r!}$이 성립한다. 이 공식은 n개의 대상에서 r개를 선택하는 순열의 수

$$n \times (n-1) \times (n-2) \times \cdots \times (n-r+1) = \frac{n!}{(n-r)!}$$

로부터 나온다. 왜냐하면 첫 번째 대상을 뽑는 경우의 수가 n, 두 번째는 $n-1$, $\cdots$, 마지막 r번째는 $(n-(r-1)) = n-r+1$가지 중에서 선택할 수 있기 때문이다. r개의 서로 다른 대상으로 구성된

임의의 집합은 $r!$개의 순열을 발생시키므로 $C(n,r)$은 $\frac{n!}{(n-r)!}$을 $r!$로 나눈 수이다.

원소의 개수가 n개인 집합의 부분집합은 길이 n인 이진 숫자열로 부호화할 수 있다. 이 집합의 원소에 순서를 매겨 $\{a_1, a_2, \cdots, a_n\}$으로 두면 길이 n인 이진 숫자열에 있는 1은 부분집합 안에 해당되는 a_i가 있는지 말해준다. 예를 들어 만일 $n=4$이면 숫자열 0111은 부분집합 $\{a_2, a_3, a_4\}$를 나타내고 0000은 공집합을 나타낸다. 이진 숫자열의 각 자리에 들어갈 수 있는 것은 두 가지이므로 2^n개의 숫자열이 있고, 따라서 원소 n개인 집합의 부분집합은 2^n개 있다. 산술 삼각형(arithmetic triangle)의 n번째 행은 원소 n개인 집합의 모든 가능한 부분집합들과 개수가 맞먹으므로 (첫 번째 행은 $n=0$에 해당한다), $n=0, 1, 2, \cdots$에 대하여 각 행의 합은 2^n이다.

*11. 58쪽, 대각 합이 피보나치 수 f_n과 같다

여기서 주장하는 바는 $n=0, 1, 2, \cdots$에 대하여 다음 식이 성립한다는 것이다.

$$f_{n+1} = C(n, 0) + C(n-1, 1) + C(n-2, 2) + \cdots$$

이를 n에 대한 귀납법으로 증명한다. $n=0, 1$일 때 결론은 분명히 참이다. $n \geq 2$일 때 f_{n+1}의 정의와 주석 *10에 있는 이항계수의 점화식 및 $C(n,0)=1$을 사용하면 임의의 n에 대하여

$$
\begin{aligned}
&f_{n+1} = f_n + f_{n-1} \\
&= (C(n-1,0) + C(n-2,1) + \cdots) + (C(n-2.0) + C(n-3,1) + \cdots) \\
&= C(n-1,0) + (C(n-2,1) + C(n-2,0)) + (C(n-3,1) + C(n-3,0)) + \cdots
\end{aligned}
$$

$$= C(n,0) + C(n-1,1) + C(n-2,2) + \cdots$$

이므로 주장이 증명되었다.

$\ast$12. 61쪽, 황금사각형($\ast$14 참조)

$\ast$13. 63쪽, 스털링 수의 점화식

이항계수의 점화식과 유사하게 증명한다. 원소 n개인 집합을 공집합이 아닌 부분집합 r개로 분할하는 방법으로 다음 두 가지가 있다. 처음 $n-1$개의 원소를 공집합이 아닌 $r-1$개의 부분집합들로 분할하는 방법은 $S(n-1,\ r-1)$가지이고, 그 집합의 마지막 남은 원소는 r번째 부분집합이 된다. 다른 방법으로는 처음 $n-1$개의 원소를 r개의 부분집합들(공집합이 아닌)로 분할하는 방법 $S(n-1,\ r)$ 가지에다가 그 다음 남은 한 개의 원소를 r개의 부분집합 중 하나에 넣는 방법 r가지가 있다. 그러므로 최종적으로는 $n=1,\ 2,\ \cdots$일 때 다음과 같다.

$$S(n,\ r) = S(n-1,\ r-1) + rS(n-1,\ r)$$

이 식을 이용하면 스털링 삼각형의 각 줄을 바로 위의 줄로부터 계산할 수 있다.

$S(n,\ 2)$와 $S(n,\ n-1)$은 조금만 생각해보면 바로 계산할 수 있다. 원소 n개인 집합을 두 개의 부분집합으로 분할하는 것은 길이 n인 이진 끈으로 표현할 수 있다(주석 $\ast$10 참조). 1은 첫 번째 집합에 들어 있음을 의미한다. 그러면 총 2^n개의 집합의 순서쌍이 있다. 분할에서 부분집합을 나열하는 순서에는 상관이 없으므로 이 수를 2로 나누면 n 집합을 두 집합으로 나누는 분할의 가지수는 총 2^{n-1}이다. 그러나 여기서 두 집합 중 하나가 공집합인 경우를 제외하기 위해 1

을 빼야 한다. 따라서 $n=2,\ 3,\ \cdots$일 때 $S(n,\ 2)=2^{n-1}-1$이다.

다른 극단적인 경우인 n 집합을 $n-1$개의 부분집합으로 분할하는 것은 원소 두 개인 부분집합을 하나 선택하는 것에 의해 결정된다. 이를 선택하는 방법은 $C(n,\ 2)=\frac{1}{2}n(n-1)$이므로 이것이 $n-1$번째 삼각수이다.

*14. 63쪽, 피보나치 수에 대한 비네트(Binet)의 공식

f_n의 공식을 구하는 방법은 이런 형태의 선형 차분 방정식(linear difference equation) 혹은 선형 회귀식(linear recursion)을 푸는 일반적인 방법으로 만들 수 있다. 그 방법은 상수 계수를 갖는 선형 미분 방정식을 푸는 기법에 기반을 둔다. 어떤 상수 c에 대하여 $f_n=c^n$ 꼴인 $f_n=f_{n-1}+f_{n-2}$의 해를 찾고자 한다. 점화식에 대입하면 $c^n=c^{n-1}+c^{n-2}\Rightarrow c^2=c+1$을 얻는다. 따라서 해는 $\alpha=\frac{1+\sqrt{5}}{2}$, $\beta=\frac{1-\sqrt{5}}{2}$이다. 그 다음에 초기 조건 $f_0=1$, $f_1=1$ (f_0부터 시작하는 게 더 쉽다.)을 만족하는 해를 찾기 위해 $f_n=a\alpha^n+b\beta^n$로 두자. $n=0,\ 1$을 차례대로 대입하면 $a+b=0$, $a\alpha+b\beta=1$이고 이로부터 $a=\frac{1}{\sqrt{5}}, b=-\frac{1}{\sqrt{5}}$을 얻는다. 따라서 $n=0, 1, 2, \cdots$일 때 다음 공식을 얻는다.

$$f_n=\frac{1}{\sqrt{5}}\left(\frac{1+\sqrt{5}}{2}\right)^n-\frac{1}{\sqrt{5}}\left(\frac{1-\sqrt{5}}{2}\right)^n$$

이 터무니없는 공식은 피보나치 수를 계산하는 데에는 별 쓸모가 없지만 다른 결과를 얻는데 도움이 된다. 예를 들어 비 $\frac{f_{n+1}}{f_n}$의 극한이 황금비라 불리는 $\frac{1+\sqrt{5}}{2}$로 다가간다는 케플러(Kepler)의 관찰 결과를 쉽게 볼 수 있다.

이 수는 황금사각형(그림 4.4)의 짧은 변의 길이를 1로 둘 때 긴 변의 길이에 해당한다. 긴 변을 τ로 표시하자. 황금사각형의 정의에 의하면 비의 등식은 $\frac{\tau}{1}=\frac{1}{\tau-1}$이어서 $\tau^2=\tau+1$이 되어 위와 같이 $\tau=\alpha$임을 알 수 있다.

리히텐베르크 비(Lichtenberg ratio)는 변의 길이가 1과 $\sqrt{2}$인 직사각형을 긴 변의 길이가 반이 되도록 접는다. 이렇게 해서 생긴 작은 두 개의 직사각형의 긴 변 대 짧은 변의 길이의 비가

$$\frac{1}{\left(\frac{\sqrt{2}}{2}\right)}=\frac{2}{\sqrt{2}}=\sqrt{2}$$

이어서 전체적인 모양이 유지된다. 이 과정을 반복해도 종이의 모양은 변하지 않는다.

∗15. 64쪽, 순서분할(ordered partition)과 피보나치 수

음이 아닌 정수 n을 1보다 큰 정수들로 순서분할(크기순으로 분할한 조각을 나열한 것)한 것들의 분할된 개수를 a_n이라고 하자. $a_0=0,\ a_1=0,\ a_2=1,\ a_3=1,\ a_4=2, \cdots$ 이다. $n \ge 1$일 때 $a_n=f_{n-1}$, 즉 $n-1$번째 피보나치 수임을 보이고자 한다. 이는 a_n을 나열해 보면 바로 알 수 있는 사실이다. 순서분할을 요하는 마지막 n(그게 $2, 3, \cdots$ 이거나 혹은 n)을 생각하면 $n \ge 2$에 대하여 a_n이 다음 점화식을 만족함을 추론할 수 있다.

$$a_n=a_{n-2}+a_{n-3}+\cdots+a_0$$

이 식의 우변에서 첫 번째 항을 제외한 나머지 항들의 합은 같은 점화식에 의해 $n-1 \ge 2$, 즉 $n \ge 3$에 대하여 a_{n-1}과 같다. 따라서 모든 $n \ge 3$에 대하여 a_n은 피보나치 점화식 $a_n=a_{n-2}+a_{n-1}$를

만족하므로 $a_n = f_{n-1}$이다.

＊16. 68쪽, 합성수의 긴 목록

다음은 n개의 수가 연속으로 모두 합성수인 것들의 목록이다.

$$(n+1)!+2,\ (n+1)!+3,\ (n+1)!+4, \cdots,$$
$$(n+1)!+n,\ (n+1)!+n+1$$

처음 것은 2로 나누어지고 두 번째는 3으로 나누어지고 마지막 수는 $(n+1)$로 나누어지므로 이들은 모두 합성수이다.

＊17. 69쪽, $6n-1$ 형태의 소수 개수의 무한함

소수 $2, 3, \cdots, p$와 $q=(2 \cdot 3 \cdots p)-1$을 생각해보라. q는 $6n-1$ 형태이고 q의 모든 소인수들은 p보다 크다. 이 소인수들 모두가 $6n+1$ 형태일 수는 없다. 그러면 q도 그런 형태이어야 하기 때문이다. 따라서 그 가운데 $6n-1$ 형태의 소수가 적어도 하나 있다. 이를 r로 두면 $p<r \le q$이다.

＊18. 71쪽, 소수에 대한 공식

$f(x)=a_0+a_1x+\cdots+a_kx^k$이 상수가 아닌 다항식이고 $f(a)=y \ge 2$라고 하자. 그러면 $f(x)$는 항상 소수일 수는 없다. 왜냐하면 $f(a+ry)$는 y를 약수로 갖기 때문이다.

$$\begin{aligned} f(a+ry) &= a_0+a_1(a+ry)+\cdots+a_k(a+ry)^k \\ &= f(a)+y(a_1r+\cdots) \end{aligned}$$

그러므로 y는 모든 $r=0,1,2,\cdots$ 에 대하여 $f(a+ry)$의 약수이며, 모든 $f(a+ry)$가 y와 같을 수는 없으므로 그 들 중 일부는 합성수여야 한다.

본문에서 확인한 점화식은 $n=2,\ 3,\ \cdots$에 대하여 $a_1=1$, $a_n=2a_{n-1}+1$로 주어진다. 이로부터 귀납법을 쓰면 모든 n에 대하여 $a_n=2^n-1$임을 바로 증명할 수 있다, 일반적으로 $a^n\pm1$ 꼴의 식은 소수의 식으로는 항상 문제가 있다. 왜냐하면 인수분해가 되기 때문이다. 음의 부호일 경우는 기하급수의 합의 공식의 기초가 되는 식이며 다음과 같다.

$$a^n-1=(a-1)(a^{n-1}+a^{n-2}+\cdots+1).$$

이 식은 $a=2$가 아니면 a^n-1이 소수일 수 없음을 보여준다. 심지어 $a=2$인 경우에도 만일 $n=ab$로서 합성수이면 다음과 같이 인수분해가 된다.

$$2^n-1=(2^a-1)(2^{a(b-1)}+2^{a(b-2)}+2^{a(b-3)}+\cdots+2^a+1)$$

따라서 2^n-1은 합성수이다. 예를 들어 $n=15=3\times5$의 경우 $a=3, b=5$로 두면

$$32767=2^{15}-1=(2^3-1)(2^{12}+2^9+2^6+2^3+1)=7\times4681$$

이다. 그러므로 2^n-1 꼴의 수가 소수인지 확인하는 문제는 소수 p에 대한 메르센느 수 2^p-1이 소수인지 확인하는 문제로 귀착된다. 이 수들 가운데 소수가 많긴 하지만 $2^{11}-1=2{,}047=23\times89$ 과 같이 어떤 메르센느 수들은 소수가 아니다. 별 상관이 없긴 하지만 메르센느 수의 약수는 $2kp+1$ 꼴임을 보일 수 있다. $p=11$의 경우 약수는 $22k+1$ 꼴이어야 함을 알 수 있다. 그리고 실제 두 개의 약수는 $k=1$과 $k=4$이다. 이 성질은 메르센느 수들이 소수일 것으로

짐작하게 해준다. 엄밀하게 말하면 이 성질 때문에 아주 큰 소수를 찾을 때 메르센느 수를 생각한다. 1장에서 언급한 것처럼 이 책을 집필할 당시에는 44번째 메르센느 수가 지금까지 알려진 가장 큰 소수였다.*

메르센느 소수가 완전수를 찾는 문제와 연결되어 있다는 것은 유명하다. 완전수란 자신의 약수들의 합과 그 자신이 같은 수이다. 유클리드는 메르센느 소수 2^p-1이 주어지면 $2^{p-1}(2^p-1)$이 짝수로서 완전수임을 메르센의 시대보다 2000년 앞서 증명하였다. $p=2,\ 3,\ 5$일 때 값들은 첫 세 개의 완전수 6, 28, 496이다. 역으로 오일러는 모든 짝수 완전수는 메르센느 소수와 이 공식으로부터 얻게 됨을 증명하였다. 이는 짝수인 완전수를 찾는 문제를 메르센느 소수를 찾는 문제로 바꾸어 준다. 그러나 우리는 무한히 많은 메르센느 소수가 존재하는지 여부를 모른다. 게다가 홀수인 완전수가 있는지 그 존재 여부도 모른다. 홀수 완전수에 대해 엄청 많은 제한 조건을 가하여 몇 가지 결과들을 얻은 게 있긴 하지만 실제 존재 여부는 모른다. 예를 들어 오일러는 홀수인 완전수가 있다면 $p^{4k+1}Q^2$ 꼴이어야 함을 알았다. 여기서 p는 $4n+1$ 꼴의 소수이다. 2005년 해어(Hare)는 홀수 완전수는 적어도 일흔다섯 개의 소인수를 가져야 함을 보였고, 그 다음해에 네일센(Neilsen)은 적어도 아홉 개의 서로 다른 소수들이 그 수를 나누어야 함을 증명하였다. 우리는 10^{300}보다 작은 홀수 완전수는 없음을 알고 있다. 이런 종류의 뉴스는 울프램(Wolfram)의 World of Mathematics 웹 페이지에서 더 많이 볼 수 있다.

a^n+1 꼴의 수에 관해서는 우선 a가 홀수이면 이 수는 짝수이므로 a가 짝수인 경우만 생각하면 된다. 그러나 만일 n이 홀수 약

---

* 이 책을 번역하는 시점에는 51번째 메르센느 수가 소수임이 알려졌다.

수를 갖는다면, $n=mt$이고 m은 홀수라고 하자. 그러면 다음과 같이 특이한 인수분해 식을 얻는다.

$$a^n+1=(a^t+1)(a^{(m-1)t}-a^{(m-2)t}+a^{(m-3)t}-\cdots+1)$$

예를 들어 $a=2$이고 $n=11$로서 $m=11$이고 $t=1$이면

$$2^{11}+1=2{,}049=(2^1+1)(2^{10}-2^9+2^8-\cdots+1)=3\times 683$$

이다. 이 인수분해에서 양과 음의 부호가 교대로 나타나서 $a+1$로 끝나려면 m은 홀수여야 한다. 그래야만 식의 우변이 좌변과 정확하게 같아진다. 결론적으로 a^n+1은 a가 짝수이고 n이 2의 거듭제곱이 아닌 한 소수의 식이 될 수 없다. $a=2$이면 문제의 수는 $F_n=2^{2^n}+1$ 꼴이고, 이는 페르마 수로 알려져 있다.

이 수들은 가우스가 십대 소년시절에 증명한 다음의 사실 때문에 중요하다. 정다각형을 컴퍼스와 눈금 없는 자로 작도할 수 있다는 것과 그 변의 수가 페르마 소수에 2의 거듭제곱을 곱한 것과 같다는 것이 동치이다.(2의 거듭제곱이 등장하는 이유는 정다각형의 모든 변을 이등분할 수 있어서 변의 수는 2배, 4배, 8배가 될 수 있기 때문이다.) $n=1$인 경우는 정오각형이고, 이는 《유클리드의 원론(Euclid's Elements)》에서 주요하게 다루어지는데 황금비의 작도에 근거한다. 가우스는 17각형을 직접 작도함으로써 자신의 증명을 공표하였는데 이는 $n=2$인 경우이다. 257각형인 F_3를 작도하는 업적은 1832년 리헬롯(Richelot)와 슈벤덴바인(Schwendenwein)이 남겼다. 그 다음인 65537각형은 헤르메스(J. Hermes)가 10년이 걸려서 한 다음 그의 역작을 상자에 넣어 괴팅겐 대학(University of Gottingen)에 보관했는데 아직도 거기 있을지 모른다. $n=4$ 다음의 페르마 수가 소수인지 여부가 알려졌는데 모두 합성수임이 밝혀졌다. 따라서 그 수들은 적어도 어마어마하게 큰 수인 F_{16}까지는 더

이상 작도가능한 정다각형을 주지 않는다. 그래서 헤르메스의 업적을 능가할 수 없게 되었다고 해도 될 것 같다.

F_5가 소수가 아닌 것은 오일러가 밝혔는데 그는

$$F_5 = 2^{32} + 1 = 4294967297 = 641 \times 6700417$$

이고 따라서 페르마 수가 소수의 공식은 아님을 지적하였다. 641이 소수임은 쉽게 확인할 수 있다.(그 제곱근보다 큰 수인 23 이하의 소인수가 없다.) 그 수가 F_5와 특별한 관계가 있음은 $641 = 2^4 + 5^4 = 5 \times 2^7 + 1$라는 사실로부터 짐작할 수 있다. 소수를 법으로 하는 법 연산은 합동기호를 사용하여 일반 연산처럼 더하기 빼기 곱하기, 특히 중요한 나누기까지 할 수 있는 유한체를 제시한다. 이로부터 아래의 641을 법으로 하는 놀라운 결과를 볼 수 있다.

$$2^4 + 5^4 \equiv 0 \ \Rightarrow \ \frac{2^4}{5^4} + 1 \equiv 0 \ \Rightarrow \ \frac{2^4}{5^4} \equiv -1 \pmod{641}$$

두 번째 관계식은 다음과 같이 표현될 수 있다.

$$5 \times 2^7 + 1 \equiv 0 \ \Rightarrow \ 5 \times 2^7 \equiv -1 \ \Rightarrow \ 2^7 \equiv -\frac{1}{5} \pmod{641}$$

양변에 2를 곱하여

$$2^8 \equiv -\frac{2}{5} \pmod{641}$$

을 얻는다. 양변을 4제곱하면

$$2^{32} = \left(-\frac{2}{5}\right)^4 = \frac{2^4}{5^4} \pmod{641}$$

이 되고 위의 첫 번째 식으로부터 $2^{32} \equiv -1 \pmod{641}$, 즉

$$F_5 = 2^{32} + 1 \equiv 0 \pmod{641}$$

을 얻는다. 즉 다섯 번째 페르마 수는 641을 약수로 가지므로 소수가 아니다.

*19. 72쪽, 페르마의 작은 보조정리

페르마의 작은 보조정리는 a와 a^p를 p로 나눈 나머지가 같다는 것이다. 일반적인 증명과는 아주 다른 증명을 하고자 한다. a가지 색깔의 구슬이 있다고 하자. 그러면 구슬을 한 줄에 p개씩 늘어놓을 때 서로 다른 줄 a^p개를 만들 수 있다. 한 가지 색으로만 이루어지지 않은 줄의 수는 $b = a^p - a$개다. 각 줄을 꿰어 목걸이로 만들 때, 즉 구슬로 원을 만들 때 두 줄이 같은 목걸이를 만들게 되면 두 줄이 동치라고 하자. 각 줄과 동치인 줄의 개수는 p를 초과할 수 없다. 사실 정확하게 p개의 줄이 서로 동치이다. 한 개의 목걸이는 p개의 구슬로 이루어져 있으므로 목걸이를 풀어서 구슬을 한 줄로 세우면 기껏해야 p가지 서로 다른 줄이 나올 수 있다. 한편 목걸이를 풀었을 때 두 줄이 같으려면 n개의 구슬로 된 줄이 m번 반복되어 $mn = p$일 때만 가능하다. 예를 들어 푸른색 구슬을 B, 노란색 구슬을 Y로 표시하면 아래의 여섯 가지 줄은 모두 같은 목걸이를 만들 것이다.

$$BYBYYB,\ YBYYBB,\ BYYBBY,\ YYBBYB,$$
$$YBBYBY,\ BBYBYY$$

각 줄은 바로 앞에 있는 줄에서 제일 왼쪽에 있는 구슬을 오른쪽끝으로 옮기면 얻어진다. 첫 번째 줄도 마찬가지로 마지막 줄에서 같은 작업을 하면 얻어진다. 그러므로 이 여섯 개의 줄들은 동치이다. 그러나 $BYYBYY$의 경우는 세 가지의 서로 다른 줄

$$BYYBYY,\ YYBYYB,\ YBYYBY$$

이 나오고 그 다음은 다시 $BYYBYY$가 된다. 이런 현상은 한 줄이 좀 더 짧은 패턴의 반복으로 이루어질 때만 일어난다. p가 소수이면 이런 일이 있을 수 없다. 왜냐하면 $m=1$이거나 $m=p$이여야 하고 목걸이는 단색은 아니기 때문에 $m \neq p$이다. 그러면 $m=1$이어야 하고 p는 $b=a^p-a$의 약수이다. 왜냐하면 b개의 줄들을 p개씩 서로 겹치지 않게 분류할 수 있기 때문이다. 그러므로 a^p와 a를 소수 p로 나눈 나머지는 같다.

일반적인 증명은 $(p-1)!$을 p로 나눈 나머지의 특성을 이용한다. 또 다른 증명은 이항계수의 인수를 이용하여 a에 대한 귀납법으로 한다. 두 증명 모두 상당히 짧다.

5장

*20. 85쪽, 기하평균과 조화평균: 근에 대한 헤론의 공식

$$\frac{1}{H}=\frac{1}{2}\left(\frac{1}{a}+\frac{1}{b}\right) \Rightarrow \frac{2}{H}=\frac{b+a}{ab} \Rightarrow H=\frac{2ab}{a+b}$$

다음으로 $G \leq A$임을 보인다. 먼저

$$(\sqrt{a}-\sqrt{b})^2 \geq 0 \Rightarrow a+b-2\sqrt{ab} \geq 0 \Rightarrow A \geq G$$

가 성립하고 $a=b=A=G$일 때만 등호가 성립함을 관찰하자.

비슷한 방법으로 $H \leq G$가 성립함을 보일 수 있다.

$$(a-b)^2 \geq 0 \Rightarrow a^2+b^2 \geq 2ab \Rightarrow (a+b)^2 \geq 4ab$$

$$\Rightarrow ab(a+b)^2 \geq 4a^2b^2 \Rightarrow ab \geq \frac{4a^2b^2}{(a+b)^2}$$

그런다음 양변에 제곱근을 취하면 $G \geq H$를 얻을 수 있다. 식에 등장하는 모든 수가 같을 때만 등호가 성립한다.

$\sqrt{2}$를 계산하기 위한 헤론의 반복법에서는 먼저 $a_0 = a$로 추측한 다음, $a_n = \frac{1}{2}\left(a_{n-1} + \frac{2}{a_{n-1}}\right)$을 사용하여 그 다음 n값에 대해 순차적으로 값을 계산한다. 이 방법을 사용하면 처음 값을 어떤 양수로 놓든 상관없이 단 몇 번만 계속하면 $\sqrt{2}$의 훌륭한 근삿값을 얻을 수 있다. 위의 방법은 사실 뉴턴-랩슨(Newton-Raphson)의 방법을 함수 $y = x^2$*에 적용하는 특수한 경우이다. 뉴턴-랩슨의 방법에서는 주어진 함수의 근을 찾기 위해 먼저 주어진 시작점에서 곡선의 접선의 x절편으로 근의 근삿값을 구한 다음 이 x절편을 사용하여 앞의 과정을 반복한다. 헤론의 방법이 수렴한다는 사실은 부등식 $H \leq G \leq A$에 $a = a_{n-1}$과 $b = \frac{2}{a_{n-1}}$를 대입하여 확인할 수 있다. 계산하면 다음을 얻는다.

$$\frac{4}{a_{n-1} + \frac{2}{a_{n-1}}} \leq \sqrt{2} \leq \frac{a_{n-1} + \frac{2}{a_{n-1}}}{2} \Rightarrow \frac{2}{a_n} \leq \sqrt{2} \leq a_n$$

따라서 $n \geq 1$일 때 $a_n \geq \sqrt{2}$이다(a_0의 값이 무엇이든 상관없이). a_{n+1}은 이 부등식 양 끝에 있는 두 수의 평균이므로 $a_n \geq a_{n+1} \geq \sqrt{2}$가 성립한다. 이로부터 새로운 근삿값 a_{n+1}에서 $\sqrt{2}$까지 거리는 이전의 근삿값 a_n에서 $\sqrt{2}$까지 거리의 절반보다 작다는 사실을 알 수 있으므로 헤론 반복법으로 얻은 수열의 극한값은 실제로 $\sqrt{2}$임을 추론하게 된다.

*역자주: $y = x^2 - 2$여야 함.

6장

*21. 92쪽, $(-1)\times(-1)=1$

이 사실을 대수학의 기본 법칙의 결과로서 유도한다. 정수가 다음 성질을 만족한다고 가정한다.

덧셈과 곱셈의 교환법칙: $a+b=b+a,\ ab=ba$

덧셈과 곱셈의 결합법칙:

$$a+(b+c)=(a+b)+c,\ (ab)c=a(bc)$$

덧셈과 곱셈의 분배법칙: $a(b+c)=ab+ac$

0이 덧셈에 대한 항등원이라고 가정할 것이고, 이것은 $a+0=a$이 언제나 참임을 의미한다. 또한 임의의 a에 대해 덧셈에 대한 역원 $-a$가 유일하게 존재하여 $a+(-a)=0$이 성립하고, 1이 곱셈에 대한 항등원이어서 $a\times 1=1$이 항상 참임을 가정한다.

위의 성질들을 자유롭게 사용할 것이다. 다음으로 임의의 수 a에 대하여 $a\times 0=0$이 성립함을 보이자. $b=a\times 0$으로 놓으면

$$b=a\times 0=a\times(0+0)=a\times 0+a\times 0=b+b$$

이다. 이제

$$\begin{aligned} b=b+b\ &\Rightarrow\ b+(-b)=(b+b)+(-b)\\ &\Rightarrow\ 0=b+(b+(-b))=b+0=b \end{aligned}$$

즉 주장한 대로 $b=a\times 0=0$을 얻는다. 따라서 $(-1)\times 0=0$이 되어 다음 결과를 얻는다.

$$\begin{aligned} &0=(-1)\times 0=(-1)\times((-1)+1)=(-1)\times(-1)+(-1)\times 1\\ &\Rightarrow(-1)\times(-1)+(-1)=0 \end{aligned}$$

위 방정식의 양 변에 1을 더하고 덧셈에 대한 결합법칙을 사용하

여 괄호들을 재정리하면 원하던 결과 $(-1)\times(-1)=1$을 얻는다.

*22. 94쪽 및 각주, 이집트 분수와 아크밈 파피루스

분수 $\frac{m}{n}$이 단위분수가 아니면서 진분수이고 약분되어 있다고 가정하자. $n=km+r$로 쓸 수 있고, 이때 $1\le r\le m-1$이고 $k\ge 1$이다. (분수가 약분되어 있고 $0<\frac{m}{n}<1$, $m\ge 2$이기 때문에 r, k 둘 다 1 이상이다.) $\frac{m}{n}$보다 작은 단위분수 중 가장 큰 수는 $\frac{1}{k+1}$이다, 왜냐하면

$$km<n=km+r<km+m=m(k+1)$$

에서 역수를 취하면(이때 부등호의 방향이 반대로 바뀐다) 다음을 얻는다.

$$\frac{1}{km}>\frac{1}{n}>\frac{1}{m(k+1)}\Rightarrow\frac{1}{k+1}<\frac{m}{n}<\frac{1}{k}$$

즉 $\frac{1}{k+1}$ 다음으로 큰 분수 $\frac{1}{k}$은 너무 크기 때문에 $\frac{1}{k+1}$이 $\frac{m}{n}$보다 작은 단위분수 중 가장 크다. 이 단위분수를 빼면

$$\frac{m}{n}-\frac{1}{k+1}=\frac{m(k+1)-n}{n(k+1)}=\frac{m(k+1)-(mk+r)}{n(k+1)}$$
$$=\frac{mk+m-mk-r}{n(k+1)}=\frac{m-r}{n(k+1)}$$

이다. 여기서 중요한 것은 분자가 m에서 $m-r$로 변했다는 사실이다. r이 양수이기 때문에 분자가 작아졌고 $r<m$이기 때문에 $m-r$은 양수이다. 따라서 이 과정을 반복하면 뺀 결과로 얻는 분수의 분자 $m-r$은 $m-1$ 단계 혹은 그 이전에 1이 될 것이다.

이제 다음 단계에서 뺄 단위분수는 언제나 이전 단계보다 작다

는 것만 주목하면 된다.(이것을 보이면 이집트 분수 표현에서 나타나는 모든 단위분수들이 서로 달라야 한다는 조건이 만족될 것이다.) 위의 조건들에 의해서 그 다음 역수가 이전 것보다 크거나 같을 수 없다. 왜냐하면 $\frac{m}{n}$이 진분수이므로 $m < n$이고 $k+1 \leq 2k \Leftrightarrow 1 \leq k$이 참이다. 이는 부등식 $\frac{m}{n} < \frac{1}{k} \leq \frac{2}{k+1}$과 동치이고 따라서

$$\frac{1}{k+1} + \frac{1}{k+1} = \frac{2}{k+1} > \frac{m}{n}$$

이기 때문이다.*

예를 들어 위의 과정을 $\frac{9}{20}$에 적용해 보면, $20 = 2 \times 9 + 2$이 성립하여 $m = 9,\ n = 20,\ k = 2 = r$이고 $\frac{1}{k+1} = \frac{1}{3}$을 얻는다.

또한 $\frac{9}{20} - \frac{1}{3} = \frac{7}{60}$이 성립하여 분자가 9에서 7로 줄어들었음을 알 수 있다. 이 알고리즘을 반복하면 $60 = 8 \times 7 + 4$에서 $m = 7$, $n = 60$을 얻고 $\frac{7}{60} - \frac{1}{9} = \frac{1}{180}$이 성립한다. 이로부터 이집트 분수 표현 $\frac{9}{20} = \frac{1}{3} + \frac{1}{9} + \frac{1}{180}$을 얻는다.

이 방법은 언제나 사용 가능하지만, 나일강의 도시 아크밈에서 발견된 기원후 500-800년경의 것으로 추정되는 그리스 파피루스에 기록된 방법을 사용하여 더 나은 분해인 $\frac{9}{20} = \frac{1}{4} + \frac{1}{5}$을 얻을 수 있다. 이 기법은 현대의 표기법을 사용하면 다음과 같은 항등식으로 나타낼 수 있다.

$$\frac{m}{pq} = \frac{m}{p(p+q)} + \frac{m}{q(p+q)}$$

이를 $m = 9,\ p = 4,\ q = 5$에 적용하면 바로

---

* 역자주: $\frac{1}{k+1} + \frac{1}{k+1} = \frac{2}{k+1} > \frac{m}{n} \Rightarrow \frac{m}{n} - \frac{1}{k+1} < \frac{1}{k+1}$이므로 그 다음에 뺄 단위분수가 $\frac{1}{k+1}$보다 작은 수임을 짐작할 수 있다.

$$\frac{9}{20}=\frac{9}{4\times 9}+\frac{9}{5\times 9}=\frac{1}{4}+\frac{1}{5}$$

을 얻을 수 있다.

두 번째 보기로 $\frac{2}{99}=\frac{2}{9}\times\frac{1}{11}$을 분해하자. 아크밈 방법을 $\frac{2}{9}$에 적용하기 위해 $m=2$, $p=1$, $q=9$로 두면

$$\frac{2}{9}=\frac{2}{1\times 10}+\frac{2}{9\times 10}=\frac{1}{5}+\frac{1}{45}$$

을 얻고 이로부터 분해 $\frac{2}{99}=\frac{1}{55}+\frac{1}{495}$을 얻는다.

이때 항상 가장 큰 역수를 빼는 기법을 사용하면 분해 $\frac{2}{99}=\frac{1}{50}+\frac{1}{4950}$을 얻는다. 이를 다른 단위분수의 짝의 합으로 분해할 수 있다.

＊23. 98쪽 각주, 비둘기집 원리

비둘기집 원리는 단순한 발상이지만 무한, 혹은 유한한 수학적 구조에서의 필연성에 관한 결과를 증명할 때 다양한 형태로 자주 쓰인다. 두 개의 보기를 들어보자. 1부터 $2n$까지의 양의 정수 중 임의의 $n+1$개의 수를 선택하면 선택한 수 중 하나는 다른 수의 약수가 된다. 만약 $n+1$ 대신 n개를 선택하는 것으로 바꾸면 $n+1$, $n+2$, $\cdots$, $2n$을 선택할 수 있어 이 주장이 성립하지 않음을 볼 수 있다.

위 주장을 증명하기 위해서 먼저 임의의 수 m을 홀수인 t와 $k\geq 0$인 수를 사용하여 $m=2^k t$의 형태로 나타낼 수 있음을 관찰하자. 만약 m이 홀수라면 지수 k는 정확히 0이 될 것이고 m이 2의 거듭제곱이면 t는 1이 될 것이다. m이 1과 $2n$ 사이의 수라면 홀수 약수 t도 그 사이의 수이다. 그러나 그 사이에 서로 다른 홀수는 오직 n개뿐이므로 크기가 $n+1$인 집합에는 비둘기집 원리에 의

해 두 개의 서로 다른 수가 같은 홀수 약수 t를 가진다. 이 두 수를 m_1과 m_2라고 하면 $m_1 = 2^{k_1}t$, $m_2 = 2^{k_2}t$이다. 두 수 중 작은 수가 다른 수의 약수가 되기 때문에 원하는 결과를 얻는다.

두 번째 보기는 임의의 여덟 개의 수 중 두 수의 합이나 차가 13의 배수가 되는 짝이 반드시 존재한다는 주장을 증명하는 것이다. 일곱 개의 수, 예를 들어 0, 1, 2, 3, 4, 5, 6에 대해서는 성립하지 않으므로 이 주장은 최적의 결과라고 할 수 있다.

여덟 개의 정수 중 두 수가 법 13에 대해 합동이면 두 수의 차가 13의 배수이기 때문에, 어떠한 두 수도 법 13에 대해 합동이 아니라고 가정하자. 그러면 13으로 나누어지지 않는 일곱 개의 수 b_1, b_2, $\cdots$, b_7가 존재하고 나머지 수 하나를 a로 표기하자. $a \pm b_i (1 \le i \le 7)$ 형태의 열네 개의 수(서로 다르지 않을 수도 있다)를 고려하자. 비둘기집 원리를 적용하면 두 개의 첨자 i, j에 대해서 $a \pm b_i \equiv a \pm b_j (\mathrm{mod}\ 13)$이 성립한다.(등호 양변의 ±부호가 서로 일치할 필요가 없음을 주의하라.) 만약 $i = j$라면 $2b_i$가 13으로 나누어지고 b_i가 13으로 나누어져서 이것은 정수 b_i를 선택한 조건에 모순이 된다. 만약 $i \neq j$라면 $b_i + b_j \equiv 0 (\mathrm{mod}\ 13)$이거나 $b_i - b_j \equiv 0 (\mathrm{mod}\ 13)$이 되어 원하는 결과를 얻는다.

만약 위와 같은 종류의 문제를 풀어보고 싶다면 다음을 시도해 보는 것도 좋다. 1, 2, $\cdots$, $2n$에서 선택한 임의의 $n+1$개의 수 중 적어도 두 개의 수는 공약수를 가지지 않는다.

*24. 98쪽, 순환소수를 분수로 바꾸기

이 아이디어는 보기를 통해 이해하는 것이 제일 좋지만 다음과 같이 설명할 수도 있다. 수 a가 순환소수로 표현됐다고 가정하자. 만약 순환마디의 길이가 n이라면 a에 10^n을 곱한다. $10^n a - a$를 계산하면 순환하는 부분은 없어진다. 이 방정식을 a에 대해서 풀면 a를 일반적인 분수로 표현할 수 있고, 가능한 한도 내에서 약분할 수 있다. 예를 들어 $a=0.6\overline{81}\cdots$이면 순환마디의 길이는 2이므로 다음과 같이 계산할 수 있다.

$$100a-a=99a=68.1\overline{81}-0.6\overline{81}=67.5$$

$$\Rightarrow \ 990a=675 \ \Rightarrow \ a=\frac{675}{990}=\frac{15}{22}$$

*25. 99쪽, 순환하지 않는 소수는 무리수이다

이 사실은 종종 '임의의 $k \geq 2$에 대해 $\sum_{n=1}^{\infty} k^{-n(n+1)}$이 무리수임을 보여라.'와 같이 쉽지 않은 문제의 단서가 된다. 이 숫자를 k진법으로 나타내면 순환하지 않는 소수 $0.0100010\cdots$을 얻기 때문에 바로 문제를 풀 수 있다.

*26. 100쪽, 피타고라스 정리를 쓰지 않고 정사각형의 변 길이가 $\sqrt{2}$임을 보이기

먼저 변의 길이가 2인 정사각형의 중앙에 십자가를 그려 사각형을 변의 길이가 1인 네 개의 정사각형으로 나눈다. 원래의 사각형의 각 변의 중점을 연결하되 작은 사각형의 대각선이 되도록 하여 이 대각선들로 이루어진 정사각형을 생각해보라. 큰 사각형의 넓이는 4이다. 각각의 대각선은 작은 사각형을 동일한 두 개의 삼각형으로 나누기 때문에 이 사각형은 큰 사각형의 넓이의 반을 차지하고 넓이는 2이다. 이 사각형의 변 s는 변의 길이가 1인 직각 이등변 삼각형의 빗변이다. 즉 $s^2=2$임을 확인한 것이므로 각각의 작은 정사각형의 빗변의 길이는 $\sqrt{2}$이다. 이 고대 인도인들의 논증은 피타고라스 정리를 사용하지 않는다.

*27. 101쪽, n제곱근은 무리수이다 $(n \geq 2)$

$k^{\frac{1}{n}} = \frac{a}{b}$라고 가정하자. 여기서 모든 기호는 양의 정수를 나타낸다. 그러면 k는 n제곱, 즉 $k = t^n$이고 따라서 $t = \frac{a}{b}$가 정수임을 보일 것이다. 이를 증명할 때 임의의 정수의 소인수분해가 유일하다는 산술의 기본정리(Fundamental Theorem of Arithmetic)를 암묵적으로 사용할 것이다.

위의 방정식으로부터 식 $a^n = kb^n$을 얻을 수 있다. p를 k의 소인수라고 하면 p를 약수로 갖지 않는 수 l이 있어서 $k = p^m l$로 나타낼 수 있다. a^n, b^n의 지수가 모두 n이기 때문에 음이 아닌 정수 r과 s, 그리고 p의 배수가 아닌 정수 c와 d가 존재하여 $a^n = p^{rn}c$, $b^n = p^{sn}d$이 된다. 이 방정식들에서 p의 지수를 비교하면 산술의 기본정리에 의해

$$rn = sn + m \Rightarrow m = n(r - s)$$

를 얻는다. 즉 k를 나누는 p의 가장 큰 거듭제곱 p^m의 지수 m이 n의 배수이다. 이것이 k의 모든 소인수 p에 대해 성립하므로 k 자신이 n제곱수임을 알 수 있다.

그러므로 양의 정수의 n제곱근은 정수이거나 무리수이다.

7장

*28. 109쪽, 대수적 수의 집합은 가산집합이다

이를 증명하려면 다항식 $p(x) = a_0 + a_1 x + a_2 x^2 + \cdots + a_n x^n$이

기껏해야 n개의 근을 가진다는 사실이 필요하다. 즉 방정식 $p(x)=0$의 해는 기껏해야 n개이다. 이것은 n에 대한 귀납법으로 증명할 수 있다, $n=1$일 때는 자명하므로 $n \geq 2$라고 가정하자. 만약 $p(x)$가 한 근 r을 가지면 인수정리에 의해 $p(x)=(x-r)q(x)$로 쓸 수 있고 이때 $q(x)$는 차수가 $n-1$인 다항식이고 귀납법 가정에 의해 기껏해야 $n-1$개의 근을 갖는다. 만약 $p(a)=0$이라면 $a-r=0$ 즉 $a=r$이거나 $q(a)=0$ 즉 a가 $q(x)$의 근 중 하나이다. 그러므로 $p(x)$는 기껏해야 $1+(n-1)=n$개의 근을 갖는다.

a가 대수적 수라고 가정하면 차수가 n인 유리계수 다항식 $p(x)$가 존재하여 $p(a)=0$이 성립한다. 이때 p는 위에서 제시한 형태를 갖는다고 하자. $p(x)$의 모든 계수 a_i들의 분모의 곱을 등식 $p(x)=0$의 양변에 곱하면 a는 $p(x)$와 같은 차수를 갖는 정수 계수 다항식의 근임을 알 수 있다. 따라서 대수적 수란 바로 정수 계수 다항식의 근이라고 결론을 내릴 수 있다. 정수 계수 다항식들의 집합을 P로 표기할 것이다.

P의 원소 중 차수가 n 이하이고 계수 a_i들이 $-n \leq a_i \leq n$을 만족하는 다항식의 집합을 P_n으로 두자. 각각의 n에 대해서 P_n은 유한집합이다.(각각의 a_i는 $2n+1$개의 수 중에서 선택할 수 있고 계수는 총 $n+1$개이므로 $|P_n|=(2n+1)^{(n+1)}$이다.) P_n의 원소들의 근들의 집합을 A_n으로 두자. P_n의 각각의 원소는 기껏해야 n개의 근을 가지므로 A_n의 크기는 유한하다.(사실 $|A_n| \leq n(2n+1)^{(n+1)}$이 성립한다.) 모든 대수적 수는 어떤 A_n의 원소이기 때문에 (유한한) A_1의 모든 원소를 취하고, 다음으로 A_2의 모든 원소를(A_1에 들어 있는 것은 제외할 수도 있다), 그리고 A_3의 모든 원소를 취하는 것을 계속하여 모든 대수적 수의 목록을 만들 수 있다. 그러므로 대수적 수들의 집합은 가산집합이다.

이로부터 모든 초월수(대수적 수가 아닌 수)들의 집합 T가 비가산집합임을 알 수 있다. 만약 T가 가산집합이라면 S(대수적 수의 집합)와 T의 원소들의 목록을 각각 만든 다음 각 집합에서 원소들을 하나씩 번갈아서, 즉 S에서 한 개 취한 다음 T에서 한 개 취하고 그 다음은 S에서, 그 다음은 T에서, 이렇게 계속하여 취하여 두 집합의 합집합 $S \cup T$의 모든 원소들의 목록을 만들 수 있다. 그런데 $S \cup T$는 실수의 집합이고 칸토어의 논증에 의하면 실수는 비가산집합이므로 모든 초월수들의 집합은 비가산집합이다.

＊29. 110쪽, 집합 짝짓기: 슈뢰더-베른슈타인 정리

유한집합에 대해서는 한 집합 A에서 다른 집합 B로 가는 단사 함수가 존재하면 집합 A의 원소의 개수가 집합 B보다 많지 않다고 말할 수 있다. 이 정의를 무한집합에 적용하려면, 만약 A가 B보다 크지 않고 B 또한 A보다 크지 않다면 A와 B가 같은 기수를 갖는다고 할 수 있어야 한다. 하지만 이 사실은 명백하지 않고 증명을 할 필요가 있다. 우리가 원하는 정리는 다음과 같다. 만약 A에서 B로 가는 단사 함수가 존재하고 B에서 A로 가는 단사 함수가 존재하면(함수들의 치역은 각각 B와 A의 부분집합일 수도 있다) A의 원소들과 B의 원소들 사이에 일대일 대응이 존재한다. 이 사실은 슈뢰더-베른슈타인 정리(Schröder-Bernstein Theorem)로 알려져 있고 일반 집합론 수업에서 증명하는 기초적 결과중 하나이다.

＊30. 110쪽, 부분집합들로 이루어진 집합의 기수

양의 정수의 부분집합으로서 모든 홀수로 이루어진 것을 예로 들어보자. 우리는 이 집합을 0과 1로 이루어진 무한한 숫자열로 '코드화'할 수 있다. 이 경우 관련된 숫자열은 101010…이고 이때 1은 이 부분집합에 논의되고 있는 어떤 수가 들어 있음을 의미하고 0은 그 반대를 나타낸다(주석 ＊10 참고). 이 숫자열의 첫 번째, 세 번째, 다섯 번째 등등의 자리에 1이 있으므로 이 숫자열은 1, 3, 5 등으로 이루어진 부분집합을 가리킨다. 소수(prime)로 이루어진 부분집합에 대응되는 숫자열의 시작 부분은 01101010001…이다. 모든 소수를 알지는 못하므로 이 숫자열이 어떻게 계속될지 알 수 없지만 양의 정수의 집합의 모든 부분집합에 대응되는 숫자열이 있는 것처럼 소수들에 대응되는 숫자열 또한 있다. 심지어 유한한 부분집합들에도 있다. 예를 들어 숫자 2로만 구성된 부분집합은 숫자열 01000…을 가진다.

0과 1로 이루어진 임의의 숫자열 앞에 소수점을 찍어서 그 숫자열을 이진법으로 표기된 0과 1 사이의 숫자로 생각할 수 있다.(예를 들어 바로 앞에 주어진 집합 {2}의 문자열은 숫자 $\frac{1}{4}$에 대응된다. 왜냐하면 하나뿐인 1이 $\frac{1}{2^2}$을 나타내기 때문이다.) 이진법을 사용하는 게 별로 즐겁지 않다면, 우리 중에 그런 사람은 거의 없지만, 겁낼 건 없다. 그걸 언급한 이유는 단지 양의 정수들의 모든 부분집합들을 모은 것과 0과 1 사이의 모든 숫자들의 집합 사이에 일대일 대응 관계가 있다는 결론을 내기 위한 것뿐이다. 이진법 표현은 이를 증명하기 위한 하나의 책략, 혹은 묘수에 불과하다. 우리가 만든 일대일 대응은 임의적인 것으로 그 자체에는 실질적인 의미나 흥미로운 것이 없고 다만 그 집합들을 짝지어 준다. 0과 1 사이의 모든 실수들의 집합은 비가산집합이므로 양의 정수의 부분집합들로 이루어진 집합 또한 비가산집합이다. 이는 어떤 집합의 모든 부분집합들로 이루어진 집합은 언제나 원래 집합보다 커서 이 둘은 서로 짝지을 수 없다는 일반적인 현상을 보여주는 무한집합에 관한 하나의 예시이다. 부분집합들의 집합은 너무 커서 원래 집합보다 더 큰 기수를 갖는다.

*31. 112쪽, e는 무리수이다

$e=1+\frac{1}{1!}+\frac{1}{2!}+\frac{1}{3!}+\cdots$으로 나타내자. 이 급수가 매우 빨리 수렴한다는 사실을 사용해서 이 급수의 값이 유리수가 될 수 없음을 보일 것이다. 그 반대, 즉 양의 정수 p, q가 존재하여 $e=\frac{p}{q}$라고 가정하자. 이 수열을 두 부분, 즉 첫 번째 부분은 $\frac{1}{q!}$까지의 합, 그리고 두 번째 부분은 그 나머지로 나누면

$$\frac{p}{q}=\left(1+\frac{1}{1!}+\cdots+\frac{1}{q!}\right)+\left(\frac{1}{(q+1)!}+\frac{1}{(q+2)!}+\cdots\right)$$

가 되며, 양변에 $q!$을 곱하면 다음을 얻는다.

$$p(q-1)!=\left(q!+\frac{q!}{1!}+\frac{q!}{2}+\cdots+q+1\right)+\left(\frac{1}{q+1}+\frac{1}{(q+1)(q+2)}+\cdots\right)$$

이 방정식의 좌변은 정수이고 우변의 첫 번째 괄호 안의 모든 수 또한 정수이다. 그러므로 우변의 나머지는 정수의 차이므로 정수이다. 하지만 나머지가 1보다 작은 양수(이것은 분명하다)임을 보임으로써 정수가 될 수 없음을 보일 것이다. 이 나머지 각각의 항의 분모의 모든 인수를 $q+1$로 대체한 수는 원래의 나머지보다 분명히 크다. 이 수는 다음과 같다

$$\frac{1}{q+1}+\frac{1}{(q+1)^2}+\frac{1}{(q+1)^3}+\cdots=\frac{1}{(q+1)}\left(1+\frac{1}{q+1}+\frac{1}{(q+1)^2}+\cdots\right)$$

괄호 안의 급수는 무한 기하급수로서 합은 $\dfrac{1}{1-\dfrac{1}{q+1}}=\dfrac{q+1}{q}$이다.

따라서 문제의 나머지는 $\frac{1}{q}\leq 1$이 되어 1보다 작다. 이로써 원하는 모순을 얻고 e가 유리수가 아니란 결론을 내릴 수 있다. e가 초월수임을 보이는 것은 훨씬 복잡하다.

*32. 112쪽, 카드 패 맞추기

n개의 카드로 이루어진 카드 패들을 비교하는 것은 n개의 기호에 대한 순열의 수를 선택하는 것과 같다. 서로 일치하는 카드패가 나오지 않는 것은 순열이 교란(derangement)되어 있는 것, 즉 고정점을 가지지 않는 순열에 해당한다. 순열의 총 수는 $n!$과 같다. 한편 교란된 것의 총 수는 다음과 같은 교대 합으로 주어진다.

$$\sum_{k=0}^{n}(-1)^k C(n,\ k)(n-k)!$$

첫 번째 항은 모든 순열의 수이고 두 번째 항에서는 적어도 한 점을 고정하는 순열을 모두 빼고 세 번째 항에서는 적어도 두 점을 고정하는 순열을 모두 더하고, 이런 식으로 이어져서 전체적으로 이 수는 고정점을 가지지 않는 순열의 수이다. 예를 들어 만약 한 순열이 세 개의 고정점을 가진다면 $k=0$과 $k=2$일 때는 이 순열은 양의 수로 셈되고(총 $1+3=4$번인데 세 개 중 두 개의 고정점을 선택하는 방법이 3가지이기 때문에 3이 등장한다.) $k=1$, $k=3$ (총 $3+1=4$번)일 때는 음의 수로 셈되어 총 0번으로 셈된다. (여기서는 파스칼 삼각형의 행들의 대칭성이 작용하고 있다.) 교란된 것은 첫 번째 항에서 정확히 한 번씩 셈되고 그 다음 항부터는 세어지지 않는다. 이 수를 $n!$로 나누면 n개의 카드로 이루어진 패에 대한 교란의 확률은

$$\sum_{k=0}^{n}\frac{(-1)^k}{k!}$$

이고 이 수는 e^{-1}의 급수 전개에서 처음 $n+1$개의 항의 합이다. 이 급수는 매우 빠르게 수렴하여 $n=52$일 때 $\frac{1}{e}$과 거의 차이가 없게 된다.

*33. 115쪽, 유리수 대 무리수

c는 유리수, t는 임의의 수라고 가정하고 $d=t+c$로 놓자. 그러면 $t=d-c$이고, d가 유리수라면 t 또한 유리수임을 알 수 있다. t가 무리수이면 $d=t+c$도 무리수이다. 예를 들어 $\pi-\frac{22}{7}$는 무리수이다. 유사하게 c가 0이 아니면 ct도 무리수이다. 예를 들어 $\frac{e-1}{2}$처럼 $\frac{1}{3}\sqrt{10}$도 무리수이다.

하지만 두 개의 무리수의 합이나 곱이 유리수가 될 수 있다. 한 예로 $(2-\sqrt{2})+\sqrt{2}=2$, $\sqrt{2}\sqrt{8}=\sqrt{16}=4$를 들 수 있다.

더 놀라운 사실은 a^b가 유리수가 되는 어떤 두 개의 무리수 a, b가 존재한다는 것이다. 먼저 $a=b=\sqrt{2}$를 시도해볼 수 있을 것이다. 만약 a^b가 유리수라면 원하는 결과를 얻는다. 만약 아니라면 (이 경우가 더 그럴듯해 보일 수 있다) $a=\sqrt{2}^{\sqrt{2}}$로 두고 $b=\sqrt{2}$을 택하자. 그러면 a, b 모두 무리수이지만 $a^b=(\sqrt{2}^{\sqrt{2}})^{\sqrt{2}}=(\sqrt{2})^2=2$이다. 어느 경우이든 a^b가 유리수가 되는 무리수 a, b를 찾을 수 있다. 이 논증으로 알 수 있는 것은 한 경우가 거짓이면 다른 경우가 참이라는 것뿐이다. 불행하게도 두 경우 중 어느 경우가 참인지는 알 수 없다.

$\log 3$과 같은 수는 무리수이다. 왜냐하면 만일 유리수이면 $\log 3=\frac{a}{b}$인 유리분수로 나타낼 수 있어서 $10^{\frac{a}{b}}=3$, $10^a=3^b$이 된다. 이 식의 좌변은 짝수이고 우변은 홀수이기 때문에 뭔가 분명히 틀렸다!

8장

＊34. 134쪽, 무적의 팀

주어진 공식의 처음 몇 가지 경우는 이미 확인되었고 귀납법으로 증명될 수 있다. 이 공식이 $n-1$라운드 경기에 대해 정확한 답을 제공한다고 가정하고 n라운드 경기를 생각하자. 셀틱-레인저스가 결승전에서 만나려면 두 팀은 첫 경기에서 만나면 안 된다. 이 경우가 일어날 확률은 $q = \dfrac{2^n - 2}{2^n - 1}$이다. 두 팀이 첫 경기에서 만나지 않았다면 경기는 $n-1$라운드가 남는다. 셀틱-레인저스 결승전이 될 확률은 p_{n-1}이다. 따라서 귀납법에 의하여 다음 식을 얻는다.

$$
\begin{aligned}
p_n = q\,p_{n-1} &= \frac{2^n - 2}{2^n - 1} \cdot \frac{2^{n-2}}{2^{n-1} - 1} \\
&= \frac{2(2^{n-1} - 1)}{2^n - 1} \cdot \frac{2^{n-2}}{2^{n-1} - 1} \\
&= \frac{2^{n-1}}{2^n - 1}
\end{aligned}
$$

따라서 귀납법에 의해 공식이 증명된다.

분모 분자를 2^{n-1}로 나누면 $p_n = \dfrac{1}{2 - \dfrac{1}{2^{n-1}}}$이 성립함을 쉽게 알 수 있고 $n \to \infty$이면 $p_n \to \dfrac{1}{2}$이다. 약간의 노력을 더 기울이면 셀틱팀, 레인저스팀이 $k(1 \le k \le n)$라운드에서 만날 확률이 $\dfrac{2^{k-1}}{2^n - 1}$임을 보일 수 있다. 무적의 팀들은 무적이기 때문에 언젠가는 서로 만나게 되어 모든 k값에 대해 이 확률들을 더하면 당연히 1이 된다.

*35. 135쪽, 생일 문제

문제가 복잡해지지 않도록 윤년을 고려하지 않을 것이고 생일들이 한 해 안에서 골고루 분포되어 있다고 가정할 것인데 이는 실제로 거의 참이다. 만약 n명의 사람들이 있을 때 먼저 생일이 서로 다를 확률을 생각하자. 사실 365가지의 다른 대상으로부터 n가지를 선택하되 중복을 허용하는 것과 마찬가지이다.

$n=2$일 때 생일이 다를 확률은 $\frac{364}{365}$이고, 이 수는 두 번째로 선택한 날짜가 첫 번째 선택한 날짜와 다를 확률이다. $n=3$일 때는 앞에서 구한 두 명의 생일이 다를 확률에 세 번째 사람의 생일이 앞의 두 명의 생일과 다를 확률을 곱하면 되므로 원하는 확률은 $\frac{364}{365}\times\frac{363}{365}$이다. 이러한 방법으로 계속하면 임의의 n에 대한 확률은 다음과 같은 $n-1$개의 분수의 곱이다.

$$\frac{364}{365}\times\frac{363}{365}\times\frac{362}{365}\times\cdots\times\frac{(366-n)}{365}$$

n이 증가함에 따라 이 확률은 점점 0으로 감소하고 $n=366$일 때 마지막 인수가 0이 되어 확률은 실제로 0이 된다. 이는 명확하며 소위 비둘기집 원리(Pegeonhole Principle)의 한 사례이다. 만약 편지의 개수가 비둘기집보다 많다면 적어도 한 개의 우편함은 하나 이상의 편지를 받을 것이다. 그러므로 366명의 사람들이 있다면 생일보다 사람 수가 더 많으므로 적어도 두 명의 사람은 같은 생일을 갖는다.

원래의 질문은 생일이 겹치지 않을 확률이 0.5보다 작기 위해서는 n이 얼마나 커야 하는가에 관한 것이었다. 이를 알기 위해서는 직접 계산하는 수밖에 없다. 이것이 참이 되는 n 중 가장 작은 값은 23임이 알려져 있다. 만약 한 방에 23명 혹은 더 많은 수의 사람이 있다면 적어도 두 사람의 생일이 일치할 가능성은 50 : 50보다 높다.

사람들의 생일이 연중 골고루 분포되지 않기 때문에 실제로는 생일이 겹칠 확률은 더 높고 더 적은 수의 사람들이 모여도 생일이 겹칠 가능성이 있다.

*36. 137쪽, 러시안 룰렛

성공확률을 p로 두고(즉 문제에서 $p=\frac{1}{6}$이다.) $q=1-p$로 두자. A가 먼저 시작하고 누군가가 이길 때까지 B와 A가 두 번씩 번갈아가며 시도한다고 하자. a와 b를 각각 A와 B가 이길 확률로 두면 이전과 같이 $a+b=1$이 성립한다. 첫 번째 시도에서 B가 이길 확률은 qp이다. 첫 번째 시도에서 A와 B 중 누구도 이기지 못했다면 처음 시도하는 사람이 뒤바뀐 셈이 되어 B가 이길 확률은 a이다. 즉 $b=qp+q^2a$임을 알 수 있고 이 식을 첫 번째 방정식에 대입하면 다음을 얻는다.

$$1=a+(qp+q^2a)=a(1+q^2)+qp$$
$$\Rightarrow a=\frac{1-qp}{1+q^2}=\frac{1-q+q^2}{1+q^2}=1-\frac{q}{1+q^2}$$

특히 만일 $p=\frac{1}{6}$이면 $q=\frac{5}{6}$이므로 우리가 주장한 대로 $a=\frac{31}{61}$을 얻는다. $(q-1)^2\geq 0$에서 $\frac{q}{1+q^2}\leq\frac{1}{2}$를 얻을 수 있기 때문에 항상 $a\geq\frac{1}{2}$이다. $q=1$이면 방정식에서 $a=b=\frac{1}{2}$을 얻지만 실제로 $q=1$이면 총은 절대 발사되지 않을 것이고 $a+b=1$이 성립하지 않는다.

*37. 140쪽, 버스를 기다리는 시간

다음과 같이 평균 시간을 정확히 계산할 수 있다. 시간이 긴 구간을 $1+t$시간으로 두면 짧은 구간은 $1-t$가 된다. 승객이 긴 구간에 정류장에 도착할 확률은 긴 구간을 전체 시간인 2시간으로 나눈 값이므로 $\frac{1+t}{2}$가 된다. 마찬가지로 승객이 짧은 구간에 정류장에 도착할 확률은 $\frac{1-t}{2}$이다. 승객이 특정 구간에 정류장에 도착했을 때, 예상 대기 시간은 그 구간 길이의 절반이므로 긴 구간에 대해서는 $\frac{1+t}{2}$, 짧은 구간에 대해서는 $\frac{1-t}{2}$이다. 두 구간이 승객의 대기시간에 기여하는 정도를 각각 계산해서 더하면 다음과 같다.

$$\frac{1+t}{2}\cdot\frac{1+t}{2}+\frac{1-t}{2}\cdot\frac{1-t}{2}=\frac{1}{2}(1+t^2)$$

만약 t가 0이면, (도착 시간 지연이 없을 때) 예상대로 평균 대기 시간은 30분이다. 만약 도착시간이 지연되면(t가 0이 아닌 경우에 해당함) 승객의 대기 시간은 30분보다 길 것으로 예상된다. 다른 극단적인 경우로 $t=1$이라면 한 버스는 도착하지 않고 오직 한 시간 뒤 두 버스가 동시에 도착하므로 결과적으로 버스 사이의 시간 간격은 두 시간이 된다. 이때 정류장에 도착하는 승객은 평균 1시간을 기다릴 것을 예상할 수 있다.

*38. 143쪽, 만 년 동안 복권 당첨이 안 될 확률

이건 거의 확실한 것처럼 보인다. 하고자 하는 질문은 대충 다음과 같다. 만약 뷔퐁이 복권 당첨될 확률이 백만분의 1이고 뷔퐁이 500,000번 연속으로 복권을 사는데 매번 당첨이 안 될 확률은 얼마인가? 일반적으로, 만약 당첨 확률이 $\frac{1}{n}$이면 $\frac{n}{2}$번 연속으로 당첨이 안 될 확률은 다음과 같다.

$$\left(1-\frac{1}{n}\right)^{\frac{n}{2}}=\left(\left(1-\frac{1}{n}\right)^{n}\right)^{\frac{1}{2}}\approx e^{-\frac{1}{2}}=0.6065$$

즉 12,008년 이후에도 뷔퐁이 복권 당첨되길 기다리고 있을 확률은 60퍼센트가 넘는다. 게다가 지금까지의 불운이 그에게 아무런 도움도 되지 않는다. —누군가가 그에게 1만 년 먼저 시작하게 해 주었다고 할지라도 아마도 여전히 당첨될 미래를 기다리고 있을 뿐, 뷔퐁은 영원히 좌절하고 있을 것이다.

9장

＊39. 163쪽, 완전제곱식으로 이차방정식의 해 구하기

이차방정식의 형태가 $ax^2+bx+c=0$이라고 하자. a가 0이면 식이 일차방정식이 되기 때문에 $a \neq 0$이라고 가정하자. 그러면 양변을 a로 나누고 상수항을 우변으로 이항하여 $x^2+\frac{b}{a}x=-\frac{c}{a}$를 얻을 수 있다. 이제 사용할 기교는 완전제곱식 만들기인데, 좌변을 완전제곱식 더하기 상수 꼴 $(x+p)^2+q$로 만드는 것이다. $(x+p)^2 = x^2+2px+p^2$이므로 좌변과 비교하면 $2p=\frac{b}{a}$, 즉 $p=\frac{b}{2a}$여야 한다. 앞의 두 항 x^2+2px는 좌변과 정확히 같고 $p^2=\frac{b^2}{4a^2}$을 우변에 더해야 한다. 이것만 하면 좌변이 완전제곱식이 되므로 어려운 일은 끝낸 셈이다.

$$x^2+\frac{b}{a}x+\frac{b^2}{4a^2}=-\frac{c}{a}+\frac{b^2}{4a^2} \Rightarrow \left(x+\frac{b}{2a}\right)^2=\frac{b^2-4ac}{4a^2}$$

이제 제곱근을 취하여 (물론 ±기호가 붙는다) 정리하면 유명한 근의 공식을 얻을 수 있다.

$$x+\frac{b}{2a}=\pm\frac{\sqrt{b^2-4ac}}{2a} \quad \Rightarrow \quad x=\frac{-b\pm\sqrt{b^2-4ac}}{2a}$$

*40. 164쪽, 삼차방정식의 해: 비에트 치환

최고차항의 계수로 나누면 어떤 삼차방정식이든

$$x^3+ax^2+bx+c=0$$

의 형태와 동치이다.

게다가 $x=y-\frac{a}{3}$를 대입하면 y^2의 계수가 0인 y에 대한 삼차 방정식을 얻는다. (유사한 방법으로 $x=y-\frac{a}{n}$를 대입하여 n차 방정식의 y^{n-1} 항을 없앨 수 있다.) 따라서 임의의 삼차방정식은 $x^3=px+q$ 형태의 특수한 삼차방정식을 풀 수 있는 한, 즉 일반적인 삼차 곡선 $y=x^3$이 임의의 직선과 만나는 점들을 찾을 수 있는 한 풀 수 있다.

카르다노와 그 시대의 사람들은 이것을 확실히 알고 있었으나 여기서 더 나아가는 것은 어려웠다. 여기서부터 이 방정식을 비에트 치환(Viète Substitution) $x=w+\frac{p}{3w}$를 이용하여 풀 수 있다. 이것은 삼차식을 다음 방정식 $w^3+\frac{p^3}{27w^3}-q=0$으로 바꾸어준다. $z=w^3$을 곱하여 2차식 $z^2-qz+\frac{1}{27}p^3=0$을 얻어 z를 구하고, 그 다음 w를 구하고 최종적으로 x를 구한다.

*41. 165쪽, 유리수 근 정리

만일 $\frac{p}{q}$가 정수계수를 갖는 다항식 $a_0+a_1x+a_2x^2+\cdots+a_nx^n$의 유리수 근이면 p는 상수항 a_0의 인수이고 q는 최고차항의 계수 a_n의 인수이다.

따라서 유리수 근을 찾기 위해 유한 개의 후보들만 확인해보면 된다. 특히 유리수 계수를 갖는 삼차방정식이 유리수 근을 하나 가지면 다음과 같이 완전히 풀 수 있게 된다. 먼저 정수 계수를 갖도록 분모를 없앤 다음 유리수 근 r을 위의 방법을 써서 하나 구한다. 그 다음 다항식을 $(x-r)q(x)$ 꼴로 인수분해한다. 여기서 $q(x)$는 2차식이어서 늘 해오던 방식으로, 심지어 복소수 근일지라도 두 근을 찾을 수 있다.

이 정리는 정수의 기본적인 인수분해 성질의 결과에 의해 참이다. 근 $\frac{p}{q}$를 다항식에 대입하면 다음과 같다.

$$a_0 + a_1\frac{p}{q} + \cdots + a_n\frac{p^n}{q^n} = 0 \Rightarrow a_0q^n + a_1pq^{n-1} + \cdots + a_np^n = 0$$

그러면 p와 q는 공통 인수가 없기 때문에 q가 이 방정식의 다른 모든 항의 인수이므로 a_n의 인수여야 한다. 마찬가지로 p가 이 방정식의 다른 모든 항의 인수이므로 a_0의 인수여야 한다.

이 정리는 매우 강력하여 이로부터 정수 k의 n제곱근은 정수이거나 무리수라는 결론을 이끌어낼 수 있다(주석 ＊27 참조). 즉 다항식 $x^n - k$에 유리수 근 정리를 적용하면 이 다항식의 어떤 유리수 근 $\frac{p}{q}$이든 q는 ± 1이어야 하고 따라서 결론이 나온다.

10장

＊42. 175쪽 각주, 제곱4등분 규칙

로그표의 목적은 어려운 곱하기를 비교적 쉬운 더하기로 바꾸는 것이다. 그러나 곱하기를 합으로 표현하는 아주 간단한 방법이 오래된 표들의 책에서 발견되었다. 그것은 다름 아닌 제곱4등분 규칙(Quarter square rule)으로서 쉽게 확인할 수 있는 다음의 항등식이다.

$$ab = \frac{1}{4}(a+b)^2 - \frac{1}{4}(a-b)^2$$

제곱4등분 표만 있으면 곱하기를 두 수의 합과 차가 곱해져서 생기는 두 제곱4등분 수의 차로 계산할 수 있다. 예를 들어 228×139를 계산하기 위해 $a = 228$, $b = 139$로 두고 $a+b = 367$과 $a-b = 89$의 제곱4등분 수를 표에서 찾는다. 표는 두 값 33672.25와 1980.25 두 값을 제공할 것이고, 우리는 그 차를 계산하여 $228 \times 139 = 31629$를 얻는다. (사실 이때 소수점 이하 부분은 항상 같아서(여기서는 0.25로 같다) 상쇄되므로 무시할 수 있다. 따라서 표에는 정수 부분만 있으면 된다.) 게다가 항상 근삿값만 결과로 주는 로그표나 계산자와 달리 답이 항상 정확하다. 원칙적으로 이 기술은 정수의 곱하기에 국한되지 않고 제곱4등분 표가 만들어진 어떤 수들에도 적용 가능하다. 사실 크기를 적당히 조절하면 정수가 아닌 수에도 작동하는데 예를 들어 위의 보기는 $2.28 \times 13.9 = 31692$임을 보여준다.

*43. 175쪽 각주와 182쪽, 복소수의 곱하기와 나누기

분배법칙이 계속 성립한다고 가정하면 직교좌표 형태의 곱하기는 다음과 같이 진행된다.

$$\begin{aligned} zw &= (a+bi)(c+di) = a(c+di) + bi(c+di) \\ &= ac + adi + bci + bdi^2 = (ac-bd) + i(ad+bc) \end{aligned}$$

이것이 해밀턴(Hamilton)의 식이다.

한편, 나누기는 켤레복소수를 이용하여 직접 계산할 수 있다. 일반적으로 $z = a+bi$의 켤레복소수는 $\bar{z}$로 표기되며 $a-bi$이다. 다른 말로 하면 $\bar{z}$는 z를 실수축에 반사한 것이다. 곱의 법칙에 의해

$z\bar{z} = a^2 + b^2$이 된다. 이는 실수로서 원점으로부터 z까지 거리 $|z|$의 제곱이다. 이제 우리는 한 개의 복소수를 다른 하나의 복소수로 나누고자 하는데 나누는 수의 켤레복소수를 위와 아래에 곱하여 분모를 실수로 만들면 된다. 이는 제곱근이 포함된 나누기에서 분모를 유리화하여 무리수를 제거하는 친숙한 작업과 유사하다. 자세히 쓰면 다음과 같다.

$$\frac{z}{w} = \frac{a+bi}{c+di} = \frac{(a+bi)(c-di)}{(c+di)(c-di)} = \frac{(ac+bd)+i(bc-ad)}{c^2+d^2}$$
$$= \frac{ac+bd}{c^2+d^2} + i\frac{bc-ad}{c^2+d^2}$$

물론 분수 더하기처럼 기법이 이해되면 답을 외울 필요는 없다.

*44. 178쪽과 181쪽, 극형식과 드 므와브르의 정리

$z = (r,\ \theta)$의 직교좌표는 $z = r\cos\theta + ir\sin\theta$로 주어진다. 따라서 만일 $z_1 = (r_1,\ \theta_1)$, $z_2 = (r_2,\ \theta_2)$이 극형식으로 나타난 두 복소수이면 주석 *43의 기법 및 사인과 코사인의 가법공식을 이용하여 다음을 얻는다.

$$z_1z_2 = r_1r_2(\cos\theta_1\cos\theta_2 - \sin\theta_1\sin\theta_2) + ir_1r_2(\cos\theta_1\sin\theta_2 + \cos\theta_2\sin\theta_1)$$
$$= r_1r_2(\cos(\theta_1+\theta_2) + i\sin(\theta_1+\theta_2))$$

이를 다시 극형식으로 표현하면 $z_1z_2 = (r_1r_2,\ \theta_1+\theta_2)$이다.

이를 양의 지수의 거듭제곱에 반복적으로 적용하면 $z^n = (r,\ \theta)^n = (r^n,\ n\theta)$이다. 드 므와브르의 정리라고 알려진 이 공식은 $z^{-1} = (r^{-1},\ -\theta)$임을 직접 확인할 수 있는 것처럼 n이 양수, 음수뿐 아니라 유리수일 때도 성립한다.

*45. 183쪽, 쌍곡함수

일반적으로 함수 $f(x)$는 짝함수(또는 우함수) $e(x)$와 홀함수(또는 기함수) $o(x)$의 합 $e(x)+o(x)$로 유일하게 표현된다. 짝함수 $e(x)$, 즉 짝함수란 모든 x에 대하여 $e(x)=e(-x)$이고, 홀함수는 $o(-x)=-o(x)$인 함수를 의미한다. 짝함수와 홀함수는 그래프의 성질에서 그 특성이 드러난다. 짝함수의 그래프는 y축 대칭이고 홀함수의 그래프는 원점을 중심으로 180° 회전해도 같은 모양이다. 예를 들어 x^2과 $\cos x$는 짝함수, 그리고 x^3과 $\sin x$는 홀함수이다. $f(x)$의 홀함수 부분 및 짝함수 부분은 다음과 같이 나타낼 수 있다.

$$e(x)=\frac{f(x)+f(-x)}{2},\quad o(x)=\frac{f(x)-f(-x)}{2}$$

이를 지수함수 $f(x)=e^x$에 적용하면 쌍곡코사인(hyperbolic cosine), 쌍곡사인(hyperbolic sine)이라고 불리는 짝함수 부분과 홀함수 부분을 얻는다.

$$\cosh x=\frac{e^x+e^{-x}}{2},\ \sinh x=\frac{e^x-e^{-x}}{2}$$

*46. 183쪽 각주, 오스본 법칙(Osborne's rule)

삼각함수의 항등식마다 대응하는 쌍곡함수의 항등식이 있다. 이들은 정의로부터 쉽게 확인할 수 있다. 예를 들어

$$\cos^2 x+\sin^2 x=1;\ \cosh^2 x-\sinh^2 x=1$$
$$\sin 2x=2\sin x\cos x;\ \sinh 2x=2\sinh x\cosh x$$

이러한 관계는 오일러의 공식 $e^{i\theta}=\cos\theta+i\sin\theta$로 설명된다. 이를 받아들이면 바로 다음을 얻는다.

$$
\begin{aligned}
-i\sinh(ix) &= -i\frac{e^{ix}-e^{-ix}}{2} \\
&= \frac{-i}{2}((\cos x + i\sin x) - (\cos(-x) + i\sin(-x))) \\
&= \sin x
\end{aligned}
$$

$$
\begin{aligned}
\cosh(ix) &= \frac{e^{ix}+e^{-ix}}{2} \\
&= \frac{1}{2}((\cos x + i\sin x) + (\cos x - i\sin x)) \\
&= \cos x
\end{aligned}
$$

혹은 이와 동치로

$$\sin(ix) = i\sinh x,\ \cos(ix) = \cosh x$$

이다.

코사인과 사인의 허수 각에 대한 의미를 이 함수들의 급수 전개를 이용하여 부여할 수 있다.

예를 들면 x를 ix로 바꾸면 피타고라스 항등식에 의해

$$1 = \cos^2 ix + \sin^2 ix = \cosh^2 x + i^2\sinh^2 x = \cosh^2 x - \sinh^2 x$$

$$
\begin{aligned}
\sin(2ix) = 2\sin(ix)\cos(ix) &\Rightarrow i\sinh(2x) = 2i\sinh x\cosh x \\
&\Rightarrow \sinh 2x = 2\sinh x\cosh x
\end{aligned}
$$

아래의 오스본 법칙은 삼각 항등식에서 쌍곡 항등식으로의 변환을 요약한 것이다.

각 삼각함수를 그 쌍이 되는 쌍곡함수로 바꾸고
두 쌍곡사인함수의 곱이 들어있는 항의 부호를 바꾼다.

이는 두 번째에서는 나타나지 않은, 첫 번째 보기에서 본 부호의 변화를 설명해준다.

＊47. 186쪽 각주, 제곱수의 합과 차

S_i가 i개의 제곱수의 합으로 표현되는 정수들의 집합이라고 하자. S_1, S_2, S_4가 가진 좋은 특성은 모두 곱하기에 대한 반군(semigroup)이라는 것이다. 이는 실수나 복소수 혹은 사원수들의 크기의 곱(multiplicative)의 성질로부터 나오는 것으로 해석될 수 있다. S_3의 문제는 반군이 아니란 것이다. 예를 들어 $3 = 1^2 + 1^2 + 1^2$이고 $13 = 0^2 + 2^2 + 3^2$이지만 그 곱 $3 \times 13 = 39$은 제곱수 세 개의 합이 아니다. 어떤 수가 제곱수 세 개의 합인 것과 그것이 $4^e(8k+7)$ 형태가 아닌 것이 동치라고 하는 가우스의 정리의 증명이 어려운 이유 중 하나이다. 한쪽 방향의 증명이라 할지라도 어렵다. 그러나 이런 형태의 수는 제곱수 세 개의 합이 아님을 보이는 것은 매우 쉽다.

먼저 제곱수는 8로 나눈 나머지가 0, 1, 혹은 4여야 하고, 7은 이 수들 중 세 개를 더해 만들 수 없으므로(반복을 허용해도) $8k+7$ 형태의 어떤 수도 S_3에 없음을 관찰해보라. 그 다음 만일 정수 d가 제곱수 세 개의 합이고 $4|d$이면 $\frac{d}{4}$ 또한 S_3의 원소임을 보인다. 이 주장이 맞으면 d는 $4^e(8k+7)$ 형태가 될 수 없다. 왜냐하면 이 주장을 e번 적용하면 $8k+7$ 형태의 수가 제곱수 세 개의 합이라는 잘못된 결론이 나오기 때문이다.

위의 주장을 증명하기 위해 $d = 4m$이고 $d = a^2 + b^2 + c^2$이라고 하자. 만일 제곱수 셋 중 하나 혹은 두 개가 8로 나눈 나머지가 1이면 $d \equiv 1, 2, 3, 5,$ 혹은 $6 \pmod 8$이 되는데, $4|d$이므로 $d \equiv 0 \pmod 8$ 혹은 $d \equiv 4 \pmod 8$이어야 하므로 이는 불가능하다. 그러므로 각 제곱수는 8로 나눈 나머지가 0 혹은 4여야 하고 특히 각 제곱은 4로 나누어지기 때문에 a, b, c는 모두 짝수이다. 그러나 4로 나누면

$m=\left(\frac{a}{2}\right)^2+\left(\frac{b}{2}\right)^2+\left(\frac{c}{2}\right)^2$이 되어 주장한 바가 입증되었고 $4^e(8k+7)$ 형태의 수는 어떤 것도 세 제곱수의 합이 아님이 증명되었다.

정수 n이 두 제곱수의 차로 나타나는 것과 $n \not\equiv 2 \pmod 4$가 필요충분조건임을 보이는 것은 쉽다. 이것은 어떤 홀수이든 $2k+1=(k+1)^2-k^2$이고 $4k=(k+1)^2-(k-1)^2$이기 때문이다. 그러나 두 제곱의 차 $a^2-b^2=(a-b)(a+b)$의 두 인수 $a-b$와 $a+b$의 차이는 짝수이므로 둘 다 짝수여서 $4k$ 형태이거나 아니면 둘 다 홀수여서 둘의 곱 또한 홀수이다. 그러므로 $4k+2$ 형태의 어떤 수도 두 제곱수의 차는 아니다.

11장

*48. 191쪽, 페리 분수와 오일러 ϕ-함수

F_1을 제외한 페리 수열 F_n은 중간에 $\frac{1}{2}$이 있고 같은 개수의 항들이 대칭으로 양쪽으로 있다. 특히 전체항의 개수는 홀수이다. 정확한 항의 개수 $N(n)$은 $1+\sum_{k=1}^{n}\phi(k)$이며 여기서 $\phi(k)$는 오일러 ϕ-함수(totient function), 즉 k보다 작은 수로서 k와 공통 인수가 없는 수들(그런 수들의 쌍을 서로 소라고 한다)의 개수이다. 오일러 ϕ-함수는 곱셈함수(multiplicative function)이다. 이는 m과 n이 서로 소일 때 $\phi(mn)=\phi(m)\phi(n)$임을 의미한다. $\phi(k)$의 공식은 소인수분해에 의해 주어진다. 소수의 거듭제곱 p^t의 경우 $\phi(p^t)=p^{t-1}(p-1)$임을 쉽게 알 수 있다. 사실 $\phi(k)$는 k의 소인수를 알면 구할 수 있으며, p_i들이 k의 서로 다른 소인수일 때 다음과 같이 주어진다.

$$\phi(k) = k\left(1 - \frac{1}{p_1}\right)\left(1 - \frac{1}{p_2}\right)\cdots\left(1 - \frac{1}{p_r}\right)$$

길이가 $N(n)$인 수열의 첫 몇 개의 값들은 2, 3, 5, 7, 11, 13, 19, $\cdots$이며 $N(n)$ 값의 극한은 비 $\frac{3n^2}{\pi^2}$으로 다가간다.

*49. 200쪽, 유클리드의 보조정리

p가 소수이고 $ab(1 < a,\ b < p)$의 인수라고 하자. 그러면 $ab = rp$이다. p가 a의 인수이면 보조정리의 증명이 끝났고 아니면 p가 소수이므로 a와 p의 최대공약수는 1이다. 유클리드 알고리즘에 의해 1을 어떤 정수 x, y에 대해 $1 = ax + py$로 쓸 수 있다. 이제

$$b = b \times 1 = b(ax + py) = bax + bpy$$

이고 $ba = pr$이므로

$$b = prx + pby = p(rx + by)$$

를 얻는다. 이 식은 p가 b의 인수임을 보여주어 유클리드의 보조정리의 증명이 끝났다.

*50. 202쪽, $\sqrt{2}$의 연분수 표현

연분수 $x = [a_0,\ a_1,\ a_2,\ \cdots]$의 계산은 두 단계로 할 수 있다. a_0는 x의 정수 부분으로서 $a_0 = \lfloor x \rfloor$로 표기한다. 일반적으로 $a_n = \lfloor r_n \rfloor$으로서 r_n의 정수부분이고, 여기서 나머지항 r_n은 귀납적으로 $r_0 = x$, $r_n = \frac{1}{r_{n-1} - a_{n-1}}$로 정의된다. 이를 $x = \sqrt{2}$로 적용하면 다음을 얻는다.

$$x = r_0 = \sqrt{2} = 1 + (\sqrt{2} - 1),\ \text{따라서}\ a_0 = 1$$

이고

$$r_1 = \frac{1}{\sqrt{2}-1} = \frac{\sqrt{2}+1}{(\sqrt{2}-1)(\sqrt{2}+1)} = \sqrt{2}+1,\ a_1 = \lfloor r_1 \rfloor = 2$$

$$r_2 = \frac{1}{r_1 - a_1} = \frac{1}{(\sqrt{2}+1)-2} = \frac{1}{\sqrt{2}-1}$$

$$= \frac{\sqrt{2}+1}{(\sqrt{2}-1)(\sqrt{2}+1)} = \sqrt{2}+1$$

를 얻어 $r_1 = r_2 = \cdots$이고, $a_1 = a_2 = \cdots = 2$이므로 $\sqrt{2} = [1, \bar{2}]$이다.

일반적으로 연분수 $[a_0, a_1, a_2, \cdots]$는

$$a_0 + (1 + (a_1 + (1 + a_2(1 + \cdots)^{-1})^{-1})^{-1} \cdots)^{-1}$$

로도 표현된다.

∗51. 203쪽, 연분수와 e를 포함하는 수의 표현

계승의 역수들의 합으로 주어지는 e의 표준 급수는 다음과 같이 차례로 곱하는 식으로 나타낼 수 있다.

$$e = 1 + 1 + \frac{1}{2}(1 + \frac{1}{3}(1 + \frac{1}{4}(1 + \frac{1}{5}(1 + \cdots))))$$

e의 단순 연분수 표현, 즉 분자에 1만 있도록 하면 다음과 같이 된다.

$$e = [2, 1, 2, 11, 4, 11, 6, \cdots]$$

e를 포함하는 다른 단순 연분수는

$$e - 1 = [1, 1, 2, 1, 1, 4, 1, 1, 6, \cdots]$$

$$\frac{1}{2}(e-1) = [0, 1, 6, 10, 14, \cdots]$$

이다. 이 외에 더 많은 보기를 다음 웹페이지 http://mathworld.wolfram.com/e.html에서 볼 수 있다.

∗52. 207쪽, 삼진 분수를 소수(decimal)로

주석 ∗24에서처럼 하되 이번엔 3을 밑수로 한다.

$$a = \overline{0 \cdot 20_3} \Rightarrow 100_3 a - a = 22_3 a = 20_3$$
$$\Rightarrow a = \left(\frac{20}{22}\right)_3 = \left(\frac{10}{11}\right)_3 = \frac{3}{4}$$

12장

∗53. 211쪽, 카이사르 암호

좀 더 효과적인 치환암호는 법 연산을 활용하여 만들 수 있다. 알파벳 글자에 번호를 0부터 25까지 매겨 A는 0, B는 1, 이렇게 내려가면 Z는 25이다. 이동암호는 $a \to a+b$로 보내는 규칙에 해당하고 이때 b가 알파벳에서의 이동이다. $a \to 3a+2$와 같은 단순 선형이동은 해독하기 더 어렵다. 이 보기에서는 $A \to C$, $B \to E$, $C \to H, \cdots$, $F=5 \to 17=R, \cdots$, $M=12 \to 38 \equiv 12 = M, \cdots$, $Z=25 \to 77 \equiv 25 = Z$이다. 치환의 패턴이 훨씬 더 임의적으로 나타난다. 그러나 이 암호는 기본적인 빈도분석에 약하다. 일반적으로 선형 치환암호 $a \to ka+b \pmod{26}$은 k가 26과 서로소일 때만 일대일이 된다. 예를 들어 $a \to 2a+3$은 $A \to D$이고 $N \to D$여서 일대일이 아니다.

*54. 228쪽, 거듭제곱의 나머지

여기서 다루고자 하는 것은 정의로부터 쉽게 확인되는 사실들의 특수한 경우이다. 만일 $a \equiv a' \pmod m$ 이고 $b \equiv b' \pmod m$ 이면 $ab \equiv a'b' \pmod m$ 이다. 이로부터 $a = a'$, $b = b'$으로 두고 n에 대한 귀납법을 쓰면 $a \equiv b \pmod m$일 때 모든 $n = 1, 2, \cdots$에 대하여 $a^n \equiv b^n \pmod m$ 이다. 어떤 수 t를 m으로 나눈 나머지 r은 법 m에 대하여 t와 합동이다. 그러므로 만일 $2^a \equiv r \pmod m$ 이고 $0 \le r \le m-1$이면 $2^{ab} = (2^a)^b \equiv r^b \pmod m$ 이고 이것이 앨리스가 계산한 수이다. 이와 유사하게 봅이 계산한 수는 $2^{ba} = 2^{ab}$ $\pmod m$과 합동이다. 앨리스와 봅이 마지막으로 찾을 수는 0에서 $m-1$ 사이에 있으므로 그들은 같은 수이다.

*55. 234쪽, 빠른 거듭제곱법

앞의 주석에서 소개한 대로 법 연산의 묘수는 어떤 수이든 m으로 나눈 나머지가 같은 수로 대체할 수 있다는 것이다. 계산과 관련된 다른 쓸 만한 아이디어는 지수를 2의 거듭제곱의 합으로 쓰는 것이다. 이 경우 $15 = 8 + 4 + 2 + 1$이고 법 m에 대한 2의 거듭제곱은 쉽게 알 수 있다. 예를 들어 법 $m = 1081$로 계산하면

$$77^2 = 5929 \equiv 5 \times 1081 + 524 \equiv 524 \pmod{1081}$$
$$77^4 \equiv 524^2 \equiv 274576 = 254 \times 1081 + 2 \equiv 2 \pmod{1081}$$
$$77^8 \equiv 2^2 = 4 \pmod{1081}$$

이다. 따라서 다음과 같다.

$$\begin{aligned} 77^{15} &\equiv 4 \times 2 \times 524 \times 77 = 616 \times 524 = 308 \times 1048 \\ &\equiv 308 \times (-33) \end{aligned}$$

$$= 924 \times (-11) \equiv (-157) \times (-11) = 1727$$
$$\equiv 646 \pmod{1081}$$

*56. 235쪽, 앨리스의 복호화 수 d

(오일러 ϕ-함수에 관해서는 주석 *48 참조)

오일러 함수의 공식을 이용하여 $\phi(n) = \phi(pq) = (p-1)(q-1)$임을 알 수 있다. 그러나 이를 직접 계산할 수도 있다. n보다 작은 p의 배수는 $p, 2p, 3p, \cdots, (q-1)p, qp$이고 그 수는 총 q개다. 마찬가지로 q의 배수는 p개이다. 공배수는 한 개로서 pq 자신이다. 따라서 $\phi(n) = pq - p - q + 1 = (p-1)(q-1)$이다. 앨리스는 $ed \equiv 1 \pmod{\phi(n)}$인 수 d를 찾아야 한다. 그 이유는 다음과 같다. 봅은 그녀에게 암호화한 수 $M^e \pmod n$을 보냈다. 오일러 ϕ-함수의 근본적인 성질은 $1 \le a \le n-1$에 대하여 $a^{\phi(n)} \equiv 1 \pmod n$을 만족한다*. d가 위의 식을 만족한다는 것은 어떤 정수 k가 있어서 $ed = 1 + k\phi(n)$이 된다는 것이다. 따라서

$$M^{ed} = M^{(1+k\phi(n))} = M \cdot (M^{\phi(n)})^k \equiv M \cdot 1^k = M \pmod n$$

이 되므로 앨리스는 메시지 M을 알아낼 수 있다. 그런 d의 존재는 e와 $\phi(n)$이 서로소일 때 보장된다. 즉 유클리드 알고리즘에 의하여 정수 x와 y가 있어서 $ex + \phi(n)y = 1$이므로 $\phi(n)$을 법으로 사용하면 $ex \equiv 1 \pmod{\phi(n)}$이 된다. 만일 $x < 0$이면 $\phi(n)$의 배수를 x에 더함으로써 앨리스에게 필요한 식 $ed \equiv 1 \pmod{\phi(n)}$를 만족하는 양수 d를 찾을 수 있다.

---

* 역자주: $\gcd(a, n) = 1$이란 조건이 있어야 성립한다.

*57. 235쪽, 봅과 앨리스의 계산

봅: $6^2 = 36 = 3 \pmod{33}$, $6^4 \equiv 3^2 = 9 \pmod{33}$이다. 따라서

$$
\begin{aligned}
M^e = 6^7 = 6^4 \times 6^2 \times 6 &\equiv 9 \times 3 \times 6 \equiv 27 \times 6 \\
&\equiv (-6) \times 6 \equiv -36 \equiv -3 \equiv 30 \pmod{33}.
\end{aligned}
$$

앨리스: $M^{ed} = 30^3 \equiv (-3)^3 = -27 \equiv 6 \pmod{33}$이므로 앨리스는 봅의 평문 메시지 $M = 6$을 얻는다.

더 읽을거리

수의 특성에 대한 진정한 통찰력은 플래너리(David Flannery)의 저서 《2의 제곱근: 수와 수열에 관한 대화(The Square Root of 2: A Dialogue Concerning a Number and a Sequence, Copernicus Books, 2006)》에서 얻을 수 있다. 책 전체가 선생과 학생 사이의 소크라테스식 문답법 형태로 되어 있다. 다른 기록된 대화들도 그러하듯 상당히 인위적이긴 하지만 목적에 잘 맞는다. 무리수의 성질을 매우 면밀하게 조사하였다. 공식적인 수학교재라면 훨씬 적은 페이지를 할애하여 다룰 수 있는 내용이긴 하지만 그렇게 하면 잘 훈련된 수학도일지라도 이 책의 끈기 있고 자연스런 형태로 전개된 내용의 풍부한 힘은 예리하게 느끼지 못 할 것이다.

만일 당신이 진짜 수학적인 입문 교재를 볼 준비가 되어있다면 두 명의 존즈(G. Jones와 J. Jones)가 쓴 《기본정수론(Elementary Number Theory, Springer-Verlag, 1998)》보다 더 나은 책은 없다. 적당히 완만하면서도 엄밀하게 소개하며 유명한 리만 제타함수 및 페르마의 마지막 정리까지도 다룬다. 오래 전에 나온 책 중 특히 본

저자가 좋아하는 책은 더들리(Underwood Dudley)의 같은 제목의 책인데 아주 완만하면서도 역시 엄밀하며 끝으로 가면 더 어려운 문제들까지도 건드린다. 제목만 보고 그 책을 판단할 수 없음에 유의하라. 예를 들어 베일(Andre Weil)의 고전적인 교재 《기초정수론(Basic Number Theory)》은 정수론의 지식이 없음을 전제하고 시작하지만 교재에 깊이 들어가기 전에 알고 있어야 할 수학 내용의 목록을 제시하는데 거기엔 하르 측도(Haar measure)의 존재와 유일성도 들어있다. 그러나 진지한 수학적 교재이면서도 기초부터 시작하는 책은 아마도 수에 관해서는 가장 유명한 책인 하디와 라이트(G.H. Hardy와 G.M. Wright)가 쓴 《정수론의 입문(Introduction to the Theory of Numbers, Oxford, OUP)》일 것이다. 이 책은 70년이 지났는데도 여전히 인쇄되고 있다. 특정한 수학적 지식을 요구하지는 않지만 진도가 빠른 편이다.

리만 제타함수에 관해 인기 있는 책은 사바(Carl Sabbagh)의 《리만 박사의 영점들(Dr Riemann's Zeros, Atlantic books, 2003)》이다. 2, 3분 만에 누구에게나 설명할 수 있는 페르마의 마지막 정리와는 달리 리만 가설(주석 ＊1 참조)은 대단히 기술적이고 남아 있는 수학의 미해결 문제 중 가장 커서 일반 독자가 파고들기엔 진짜 도전이 될 것이다. 그는 본질적으로 같은 주제를 다룬 사토이(Marcus du Sautoy)의 책 《소수들의 음악, 왜 수학의 미해결 문제들이 중요한가(The Music of the Primes, Why an Unsolved Problem in Mathematics matters, Harper Collins, 2004)》만큼이나 잘 썼다. 사토이의 책은 주제를 좀 더 직접적으로 다루긴 하지만 일반 독자들을 위한 책이다.

페르마의 마지막 정리에 대하여 아주 좋으면서도 서로 매우 다른 두 책이 있다. 하나는 악셀(Amir D. Aczel)의 《페르마의 마지막 정리: 고대 수학 문제의 비밀 풀기(Fermat's Last Theorem:

Unlocking the Secret of an Ancient Mathematical Problem, Penguin, 1996)》이고 다른 하나는 싱(Simon Singh)의 《페르마의 마지막 정리(Fermat's Last Theorem, London, Fourth Estate, 1999)》이다. 리벤보임(Paulo Rivenboim)의 《아마추어를 위한 페르마의 마지막 정리(Fermat's Last Theorem for Amateurs, Springer-Verlag, 1999)》는 그 문제 주변의 수학에 관한 것이다. RSA 암호에 이르기까지 코딩의 역사에 대해 다룬 책으로서 가장 인기 있는 《코드 책(The Code Book, Fourth Estate, 2000)》 또한 사이먼 싱의 작품이다.

콘웨이(John Conway)와 가이(Richard Guy)가 쓴 《수의 책(The Book of Numbers, New York, Springer-Verlag, 1996)》은 역사와 생생한 그림들 그리고 수에 대한 모든 종류의 사실들로 가득하다. 교재는 아니지만 저자들은 자기들이 흥미롭다고 생각한 모든 주제를 가능한 완전하게 설명하느라 열심이었다. 핼모스(Paul Halmos)의 《우직한 집합론(Naive Set Theory, New York, Springer-Verlag, 1974)》은 무한 서수와 기수에 대해 재빨리 소개한다. 이 책은 수학 교재인데 어떤 전문가들은 집합론의 변천사의 관점에서 그 책이 약간 구식이라고 한다. 그러나 그 책은 짧아서 끝까지 단숨에 읽을 수 있고 독자들이 일반적인 집합과 특별히 무한대의 수가 어떻게 움직이는지에 관해 올바른 개념을 가질 수 있도록 세워줄 것이다.

5차식(5차 다항방정식)은 풀 수 없다는 것을 이 교재에서는 약간만 건드렸는데 그 주제에 관해 역사가들을 위한 아주 흥미로운 책은 페식(Peter Pesic)이 쓴 《아벨의 증명: 수학적으로 풀 수 없는 것에 관한 근원과 의미에 대한 에세이(Abel's Proof: An Essay on the Sources and Meaning of Mathematical Unsolvability, MIT Press, 2003)》이다. 아벨의 최초의 방법은 갈루아(Galois)의 증명으로 대체되었다. 그러나 페식은 이전으로 돌아가서 아벨이 최초에 어떻게 가장 유명한 부정적 결론, 즉 5차 이상의 방정식은 더 낮은 차수의 것들을 푸는 방법으로 풀 수 없다는 결론을 증명했는지 정확하게 알아내었다. 그것은 일반적인 수학자라면 이해할 만하며, 직접적인 접근법은 상당히 참신하다.

수의 이론과 관련된 소설들이 있다. 그 가운데 둘을 든다면 하나는 페르마의 정리와 골드바흐의 추측에 관한 게즈(Denis Guedj)의 추리소설 《앵무새의 정리(The Parrot's Theorem, London, Orion fiction, 2000)》이고 매우 재미있는 다른 역작 하나는 쇼그트(Philibert Schogt)가 쓴 《야생의 수들(The Wild Numbers, London, Orion fiction, 2000)》로서 실제 수학 연구의 성공적인 업적과 망상에 관해 대부분의 독자들이 놀랍다고 느낄만하게 다룬다.

수학의 전반적인 역사에 관해 뛰어난 두 자료를 들자면 하나는 보이어(Carl Boyer)의 《수학의 역사(A History of Mathematics, New York, Wiley, 1968)》이고 다른 하나는 이브스(Howard Eves)의 《수학 역사 입문(An Introduction to the History of Mathematics, New York, Holt, Reinhart and Winston, 1969)》이다. 좀 더 전기적으로 접근한 벨(E.T. Bell)의 《수학의 사람들(Men of Mathematics, New York, Simon and Schuster, 1937)》은 늘 인기가 있다. 좀 더 현대적인 교재로는 스틸웰(John Stillwell)의 《수학과 그 역사(Mathematics and its History, New York, Springer-Verlag, 1991, 2002)》이다. 아주 뛰어나고 특이한 책으로서 수학을 역사적인 문맥에서 가르쳐준다. 《가상적 이야기: $\sqrt{-1}$의 이야기(An Imaginary Tale: The Story of $\sqrt{-1}$, Princeton University Press, 1998)》는 복소수를 둘러싼 역사를 아주 자세히 제시한다. 이 책은 전기 공학 교수인 저자 나힌(Paul Nahin)이 자신의 관점에서 주로 수 체계 자체의 마법을 알려준다.

어떤 주제의 수학이든 들어가게 해주는 대단히 양질의 웹 페이지로서 특히 수에 관해 풍부한 자료가 있는 것은 울프램(Eric Wolfram)의 MathWorld: mathworld.wolfram.com이다. 수학 역사에 관해서는 스코틀랜드의 성 앤드류스 대학(St. Andrews University)의 The Mactutor History of Mathematics archive: www-history.mcs.st-andrews.ac.uk/history.index.html)이다.

찾아보기

| ㅅ |

|ㅇ|

| ㅈ |

| ㅊ |

|기타|